AT89S52
单片机基础项目教程

（第3版）

主　编　张　平　刘华勇
副主编　马　涛　李　烨
参　编　董　涛　王意修
　　　　丁　燕　孙　慧

北京理工大学出版社
BEIJING INSTITUTE OF TECHNOLOGY PRESS

内 容 简 介

本书是基于 Keil C 编译软件与 Proteus 仿真软件，结合校企合作成果及全国职业院校相关技能竞赛项目任务，精心挑选并修改，组成相关项目及任务，编写了这部教材。

全书采用单片机专业课程项目教学的形式编排，内容涵盖了 AT89S52 单片机控制程序设计必备的所有知识点，也涵盖了单片机教学大纲或课程标准要求必须掌握的知识点与技能点。

本书提供了大量在实践中成功调试完成的例程与完整产品的程序。配套有完整的任务源程序、电子教案、课件等数字资源。

本书可以作为高等院校、高职院校、五年制高职校、技工院校、中等职业学校等学生，学习实践单片机、C51 程序设计的教学用书或参考书，同时也可以作为职业院校技能训练、"1＋X" 考证等参考资料，也适合广大电子、电气工程技术人员和单片机爱好者作为参考用书。

图书在版编目(CIP)数据

AT89S52 单片机基础项目教程 / 张平，刘华勇主编 .-- 3 版. -- 北京：北京理工大学出版社，2022.1

ISBN 978－7－5763－1010－8

Ⅰ. ①A… Ⅱ. ①张… ②刘… Ⅲ. ①微控制器－教材 Ⅳ. ①TP368.1

中国版本图书馆 CIP 数据核字(2022)第 028072 号

出版发行 / 北京理工大学出版社有限责任公司
社　　址 / 北京市海淀区中关村南大街 5 号
邮　　编 / 100081
电　　话 / (010)68914775(总编室)
　　　　　(010)82562903(教材售后服务热线)
　　　　　(010)68944723(其他图书服务热线)
网　　址 / http://www.bitpress.com.cn
经　　销 / 全国各地新华书店
印　　刷 / 唐山富达印务有限公司
开　　本 / 787 毫米×1092 毫米　1/16
印　　张 / 18.5
字　　数 / 399 千字
版　　次 / 2022 年 1 月第 3 版　2022 年 1 月第 1 次印刷
定　　价 / 86.00 元

文案编辑 / 赵　岩
责任编辑 / 赵　岩
责任校对 / 周瑞红
责任印制 / 李志强

江苏联合职业技术学院
机电类院本教材编审委员会

前　言

单片机控制技术是现代智能制造及控制领域一门飞速发展的技术，其在教学及产业界的技术推广与应用仍然是当今控制技术发展的热点。单片机也称作“微控制器”或“嵌入式微处理器”，它是把一个相当于组成整个计算机的系统集成到一片集成电路上，相当于一块芯片就构成了一台计算机。基于这个特征，单片机具备体积小、质量轻、价格便宜的优势，为我们学习、应用和开发提供了便利的条件。

目前单片机技术已经完全应用到我们日常生活、工业、国防与航天等各个领域中。比如家用电器类：电视机、空调器、全自动洗衣机等；商用管理类：电子秤、条码管理系统等、汽车电子类：电子稳定系统、胎压检测、倒车雷达等；通讯类：手机、电台等；农业类：温湿度控制器、自动灌溉等；计算机外围设备类：键盘、鼠标、打印机、显示器等；办公设备类：打印机、传真机、扫描仪等；仪器仪表类：各种电量测量仪、开关电源等；安防类产品：监控、报警器等；计量类：智能电度表、燃气表。过去在没有单片机的时代，制造这些产品只能使用非常复杂的电路，这样做出来的产品体积大、成本高，故障率高、精度有限。而现在，我们只需要利用单片机作为控制核心，外围接一些简单的外围电路，利用程序来实现复杂的控制。这样一来，产品的体积变小了，成本降低了，控制精度提高了，故障率下降了。所以，单片机技术是电子技术应用的一次革命。

依据国家高等职业教育相关教学标准，本课程是高等职业院校智能制造类、信息技术类等相关专业的主干课程，也是这类专业学生必修的专业课程，同时也是学生相关专业能力提升的重要组成部分。通过本课程的学习，希望让读者掌握 51 系列单片机，其基础芯片 AT89S52 控制系统设计的基本方法，熟悉 C51 语言的编程应用，掌握 Keil C 与 Proteus 编译、仿真软件的使用，理解常用单片机系统的控制方式、特点，具备单片机系统设计、安装和调试的初步能力。

本教材编写过程中，在每个项目起始都增加了思政导入环节，以契合课程思政要求。同时打破传统的单片机课程以知识点为序列组织课程的方式，根据行业标准和学生成长规律，归纳课程核心知识和岗位能力要求，把握学科知识逻辑顺序、学历教育规律和学生学习心理，校企合作共同编写完成了具有“工学结合、校企合作”创新性质的教材。教材融入诸多院校多年课程改革经验，设置了大量实践性学习活动，构建开放的学习环节，为学生提供

获取知识的多种渠道及将其综合应用的机会。同时，还以国内外先进教学理念为指导，让师生通过共同实施一个完整的“任务”来组织教学活动。利用校企合作相关工程项目及技能大赛成果转化项目，选择修改后以项目为载体、以任务为驱动，对接相关专业所适应职业岗位的需求，以构建不同控制要求的单片机系统为目标完成“项目”的方式，进行知识与技能的重组。

教材所选的项目都是在工程或日常生活中实用的机电一体化或电子产品，所有项目涵盖了学习单片机控制系统所必须掌握的理论知识与实践技能。每个项目都分解为若干相对完整的任务，由潜入深、由易到难，采用顶层分解的方式并引入单片机控制系统开发的行业技术流程实施编写，让学生在做中学，适当降低理论重心，突出实际应用，强调“呈现项目结果”，注重培养学生的应用能力和解决问题的实际工作能力。所有任务的典型程序都在实际应用中完成验证，强调促进与增强学生的就业能力，努力形成就业导向的课程教材体系。在编写中力求趣味性与习得性相统一，注重实践和实训教学环节，内容上凸显“做中学、做中教”的职业教育教学特色。

考虑到广大学生或相关专业技术人员的自主学习，本教材图文并茂，从“任务实施”中的技能需求向理论方向寻求界定相关知识的外延和内涵，避免出现“遗漏”或者“过多、过深、过难”。提供了大量在实践中成功地调试完成的例程与完整产品的程序与开发资料，实践中经常需要且扩展的实用技巧在小知识点上体现出来；同时，我们也充分考虑到各地区、各学校实训条件与实训实施的差异，在本教材任务实施的载体上除了相关实训平台外，同样的任务也可以用在其他实训箱、实验板，甚至没有实训硬件条件下，也可以在虚拟实训平台上完成仿真。

本书可以作为高等院校、高职院校、中等职业学校学生学习实践单片机 C51 程序设计的教学用书或参考书，同时可以作为职业院校单片机装调项目技能训练的参考资料，也适合广大电子、电气工程技术人员或单片机爱好者的参考用书。配套的相关课件、教案、程序源代码等数字资源，读者可以在出版社相关链接上下载使用。

本教材在编写过程中得到了江苏联合职业技术学院智能制造专业技术委员会专家组及北京理工大学出版社工作人员的指导与点评，并提出中肯的修改意见。在此，我代表编写组所有参编人员表示由衷的感谢。

由于作者水平有限，加上时间仓促，教材中难免有不合理之处甚至错误，敬请广大读者批评指正。

编　者

目 录

目录

项目1 音乐彩灯制作

【预期目标】

1. 了解AT89S52单片机的硬件结构。
2. 学会使用相关软件进行仿真。
3. 理解定时器及中断的概念并能够在任务中加以应用。
4. 能够按照要求编写程序。

【思政导入】

本项目主要介绍AT89S52单片机的基本硬件资源及实现简单控制任务的方法。从实现单只LED闪烁、多只LED花式彩灯制作、控制扬声器发音等单个任务，综合为音乐彩灯功能的实现。教学过程中，可以类比为中国共产党的诞生犹如一盏明灯闪耀中华大地，让灾难深重的中国人民看到了新的希望、有了新的依靠。我们党以“星星之火，可以燎原”之势不断发展壮大，经过28年浴血奋战，建立了新中国。建党100年以来，党带领全国各族人民自力更生、艰苦奋斗，取得了举世瞩目的伟大成就，谱写了一曲气吞山河的壮丽诗歌。

任务1　认识AT89S52单片机

任务描述

了解 AT89S52 单片机的硬件结构和作用。

任务分析

认识 AT89S52 单片机的硬件结构、了解每个硬件部分的基本作用是能够正确编写程序的前提，这是学习单片机的第一步。

知识准备

一台能够工作的计算机由以下几个部分构成：CPU、存储器、I/O 接口和定时与中断系统。在个人计算机上这些部分被分成若干块芯片，安装在一个称之为主板的印刷线路板上。而在单片机中，这些部分全部被做到一块集成电路芯片中了，所以就称为单片（单芯片）机。MCS51 是指由美国 Intel 公司生产的一系列单片机的总称，这一系列单片机包括了若干品种，如 8031、8051、8751、8032、8052、8752 等，其中 8051 是最早最典型的产品，该系列其他单片机都是在 8051 的基础上进行功能的增、减改变而来的，所以人们习惯于用“8051”来称呼 MCS51 系列单片机。

AT89S52 单片机（其芯片及底座参见图 1－1－1）也是 51 系列产品之一，是一种低功耗、高性能 CMOS 8 位微控制器，具有 8K 在系统可编程 Flash 存储器；使用 Atmel 公司高密度非易失性存储器技术制造，与工业 80C51 产品指令和引脚完全兼容；片上 Flash 允许程序存储器在系统可编程，亦适于常规编程器。在单芯片上，拥有灵巧的 8 位 CPU 和在系统可编程 Flash，使得 AT89S52 为众多嵌入式控制应用系统提供高灵活、超有效的解决方案。AT89S52 具有以下标准功能：

图 1－1－1　AT89S52 芯片及底座

8K 字节 Flash，256 字节 RAM，32 位 I/O 口线，看门狗定时器，两个数据指针，3 个 16 位定时器/计数器，一个 6 向量 2 级中断结构，全双工串行口，片内晶振及时钟电路。

AT89S52 的内部结构

1. CPU

CPU（Central Processing Unit，中央处理器）是 AT89S52 内部的字长为 8 位的中央处理单元，它由运算器和控制器两部分组成。实际上 CPU 是单片机的核心。

1）运算器

运算器以 ALU（Arithmetic Logic Unit，算术逻辑单元）为核心，包括累加器 A（Accumulator）、PSW（Program Status Word，程序状态字寄存器）、B 寄存器、两个 8 位暂存器 TMP1 和 TMP2 等部件。其中，ALU 的运算功能很强，可以运行加、减、乘、除、加 1、减 1、BCD 数十进制数调整、比较等算术运算，也可以进行与、或、非、异或等逻辑运算，同时还能完成循环移位、判断和程序转移等控制功能。

两个 8 位暂存器（TMP1 和 TMP2）不对用户开放，但可以用来为加法器、逻辑处理器暂存两个 8 位二进制数。在进行数据运算时，两个参与运算的数据分别通过 TMP1 和 TMP2 同时进入 ALU 进行运算，运算的结果一般再返回给累加器 A。

2）控制器

控制器包括 PC（Program Counter，程序计数器）、指令寄存器、指令译码器、振荡器、定时电路及控制电路等部件，它能根据不同的指令产生相应的操作时序和控制信号，控制单片机各个部件的运行。

单片机执行哪条指令受 PC 控制。PC 是一个 16 位计数器，具有自动加 1 功能。CPU 每读取一个字节的指令，PC 就自动加 1，指向要执行的下一条指令的地址。PC 的最大寻址范围为 64KB，可以通过控制转移指令来改变 PC 值，实现程序的转移。

2. 存储器

AT89S52 系列单片机内的只读存储器（Read-Only Memory，ROM）是程序存储器，用于存放已编号的用户程序、数据表格等。片内的随机存取存储器（Random-Access Memory，RAM）又称读/写存储器，可用于存放输入数据、输出数据和中间计算结果等随时有可能变动的数据，同时还可作为数据堆栈区。当存储器的容量不够时，可以进行外部扩展。

3. I/O 口

（1）并行口。AT89S52 单片机有 4 个 8 位并行 I/O 接口 P0 ~ P3，均可并行输入/输出 8 位数据。

（2）串行口。AT89S52 单片机有 2 个串行 I/O 接口，用于数据的串行输入/输出。

4. 定时/计数器

定时/计数器可以产生定时脉冲，实现单片机的定时控制；或用计数方式，记录外部事件的脉冲个数。

AT89S52 的引脚介绍（图 1－1－2）

1. 工作电源

电源是单片机工作的动力源泉。对应的接线方法为：V_{CC}（40 脚）电源端，工作时接 +5V 电源；GND（20 脚）为接地端。

2. 时钟电路

时钟电路为单片机产生时序脉冲。单片机所有运算与控制过程都是在统一的时序脉冲的驱动下进行的，如果单片机的时钟电路停止工作（晶振停振），那么单片机也就停止运行了。当采用内部时钟时，连接方法如图 1－1－3 所示，在晶振引脚 XTAL1（19 脚）和 XTAL2（18 脚）引脚之间接入一个晶振，两个引脚对地分别再接入一个电容即可产生所需的时钟信号。电容的容量一般在几十皮法，如 30pF。

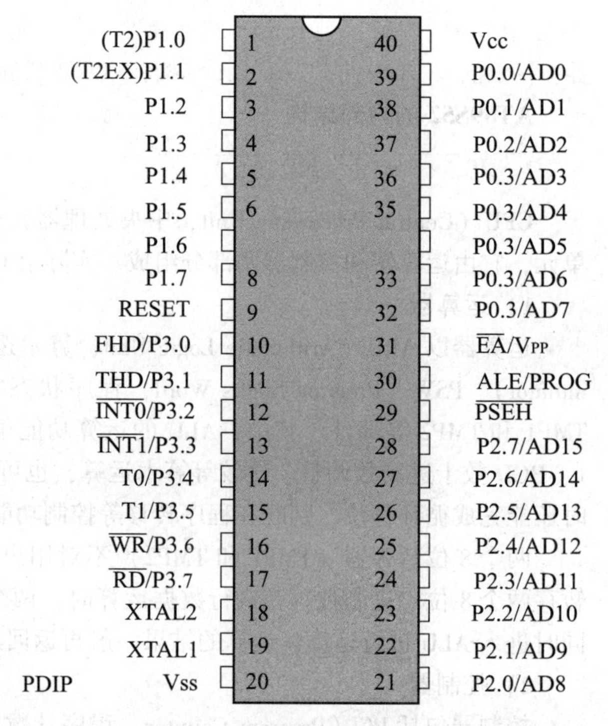

图 1－1－2　AT89S52 引脚图

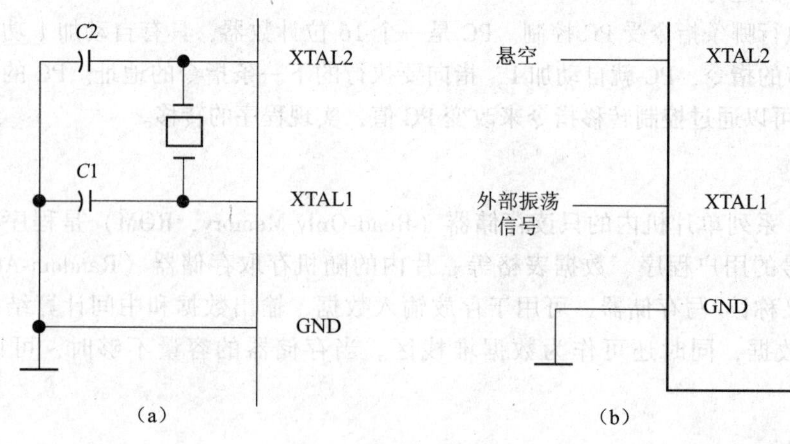

图 1－1－3　时钟电路

（a）内部方式；（b）外部方式

3. 复位

在 RESET（9 脚）持续出现 24 个振荡器脉冲周期（即两个机器周期）的高电平信号时，将使单片机复位。只要该引脚保持高电平，芯片便循环复位。复位后，所有 I/O 引脚均置 1，程序计数器和特殊功能寄存器全部清零。

4. 输入/输出引脚

单片机工作时，输入/输出引脚可输入、输出数据。

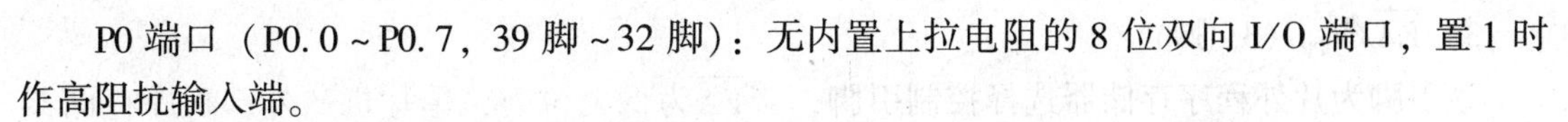

P0 端口（P0.0～P0.7，39 脚～32 脚）：无内置上拉电阻的 8 位双向 I/O 端口，置 1 时作高阻抗输入端。

P1 端口（P1.0～P1.7，1 脚～8 脚）：带有内置上拉电阻的 8 位双向 I/O 端口，可以输入输出电流。如果是给外部芯片赋值，可直接接入；如果要驱动外部电路，比如发光二极管，需要接限流电阻。与 51 系列不同的是，P1.0 和 P1.1 可以作为定时/计数器的外部输入，作为定时/计数器使用（见表 1－1－1）。

表 1－1－1　P1.0 和 P1.1 第二功能表

引脚	第二功能
P1.0	时钟输出（T2）
P1.1	定时器/计数器 2（T2EX）

P2 端口（P2.0～P2.7，21 脚～28 脚）：基本功能同 P1 端口。

P3 端口（P3.0～P1.7，10 脚～17 脚）：基本功能同 P1 端口。此外，该端口还具有第二功能，详见表 1－1－2。

表 1－1－2　P3 端口引脚第二功能表

P3 引脚	第二功能
P3.0	串行通信输入（RXD）
P3.1	串行通信输出（TXD）
P3.2	外部中断 0（$\overline{\text{INT0}}$）
P3.3	外部中断 1（$\overline{\text{INT1}}$）
P3.4	定时器 0 输入（T0）
P3.5	定时器 1 输入（T1）
P3.6	外部数据存储器写选通（$\overline{\text{WR}}$）
P3.7	外部数据存储器读选通（$\overline{\text{RD}}$）

5. 其他引脚

1）ALE/$\overline{\text{PROG}}$（30 脚）

当访问外部程序存储器或数据存储器时，ALE（地址锁存允许）输出脉冲用于锁存地址的低 8 位字节。一般情况下，ALE 仍以时钟振荡频率的 1/6 输出固定的脉冲信号，因此它可对外输出时钟或用于定时目的。要注意的是：每当访问外部数据存储器时将跳过一个 ALE 脉冲。对 Flash 存储器编程期间，该引脚还用于输入编程脉冲（$\overline{\text{PROG}}$）。

2）$\overline{\text{PSEN}}$（29 脚）

程序储存允许（$\overline{\text{PSEN}}$）输出的是外部程序存储器的读选通信号，AT89S52 从外部程序存储器取指令（或数据）时，每个机器周期$\overline{\text{PSEN}}$两次有效，即输出两个脉冲。在此期间，当访问外部数据存储器时，将跳过两次$\overline{\text{PSEN}}$信号。

3）$\overline{EA}/V_{PP}$（31 脚）

该引脚为片外程序存储器选择控制引脚，当$\overline{EA}$为低电位时，单片机从外部程序存储器取指令，当$\overline{EA}$接高电平时，单片机从内部程序存储器取指令。AT89S52 单片机内部有 8kB 可反复擦写 1000 次以上的程序存储器，因此 Flash 存储器编程时，该引脚加上 V_{PP}编程允许电压，让单片机运行内部的程序，我们就可以通过反复烧写来验证我们的程序了。

归纳总结

熟悉单片机硬件系统对今后编程非常重要，我们要更多地了解单片机的发展和特点，不断提升专业素养。

拓展提高

浏览各个单片机学习网站，培养兴趣，拓宽视野，提高自主学习能力。

任务 2 实现单只LED闪烁

任务描述

构建单片机最小化应用系统，实现单只 LED 闪烁并学会使用仿真软件。

任务分析

此次任务的主要目的在于认识单片机最小化应用系统，熟悉编写程序的方法，学会使用 Keil 和 Proteus 两种软件。

知识准备

所谓最小化应用系统就是单片机要正常工作所必须具备的、最简单的硬件支持，其中最主要的就是三个基本条件：①电源正常；②时钟正常；③复位正常。图 1 –2 –1 即为实现单只 LED 闪烁的最小化应用系统原理图。在 AT89S52 单片机的 40 个引脚中，使用了电源引脚 2 个（40、20 脚）、晶振引脚 2 个（18、19 脚）、上电复位引脚 1 个（9 脚）、读取内部程序引脚 1 个（31 脚）、可编程输入/输出引脚 1 个（9 脚），其余引脚悬空。图1 –2 –1中发光二极管负极与单片机引脚 P1. 7 之间串接了一个 560Ω 的限流电阻，防止发光二极管和单片机的引脚 P1. 7 因为电流过大烧坏，使发光二极管和单片机都工作在安全状态。

完成本次任务需要用到两个软件：Keil 和 Proteus。Keil μVision2 是众多单片机开发软件中最优秀的软件之一。该软件内嵌多种符合当前工业标准的开发工具，可以完成工程建立和管理、编译、链接、目标代码的生成、软件仿真等开发流程，支持众多不同公司的 MCS51 架构的芯片，界面友好，易学易用。

Proteus ISIS 是英国 Labcenter 公司开发的电路设计、分析与实物仿真软件，功能极其强大。该软件的特点是：

（1）集原理图设计、仿真分析（ISIS）和印刷电路板设计（ARES）于一身，可以完成从绘制原理图、仿真分析到生成印刷电路板图的整个硬件开发的过程。

（2）提供几千种电子元件（分立元件和集成电路、模拟和数字电路）的电路符号、仿真模型和外形封装。

（3）支持大多数单片机系统以及各种外围芯片（RS232、I^2C 调试器、SPI 调试器、键盘和 LCD 系统等）的仿真。

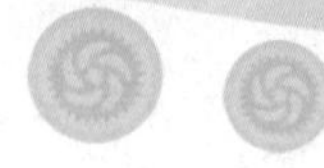

（4）提供各种虚拟仪器，如各种测量仪表、示波器、逻辑分析仪、信号发生器等。过去需要昂贵的电子仪器设备、繁多的电子元件才能完成的电子电路、单片机等实验，现在只要一台电脑，就可以在该软件环境下快速轻松地实现。

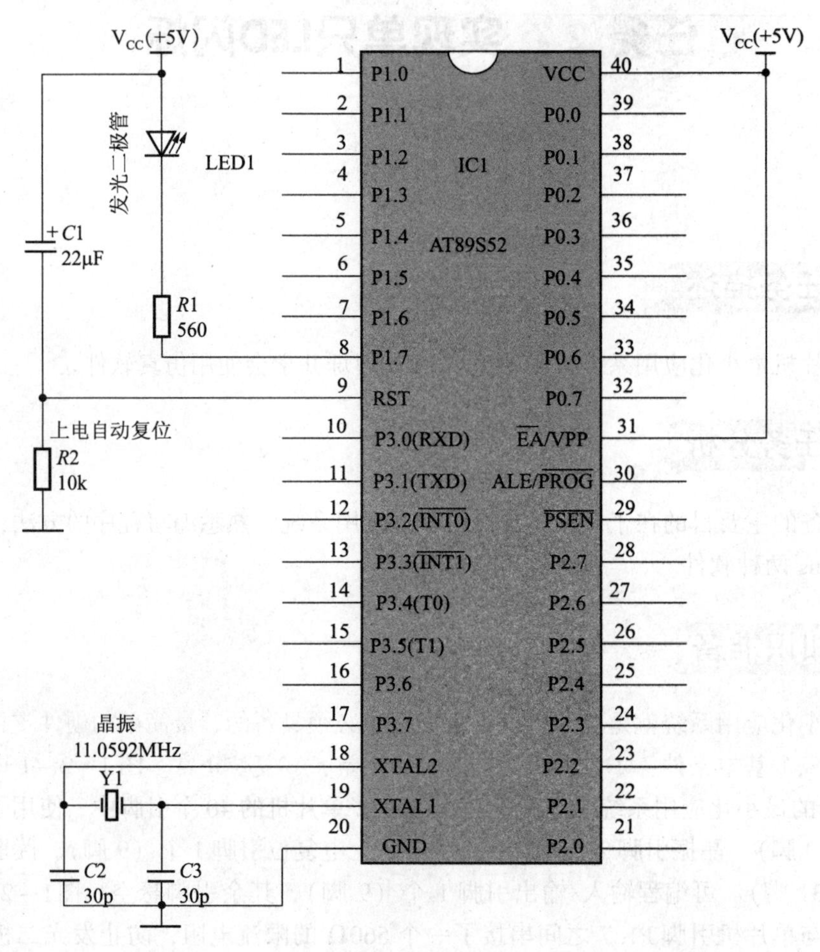

图 1－2－1　AT89S52 单片机的最小化应用系统原理图

任务实施

1. 运行 Keil C 软件进行编程、编译

1）启动 Keil μVision2 软件

双击图标，运行几秒后即出现图 1－2－2 所示界面。

2）建立项目

点击 Project 菜单，如图 1－2－3 所示，弹出一个标准的 Windows 文件对话框，如图 1－2－4所示。在文件名中输入 C 程序项目名称“task1”，保存后的扩展名为“uv2”，这是 Keil μVision2 项目文件扩展名，以后我们可以直接点击此文件打开先前做的项目。

图1－2－2　启动 Keil μVision2 软件后的界面

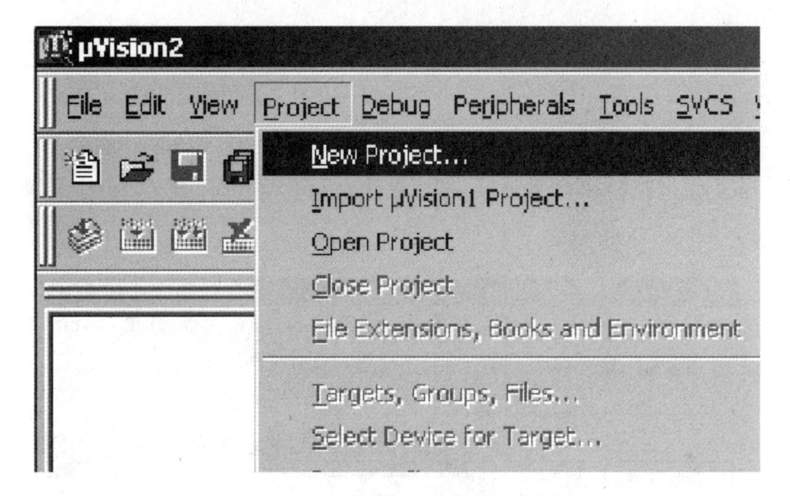

图1－2－3　新建文件对话窗口

图1－2－4　新文件命名对话窗口

3）选择所要的单片机型号

这里我们选择 Atmel 公司的 AT89S52，如图1－2－5所示。

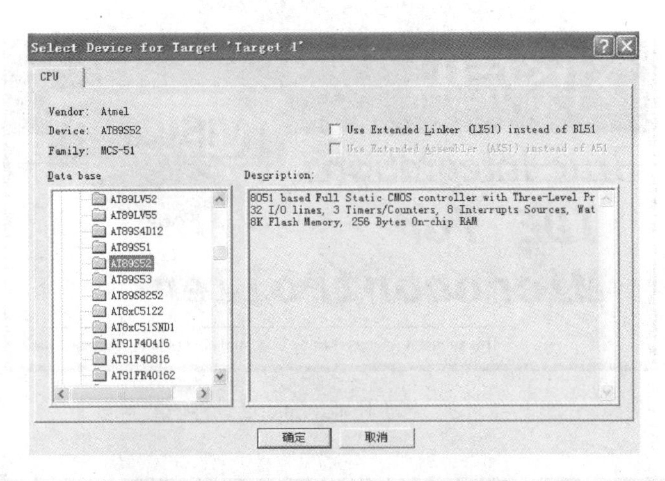

图1-2-5　选择单片机型号对话窗口

4）创建文件

点击图1-2-6中“新建文件”快捷按钮，也可以点击“File”菜单下“New”或快捷键“Ctrl+N”来实现，此时出现如图1-2-6所示窗口，用户在“Text1”窗口中进行程序编写工作。

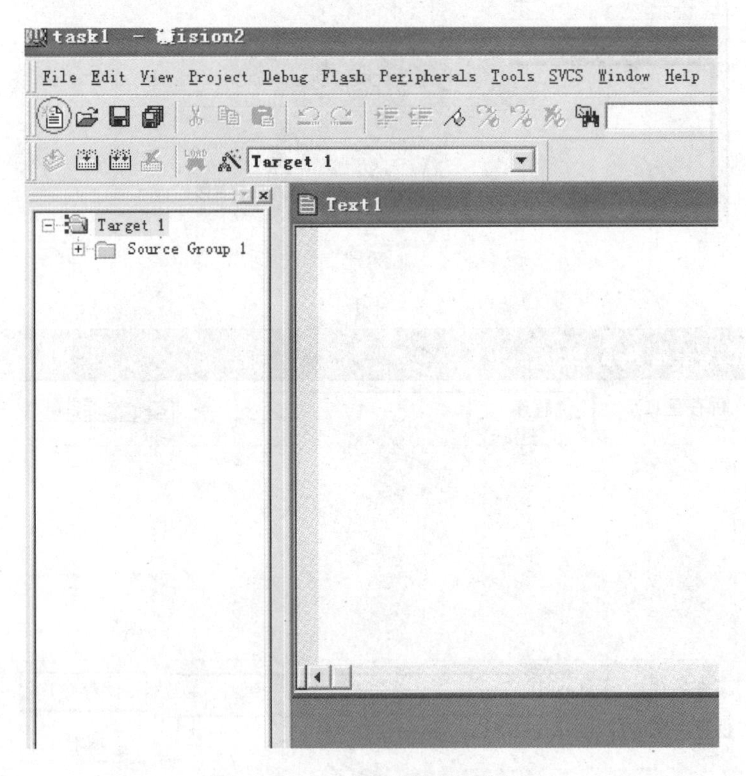

图1-2-6　创建文件对话窗口

根据图1-2-1所示，只要以一定的时间间隔，不断重复给P1.7高、低电平，我们就可以看到LED闪烁。

程序代码：

```
//实现单只 LED 闪烁
#include <reg52.h>
#define uint unsigned int  //把无符号整型表达成 uint,为了定义变量书写方便
#define uchar unsigned char  // 把无符号字符型表达成 uint,目的同上
sbit led = P1^0;           //定义 P1.0 口,如果单只 LED 接在此位上
void ys(uint x)           //延时子函数
{ uchar i;
  while(x --)
  for(i =0;i <120;i ++);     //此句结尾的分号是一条独立的语句,作用仅仅是作单位
延时
}
void main( )
{ while(1)                  //永久循环
  {
    led =0;                 // 点亮 LED,LED 负极接 P1.0
    ys(500);           // 延时 0.5 秒
    led =1;
    ys(500);
    }
}
```

5）保存文件

在创建文件一开始即进行文件保存。单击“保存”命令，出现图 1－2－7 对话框，文件名为“task1. c”，保存在项目所在的文件夹中。这时你会发现程序单词颜色发生了改变，说明 Keil 的 C 语法生效了。

图 1－2－7　保存文件对话窗口

6）添加文件

在图 1－2－8 中右击屏幕左边的 Source Group1 文件夹图标，弹出菜单，在这里可以对

项目进行添加或删除文件操作。选“Add Files to Group‘Source Group 1’”，弹出对话框，如图1-2-9所示，选择刚才保存过的文件，单击“Add”按钮，关闭对话框，此时文件已被添加到项目中。

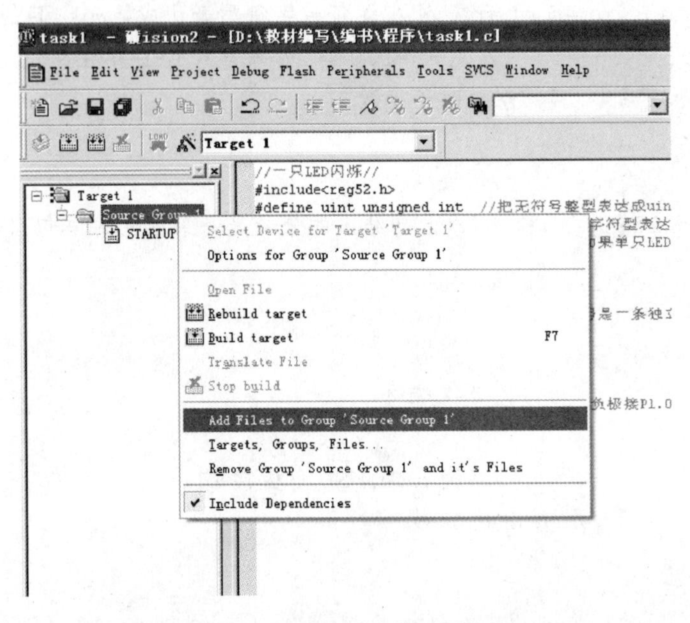

图1-2-8　添加文件对话窗口

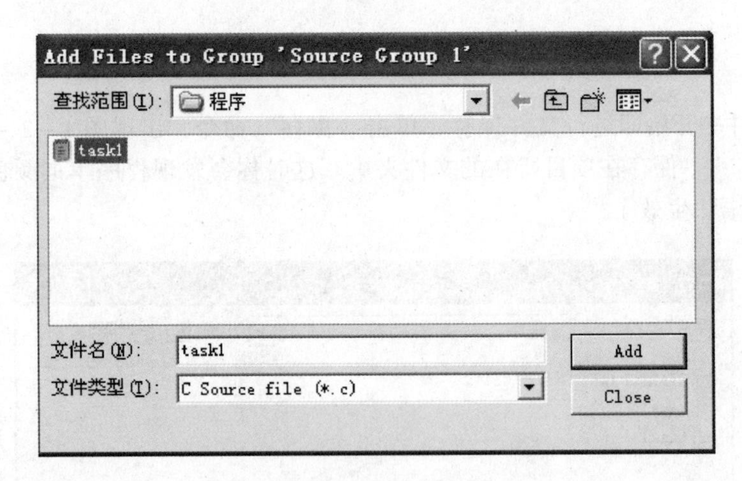

图1-2-9　选择文件对话窗口

7）编译并生成可烧录的hex文件

在编译调试程序之前，必须对程序进行设置，使之可同时生成hex文件。hex格式文件是Intel公司提出的按地址排列的数据信息，数据宽度为字节，所有数据使用16进制表示，常用来保存单片机或其他处理器的目标程序代码，一般的存储器都支持这种格式。如图1-2-10所示，右击“Target1”，单击“Options for Target‘Target 1’”，弹出如图1-2-11所示对话框，勾选“Create Hex File”选项，这样在每次进行编译文件操作的同时都可生成hex文件。

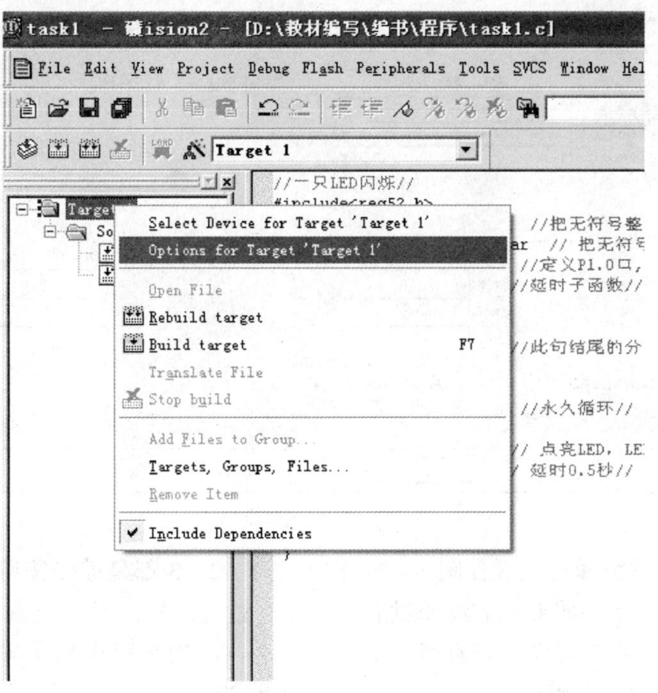

图 1-2-10　生成 hex 文件对话窗口 1

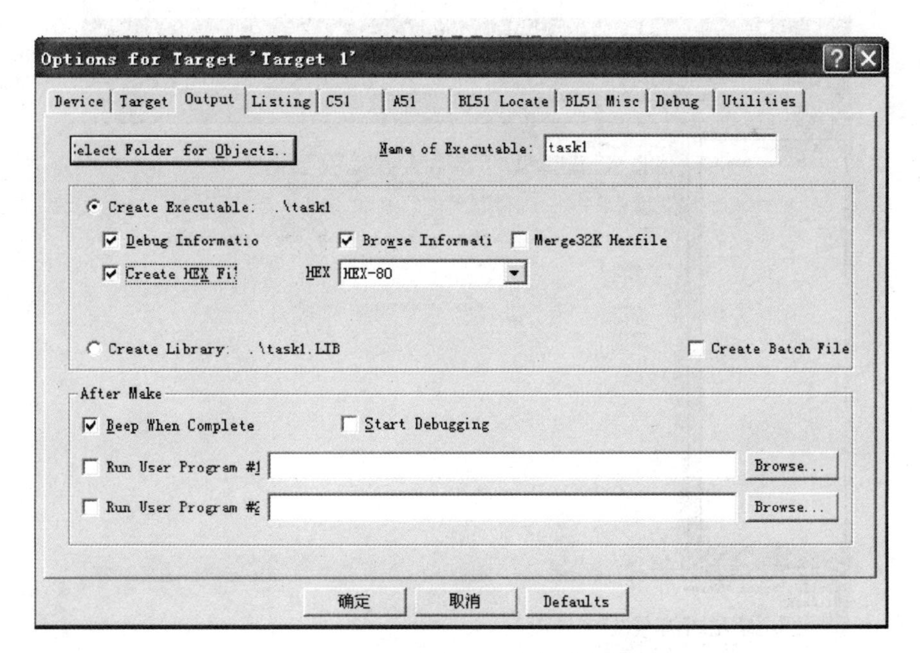

图 1-2-11　生成 hex 文件对话窗口 2

为了顺利完成仿真，还需要对晶振进行设置。如图 1-2-12 所示，在“Target”选项卡中，将晶振频率改为 12MHz。

Options for Target 'Target 1'
Device | Target | Output | Listing | C51 | A51 | BL51 Locate | BL51 Misc | Debug | Utilities
Atmel AT89S52
Xtal (MHz): 12.0　Use On-chip ROM (0x0-0x1FFF)
Memory Model: Small: variables in DATA
Code Rom Size: Large: 64K program
Operating: None
Off-chip Code memory　Start: Size: Eprom Eprom Eprom
Off-chip Xdata memory　Start: Size: Ram Ram Ram
Code Banking　Start: End:
Banks: 2　Bank Area: 0x0000 0xFFFF
'far' memory type support
Save address extension SFR in interrupt
确定　取消　Defaults

图1－2－12　晶振设置对话窗口

按下来我们开始编译文件。在图1－2－13中，1、2、3都是编译按钮：1是编译单个文件；2是编译当前项目，如果先前编译过后文件没有做过编辑改动，再点击是不会重新编译的；3是重新编译，不管程序是否有所改动，每点击一次均会再次编译链接一次；4是停止编译按钮。以上操作命令均可在“Project”菜单中找到。

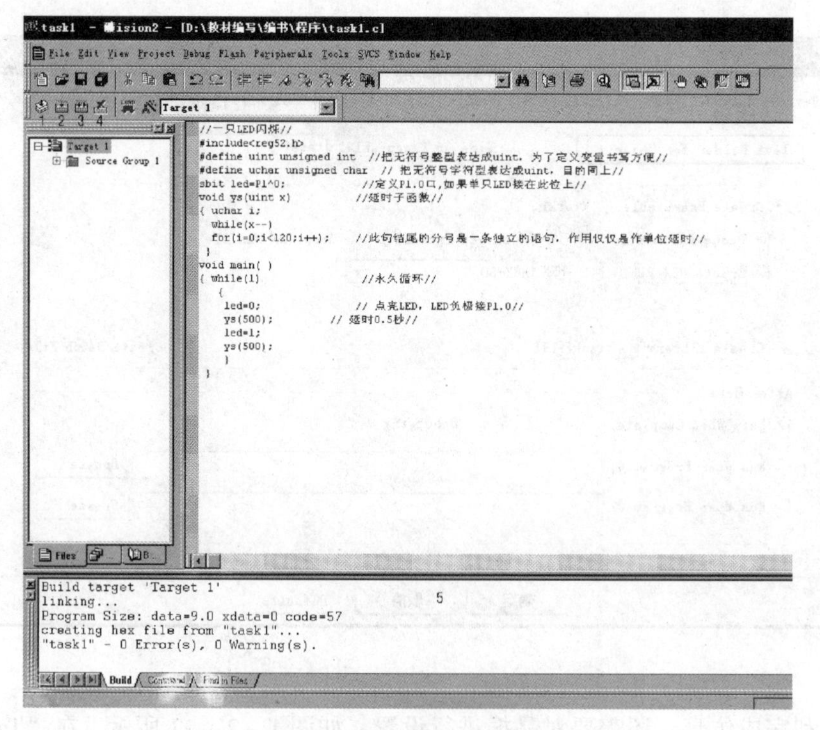

图1－2－13　文件编译对话窗口

按下编译按钮，软件对文件进行编译，编译结束之后，在图1－2－13的5窗口中将会显示编译过程中出现的错误信息和资源使用情况，并且告知用户hex文件已创建成功。如果

程序出现错误，必须将错误全部修正才能通过编译，只有顺利通过编译才能成功创建 hex 文件。

2. 运行 Proteus 软件进行仿真

1）进入 Proteus ISIS

双击图标ISIS启动 ISIS 6 Professional 程序，出现如图 1－2－14 所示屏幕，表明进入 Proteus ISIS 集成环境。

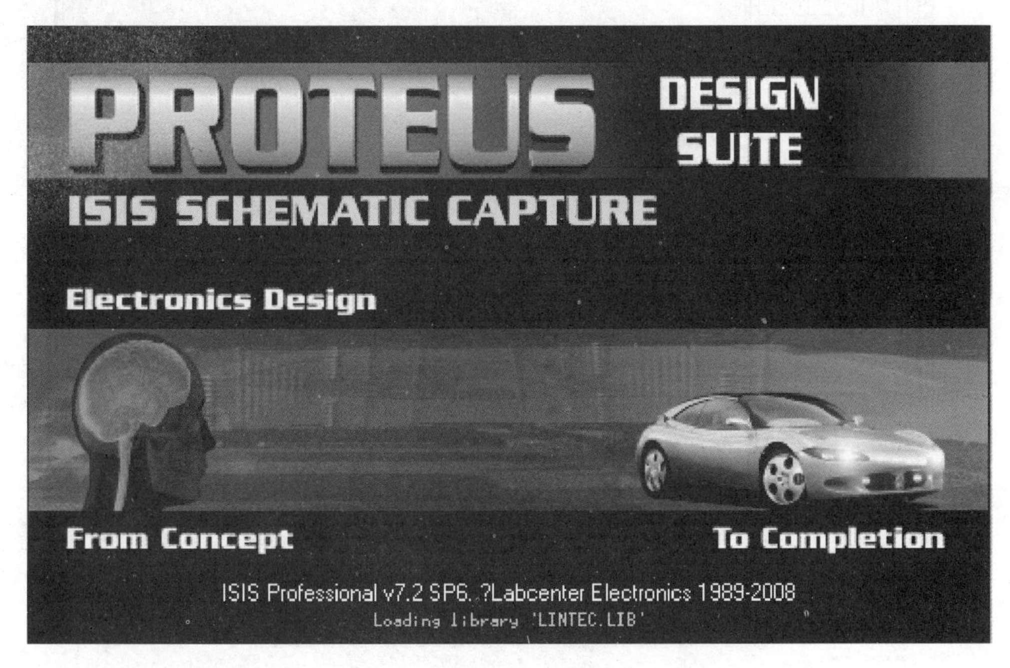

图 1－2－14 启动 Proteus 程序后出现的界面

2）进入工作界面

Proteus ISIS 的工作界面是一种标准的 Windows 界面，包括：标题栏、主菜单、标准工具栏、绘图工具栏、对象选择按钮、预览对象方位控制按钮、仿真进程控制按钮、预览窗口、对象选择窗口、图形编辑窗口，如图 1－2－15 所示。

3）绘制原理图

（1）放置元器件。

在图 1－2－15 中单击对象选择按钮“P”，弹出图 1－2－16 所示对话框，在“Keywords”处输入需放置元器件名称，找到该元器件并将其放置到图 1－2－15 图形编辑窗口中。

（2）连线。

完成所有元器件的选择后（如图 1－2－17 所示），对照图 1－2－1 单片机最小化应用系统原理图开始进行连线。需要指出的是，由于程序编写时，将 LED 放置在 P1.0，画图时应满足此条件，如图 1－2－18 所示。

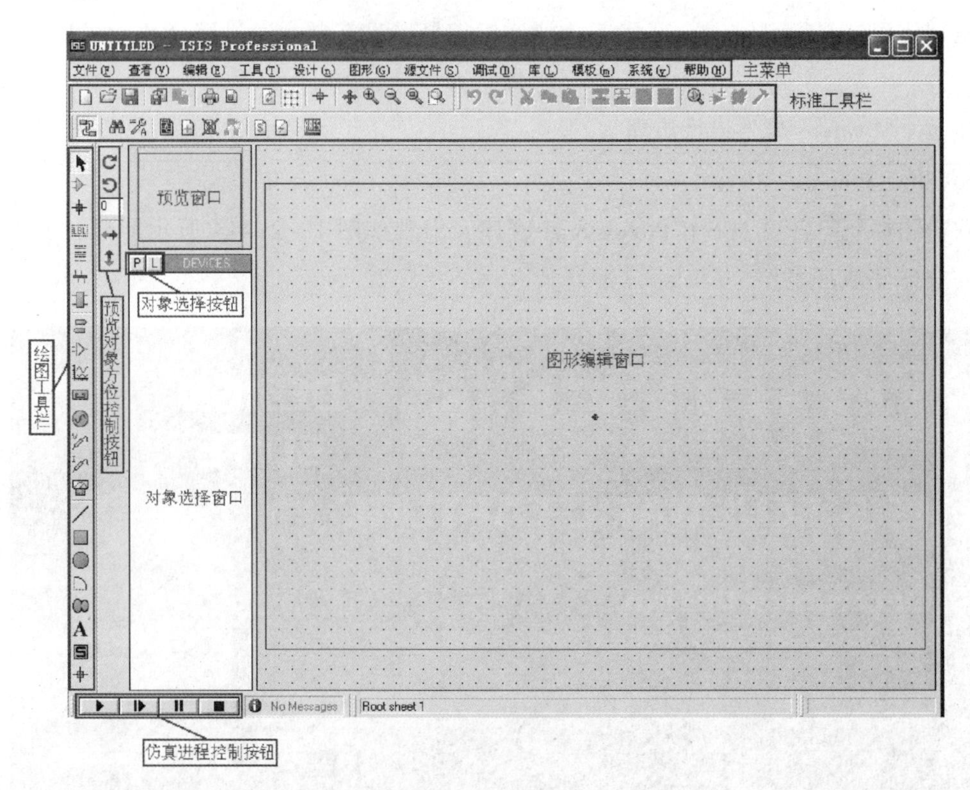

图1-2-15　Proteus 工作界面

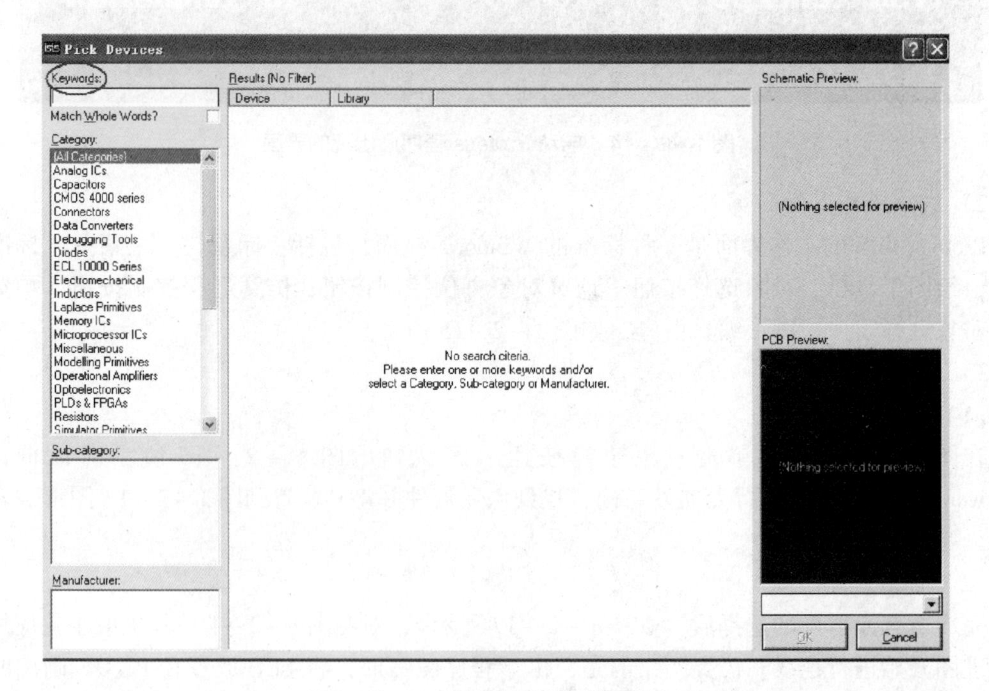

图1-2-16　放置元器件对话窗口1

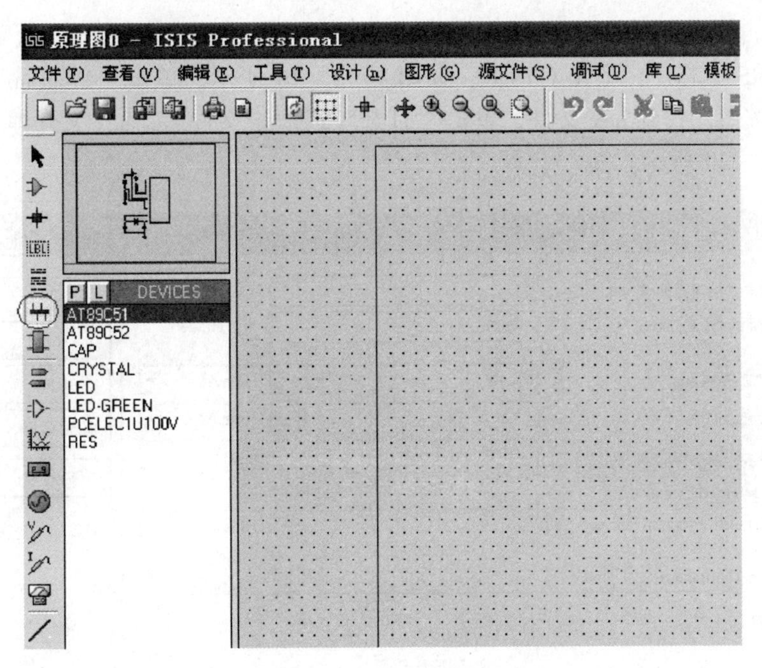

图1-2-17　放置元器件对话窗口2

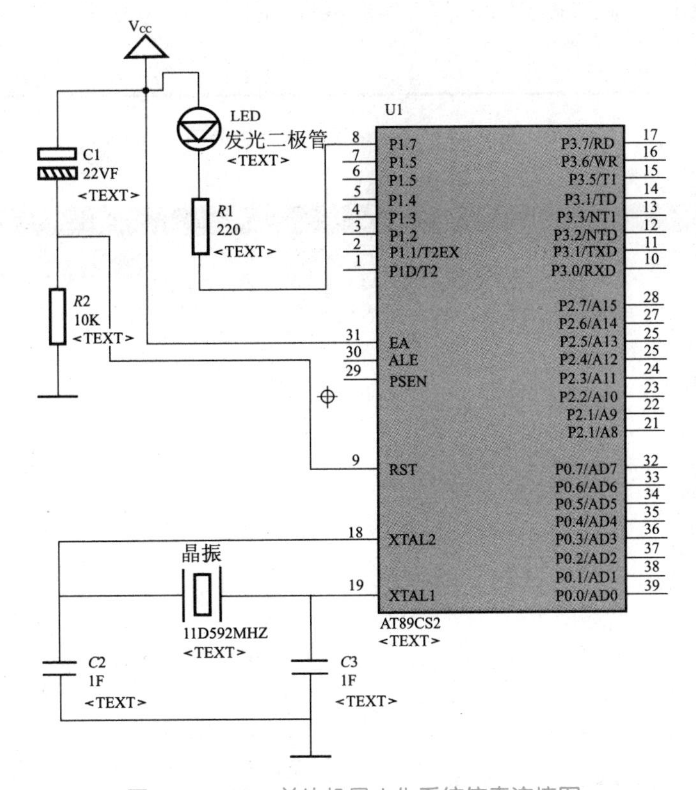

图1-2-18　单片机最小化系统仿真连接图

（3）烧录文件。

双击 AT89S52 芯片，弹出对话框，如图 1－2－19 所示。单击“Program File”选项中“打开文件”按钮，找到 hex 文件，单击“打开”或双击文件名，hex 文件即被烧录到芯片中，如图 1－2－20 所示。

图 1－2－19　烧录文件对话窗口

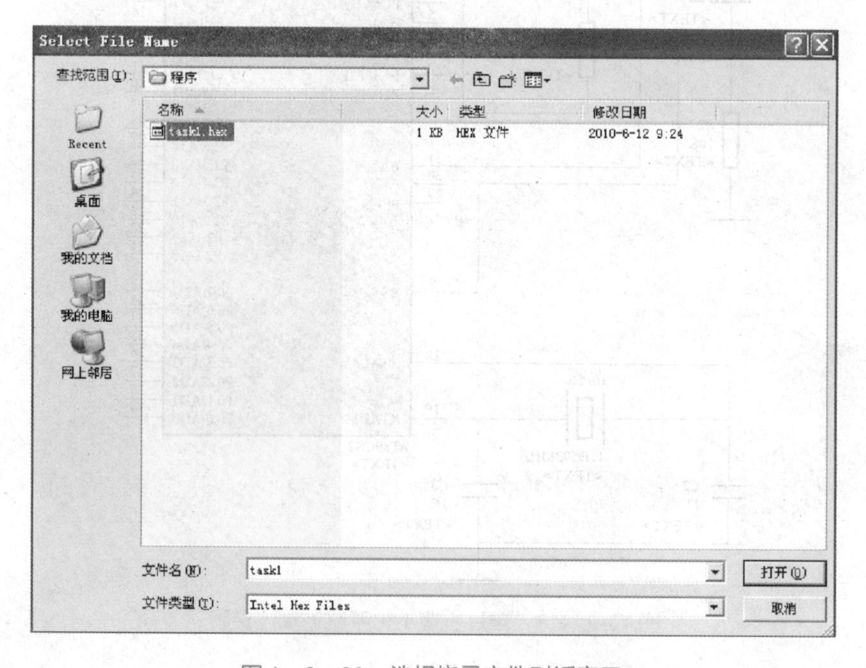

图 1－2－20　选择烧录文件对话窗口

（4）运行仿真。

程序烧录成功后，单击“仿真进程控制按钮”中第一个“Play”按钮，开始仿真，此时可以看到发光二极管闪烁，按“Stop”停止仿真，如图1-2-21所示。

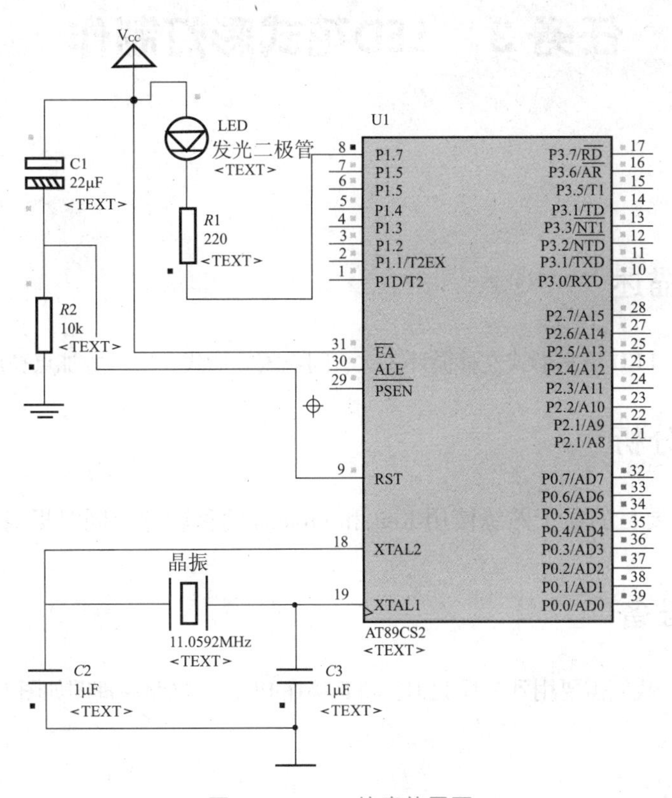

图1-2-21 仿真效果图

归纳总结

在本次任务中，我们主要学习了如何使用Keil C和Proteus两种软件来对实现单只LED闪烁进行仿真。熟练使用这两种软件有助于提高对程序的理解能力，并能直观地发现程序运行当中出现的问题，及时修改程序。

拓展提高

在Keil C软件中，分别对程序进行连续、单步运行。

任务 3　LED花式彩灯制作

任务描述

花式彩灯：8 只 LED 流水形式左移循环 3 次、间隔闪烁形式 3 次、叠加点亮形式，反复进行。

任务分析

此次任务的主要目的在于熟练使用 Keil 和 Proteus 两种软件，同时提高编程能力。

知识准备

在此次任务中，我们需要用到 8 只 LED，将其接在 P1 口，电路原理图如图 1 –3 –1 所示。

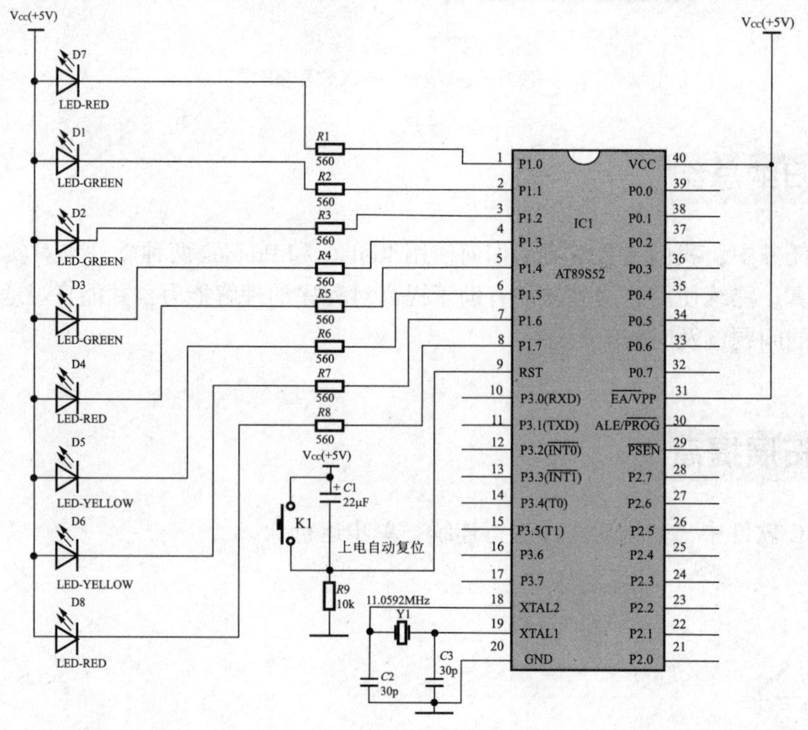

图 1 –3 –1　电路原理图

任务实施

程序代码

```
#include <reg52.h>
#include <intrins.h>          //循环左移函数包含在此头文件中
#define uint unsigned int
#define uchar unsigned char
#define led_8   P1            //定义 P1 口,8 只 LED 接在此口上
uchar m;     //定义一个全局字符变量,存放 8 位高低电平值
void ys(uint x)               //延时子函数
{ uchar i;
  while(x--)
  for(i=0;i<120;i++);
  }
void main()
{
  uchar j,k;
    while(1)
{
  for(j=0;j<3;j++)    //左移流水灯运行 3 次
  {
  m=0x7f;
  k=0;                  //置计数初值
  while(k!=8)
  {
  m=_crol_(m,1); //m 的内容循环左移 1 位
  led_8=m;          //送显示
  ys(500);     //延时 0.5 秒
  k++;          //移一次计数值加 1
  }

  led_8=0xff;   //8 只 LED 全灭
  ys(500);
 for(j=0;j<3;j++) //跳灯运行 3 次
  {
  led_8=0x55;    //间隔点亮
  ys(500);
```

```
  led_8 =0xaa;
  ys(500);
}
  led_8 =0xff;
  ys(500);
  k =0;
while(k! =8)
  {
  led_8 < < =1; //8 只 LED 叠加点亮
  ys(500);
  k ++;
  }

  }
}
```

1. 运行 Keil，编写、编译程序，生成 hex 文件。
2. 运行 Proteus，绘制原理图、烧录文件、实现仿真，如图 1－3－2 所示。

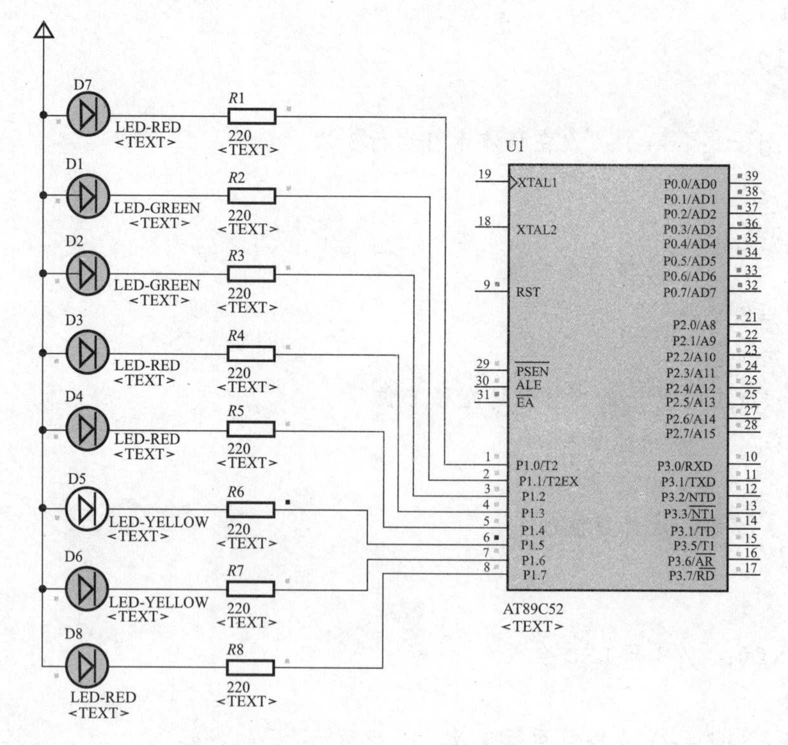

图 1－3－2　仿真效果图

归纳总结

编写程序和调试程序是单片机开发的关键，学会分析任务，不断加强编写程序和调试程序能力的锻炼。

拓展提高

自己设计任意彩灯点亮方式，不断提高编程能力。

任务 4　定时器及中断学习

任务描述

利用定时器与中断实现 LED 闪烁。

任务分析

此次任务的主要目的在于了解定时器及中断的概念并学会在编程中加以应用。

知识准备

在日常生活中有许多定时、计数的例子，如闹钟报时、画“正”字统计选票等。在单片机应用系统中定时和计数是同一个概念。比如，一个闹钟，将它设定在 1 小时后闹响，换一种说法就是秒针走了 3600 次之后闹响，这样时间的测量问题就转化为秒针走的次数问题，也就变成了计数的问题了。因此，单片机内部的定时器和计数器是同一结构，计数器记录的是单片机外部发生的事件，由单片机的外部电路提供计数信号；定时器是由单片机内部提供一个非常稳定的计数信号，由单片机振荡信号经过 12 分频后获得一个脉冲信号，此信号作为定时器的计数信号。单片机的振荡信号则由外接的晶体振荡器产生。AT89S52 单片机内有 3 个 16 位可编程定时/计数器：T0、T1 和 T2。

1. 定时/计数器 T0 和 T1

图 1－4－1 是定时/计数器的结构框图。由图可知，定时/计数器由定时器 0、定时器 1、

定时器方式寄存器 TMOD 和定时器控制寄存器 TCON 组成。

定时器 0、定时器 1 是 16 位加法计数器，分别由两个 8 位专用寄存器组成：定时器 0 由 TH0 和 TL0 组成，定时器 1 由 TH1 和 TL1 组成，每个计数器的最大计数量是 $2^{16}=65536$。

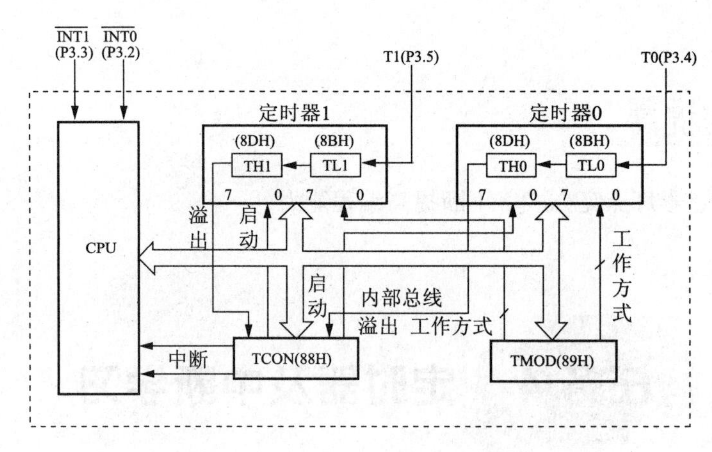

图 1-4-1　定时/计数器结构框图

T0 和 T1 定时/计数器都可由软件设置为定时或计数工作方式。当 T0 或 T1 用作定时器时，由外接晶振产生的振荡信号进行 12 分频后，提供给计数器，作为计数的脉冲输入，计数器对输入的脉冲进行计数，直至产生溢出；当 T0 或 T1 用作对外部事件计数的计数器时，通过芯片引脚 P3.4 或 P3.5 对外部脉冲信号进行计数。当加在 P3.4 或 P3.5 引脚上的外部脉冲信号出现一个由 1 到 0 的负跳变时，计数器加 1，如此直至计数器产生溢出。

无论定时/计数器工作于定时方式还是计数方式，它们在对内部时钟或外部事件进行计数时，都不占用 CPU 时间，直到定时/计数器产生溢出。只有满足条件，CPU 才会停下当前的操作，去处理"时间到"或者"计数满"这样的事件。因此，定时/计数器是和 CPU"并行"工作的，不会影响 CPU 的其他工作。

2. 特殊功能寄存器 SFR（Special Function Register）

SFR 是 AT89S52 内部具有特殊用途的寄存器（如专用寄存器、并行口锁存器、串行口、定时/计数器等）的集合。AT89S52 内部共有 27 个 SFR，每个占用 1 个 RAM 单元，它们分布在 80H～0FFH 的地址范围内。AT89S52 特殊寄存器映像及复位值参见表 1-4-1。

表 1-4-1　AT89S52 特殊寄存器映像及复位值

0F8H									0FFH
0F0H	5 00000000								0F7H
0E8H									0EFH
0E0H	ACC 00000000								0E7H

续表

0D8H									0DFH
0D0H	PSW 00000000								0D7H
0C8H	T2CON 00000000	T2MOD ××××××00	RCAP2L 00000000	RCAP2H 00000000	TL2 00000000	TH2 00000000			0CFH
0C0H									0C7H
0B8H	0 ××000000								0BFH
0B0H	P3 11111111								0B7H
0A8H	IE 0×000000								0AFH
0A0H	P2 11111111		AUXR1 ×××××××0			WDTRST ××××××××			0A7H
98H	SCON 00000000	SBUF ××××××××							9FH
90H	P1 11111111								97H
88H	TCON 00000000	TMOD 00000000	TL0 00000000	TL1 00000000	TH0 00000000	TH1 00000000	AUXR ×××00××0		8FH
80H	P0 11111111	SP 00000111	DP0L 00000000	DP0H 00000000	DP1L 00000000	DP1H 00000000		PCON 0×××0000	87H

T0 和 T1 有两个 8 位控制寄存器 TMOD 和 TCON，它们分别被用来设置各个定时/计数器的工作方式：选择定时或计数功能、控制启动运行以及作为运行状态的标志等。当系统复位时，TMOD 和 TCON 的所有位都清零。

3. 定时/计数器方式控制寄存器（TMOD）（见表 1－4－2）

表 1－4－2　定时/计数器方式控制寄存器（TMOD）的格式

	用于设置 T1				用于设置 T0			
位	D7	D6	D5	D4	D3	D2	D1	D0
功能	GATE	$C/\overline{T}$	M1	M0	GATE	$C/\overline{T}$	M1	M0

在 TMOD 中，高 4 位用于对定时器 T1 的方式控制，低 4 位用于对定时器 T0 的方式控制，参见表 1－4－3，其各位功能简述如下：

表 1－4－3　定时/计数器工作方式选择

M1	M0	工作方式	功能说明
0	0	0	13 位定时/计数器
0	1	1	16 位定时/计数器
1	0	2	自动再装入 8 位计数器
1	1	3	定时器 0：分成两个 8 位计数器 定时器 1：停止计数

$C/\overline{T}$：定时器/计数器工作方式选择位。$C/\overline{T}=0$，为定时工作方式；$C/\overline{T}=1$，为计数工作方式。

GATE：门控位。GATE = 0，只要用软件使 TR0（或 TR1）置 1 就能启动定时/计数器 0（或定时/计数器 1）；GATE = 1，只有在$\overline{INT0}$（或$\overline{INT1}$）引脚为高电平的情况下，且由软件使 TR0（或 TR1）置 1 时，才能启动定时/计数器 0（或定时/计数器 1）工作。不管 GATE 处于什么状态，只要 TR0（或 TR1）= 0，定时/计数器便停止工作。

4. 定时/计数器控制寄存器（TCON）

如表 1-4-4 所示，TCON 的高 4 位为定时/计数器的运行控制和溢出标志，低 4 位与外部中断有关，将在后面作介绍。

表 1-4-4　定时/计数器控制寄存器（TCON）的格式

位	D7	D6	D5	D4	D3	D2	D1	D0
功能	TF1	TR1	TF0	TR0				

TF0 和 TF1：定时/计数器溢出标志位。当定时/计数器 0（或定时/计数器 1）溢出时，由硬件自动使 TF0（或 TF1）置 1，并向 CPU 申请中断。CPU 响应中断后，自动对 TF1 清零。TF1 也可以用软件清零。

TR0 和 TR1：定时/计数器运行控制位。TR0（或 TR1）= 0，停止定时/计数器 0（或定时器/计数器 1）工作；TR0（或 TR1）= 1，启动定时/计数器 0（或定时器/计数器 1）工作。可由软件置 1（或清零）来启动（或关闭）定时/计数器，使定时/计数器开始计数。

5. 定时/计数器工作方式

1）工作方式 0

定时/计数器工作在方式 0 时，16 位计数器只用了 13 位，即 TH0/TH1 的高 8 位和 TL0/TL1 的低 5 位，组成一个 13 位定时/计数器，TL0/TL1 的高 3 位不用。

（1）工作在定时方式。此时 $C/\overline{T} = 0$，定时器对机器周期计数。定时器在工作前，应先对 13 位的计数器赋值，开始计数时，在初值的基础上进行减 1 计数。

定时时间的计算公式为：定时时间 =（2^{13} − 计数初值）× 晶振周期 × 12；或定时时间 =（2^{13} − 计数初值）× 机器周期。若晶振频率为 12MHz，则最短定时时间为 $[2^{13} - (2^{13} - 1)] \times (1/12) \times 10^{-6} \times 12 = 1\mu s$。最长定时时间为 $(2^{13} - 0) \times (1/12) \times 10^{-6} \times 12 = 8192\mu s$。

（2）工作在计数方式。此时 $C/\overline{T} = 1$，13 位计数器对外部输入信号进行加 1 计数。当$\overline{INT0}$或$\overline{INT1}$由 0 变为 1 时，开始计数，当$\overline{INT0}$或$\overline{INT1}$由 1 变为 0 时，停止计数。计数值的范围是 $1 \sim 2^{13} = 8\,192$ 个外部脉冲。

【例 1】 假设 AT89S52 单片机晶振频率为 12MHz，要求定时时间为 8ms，使用定时器 T0，工作方式 0，计算定时器初值 x。

解：因为　$t = (2^{13} - x) \times$ 机器周期

当单片机晶振频率为 12MHz 时，机器周期 = 1 μs

所以　$8 \times 10^3 = (2^{13} - x) \times 1$

$x = 8192 - 8000 = 192$

转换成二进制数为：11000000B

【**例2**】假设AT89S52单片机晶振频率为12MHz，所需定时时间为250μs，当T0工作在方式0时，T0计数器的初值x是多少？

解：因为　$t=(2^{13}-x)\times$机器周期

当单片机晶振频率为12MHz时，机器周期$=1\mu s$

所以　$250=(2^{13}-x_0)\times 1$

$x_0=8192-250=7942$

转换成二进制数为：1111100000110B

2）工作方式1

定时/计数器工作方式1与工作方式0相似，差别在于其中的计数器的位数：工作方式1以16位计数器参与计数。

（1）工作在定时方式。此时$C/\overline{T}=0$，定时器对机器周期计数。定时时间的计算公式为：定时时间$=(2^{16}-$计数初值$)\times$晶振周期$\times 12$或定时时间$=(2^{13}-$计数初值$)\times$机器周期。若晶振频率为12MHz，则最短定时时间为$[2^{16}-(2^{16}-1)]\times\frac{1}{12}\times 10^{-6}\times 12=1\mu s$，最长定时时间为$(2^{16}-0)\times\frac{1}{12}\times 10^{-6}\times 12=65536\mu s=65.5ms$。

（2）工作在计数方式。此时$C/\overline{T}=1$，16位计数器对外部输入信号进行加1计数。计数值的范围是$1\sim 2^{16}$（$=65536$）个外部脉冲。

【**例3**】假设AT89S52单片机晶振频率为12MHz，所需定时时间为10ms，当T0工作在方式1时，T0计数器的初值x是多少？

解：因为　$t=(2^{16}-x_0)\times$机器周期

当单片机晶振频率为12MHz时，机器周期$=1\mu s$

所以　$10\times 10^3=(2^{16}-x_0)\times 1$

$x=65536-10000=55536$

转换成二进制数为：1101100011110000B＝0D8F0H

【**例4**】假设AT89S52单片机晶振频率为12MHz，定时器T0的定时初值为9800，计算T0工作在方式1时的定时时间。

解：因为　$t=(2^{16}-x_0)\times$机器周期

当单片机晶振频率为12MHz时，机器周期$=1\mu s$

所以　$t=(2^{16}-9800)\times 1$

$t=65536-9800=55736\mu s$

3）工作方式2

定时/计数器在工作方式2时，16位的计数器分成了两个独立的8位计数器TH0/TH1和TL0/TL1。TL0/TL1用作8位计数器，TH0/TH1用来保存计数的初值。每当TL0/TL1计满溢出时，自动将TH0/TH1的初值再次装入TL，此时定时/计数器构成了一个能重复置初值的8位计数器。

（1）工作在定时方式。此时$C/\overline{T}=0$，定时器对机器周期计数。定时时间的计算公式为：定时时间$=(2^{8}-$计数初值$)\times$晶振周期$\times 12$；或定时时间$=(2^{8}-$计数初值$)\times$机器周期。若晶振频率为12MHz，则最短定时时间为$[2^{8}-(2^{8}-1)]\times\frac{1}{12}\times 10^{-6}\times 12=$

1μs，最长定时时间为（2^8-0）$\times\frac{1}{12}\times10^{-6}\times12=256\mu s$。

（2）工作在计数方式。此时 $C/\overline{T}=1$，8 位计数器对外部输入信号进行加 1 计数。计数值的范围是 1 ~ 2^8（=256）个外部脉冲。

4）工作方式 3

工作方式 3 仅对定时/计数器 0 有效，此时，将 16 位的计数器分为两个独立的 8 位计数器 TH0/TH1 和 TL0/TL1 且仅对 T0 起作用。如果把 T1 设置为工作方式 3，T1 将处于关闭状态。

在一般情况下，当 T1 用作串行口波特率发生器时，T0 才设置为工作方式 3。此时常把 T1 设置为方式 2，用作波特率发生器。

6. 定时/计数器 2

定时/计数器 2 是一个 16 位定时/计数器，是定时器或外部事件计数器。定时/计数器 2 有 3 种操作方式：捕捉方式、自动重装方式和波特速率发生器方式。工作方式由 T2CON 的控制位选择。

1）定时/计数器 2 控制寄存器 T2CON

T2CON 可位寻址，地址为 0C8H。其各位定义见表 1-4-5。

表 1-4-5　定时/计数器 2 控制寄存器 T2CON 的格式

位序	D7	D6	D5	D4	D3	D2	D1	D0
位标志	TF2	EXF2	RCLK	TCLK	EXEN2	TR2	$C/\overline{T2}$	$CP/\overline{RL2}$
位地址	CF	CEH	CDH	CCH	CBH	CAH	C9H	C8H

TF2：定时/计数器 2 溢出标志位。当定时/计数器 2 溢出时，TF2 置 1，TF2 置位后只能用软件清除。当 RCLK = 1 或 TCLK = 1 时，TF2 将不被置位。

EXF2：在捕捉/重装模式下，T2 的外部触发标志。当 EXEN2 = 1 时，引脚 T2EX/P1.1 的负跳变，使 EXF2 = 1，并产生 T2 中断。EXF2 置位后只能用软件清除。当 DCEN = 1 时，T2 处于向上/向下计数模式，EXF2 不引起中断。

RCLK：接收时钟允许。当 RCLK = 1 时，T2 的溢出脉冲可作为串行口方式 1 和方式 3 的接收时钟；当 RCLK = 0 时，T1 的溢出脉冲将作为串行接收时钟。

TCLK：发送时钟允许。当 TCLK = 1 时，T2 的溢出脉冲可作为串行口方式 1 和方式 3 的发送时钟；当 TCLK = 0 时，T1 的溢出脉冲将作为串行发送时钟。

EXEN2：T2 外部允许。当 EXEN2 = 1 时，T2EX 的负跳变引起 T2 捕捉或重装，此时 T2 不能用作串行口的串行时钟。当 EXEN2 = 0 时，T2EX 的负跳变将不起作用。

TR2：T2 启动控制位。当 TR2 = 1 时，启动 T2；TR2 = 0 时，停止 T2。

$C/\overline{T2}$：定时/计数器 2 工作方式选择位。$C/\overline{T2}=0$，为定时工作方式；$C/\overline{T2}=1$，为计数工作方式。

$CP/\overline{RL2}$：T2 捕捉/重装功能选择位。当 $CP/\overline{RL2}=1$ 且 EXEN2 = 1 时，引脚 T2EX/P1.1 的负跳变引起捕捉操作。当 $CP/\overline{RL2}=0$ 且 EXEN2 = 1 时，引脚 T2EX/P1.1 的负跳变引起自动重装操作。当 $CP/\overline{RL2}=0$ 且 EXEN2 = 1 时，T2 溢出将引起捕捉自动重装操作。

2）定时/计数器 2 模式寄存器 T2MOD

T2MON 不可位寻址，地址为 0C9H。其各位定义见表 1－4－6。

表 1－4－6 定时/计数器 2 模式寄存器 T2MOD 的格式

位序	D7	D6	D5	D4	D3	D2	D1	D0
位标志	—	—	—	—	—	—	T2OE	DCEN

T2OE：定时器 2 输出允许位。当 T2OE＝1 时，允许时钟输出至引脚 T2/P1.0；当 T2OE＝0 时，禁止引脚 T2/P1.0 输出。

DCEN：计数器方向控制。当 DCEN＝0 时，T2 自动向上计数；当 DCEN＝1 时，T2 向上/向下计数方式，由引脚 T2EX 状态决定计数方向。

3）定时/计数器 2 操作方式选择

T2 操作方式选择见表 1－4－7。

表 1－4－7 定时/计数器 2 操作模式

$C/\overline{T2}$	RCLK＋TCLK	$CP/\overline{RL2}$	T2OE	TR2	模式
X	0	0	0	1	16 位自动重装模式
X	0	1	0	1	16 位捕捉模式
X	1	X	X	1	波特率发生器模式
X	1	X	1	1	时钟输出模式
X	X	X	X	0	T2 停止

7. 中断系统

在日常生活中广泛存在着“中断”的例子。例如一个人正在看书，这时电话铃响了，于是他将书放下去接电话。为了在接完电话后继续看书，他必须记下当时的页号，接完电话后，将书取回，从刚才被打断的位置继续往下阅读。由此可见，中断是一个过程。计算机是这样处理中断的，当有随机中断请求后，CPU 暂停执行现行程序，转去执行中断处理程序，为相应的随机事件服务，处理完毕后 CPU 恢复执行被暂停的现行程序。

在这个过程中，应注意以下几方面：

（1）外部或内部的中断请求是随机的，若当前程序允许处理应立即响应；

（2）在内存中必须有处理该中断的处理程序；

（3）系统怎样能正确地由现行程序转去执行中断处理程序；

（4）当中断处理程序执行完毕后怎样能正确地返回。

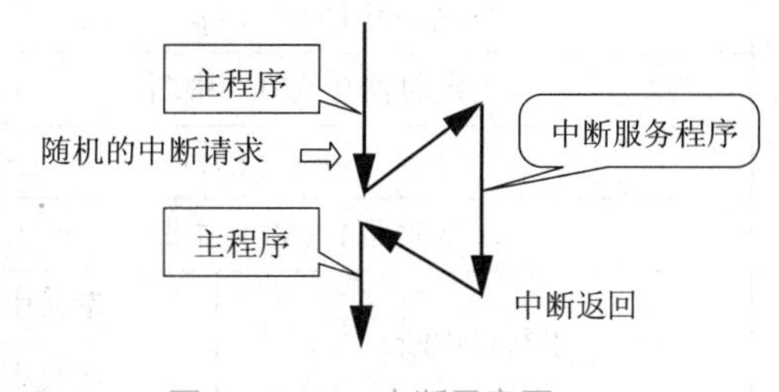

图 1－4－2 中断示意图

中断有两个重要特征：程序切换（控制权的转移）和随机性。（如图 1－4－2 所示）

1）AT89S52 中断源与中断向量地址

中断源就是向 CPU 发出中断请求的来源。AT89S52 共有六个中断源：2 个外部中断

（INT0 和 INT1）、3 个定时器中断（定时器 T0、T1 和 T2）和 1 个串行中断。

外部中断包括外部中断 0 和外部中断 1。它们的中断请求信号分别由单片机引脚$\overline{\text{INT0}}$/P3. 2 和$\overline{\text{INT1}}$/P3. 3 输入。

外部中断请求有两种信号方式：电平方式和脉冲方式。电平方式的中断请求信号是低电平有效，即只要在$\overline{\text{INT0}}$或$\overline{\text{INT1}}$引脚上出现低电平时，就激活外部中断。脉冲方式的中断请求信号则是脉冲的负跳变有效。在这种方式下，在两个相邻机器周期内，$\overline{\text{INT0}}$或$\overline{\text{INT1}}$引脚电平状态发生变化，即在第一个机器周期内为高电平，第二个机器周期内为低电平，就激活外部中断。

2）内部定时和外部计数中断

单片机芯片内部有三个定时/计数器，对脉冲信号进行计数。若脉冲信号为内部振荡器输出的脉冲（机器周期信号），则计数脉冲的个数反映了时间的长短，称为定时方式。若脉冲信号为来自 T0/P3. 4、T1/P3. 5、T2/P1. 0 的外部脉冲信号，则计数脉冲的个数仅仅反映外部脉冲输入的多少，称为计数方式。

当定时/计数器发生溢出（计算器状态由 FFFFH 再加 1，变为 0000H 状态），CPU 查询到单片机内部硬件自动设置的一个溢出标志位为 1 时，便激活中断。

定时方式中断由单片机芯片内部发生，不需要在芯片外部设置引入端。计数方式中断由外部输入脉冲（负跳变）引起，脉冲加在引脚 T0/P3. 4、T1/P3. 5、T2/P1. 0 端。

3）串行中断

串行中断是为串行通信的需要而设置的。当串行口发送完或接收完一帧信息时，单片机内部硬件便自动串行发送或接收数据使中断标志位置 1。当 CPU 查询到这些标志位为 1 时，便激活串行中断。串行中断是由单片机内部自动发生的，不需要在芯片外设置引入脚。

4）中断矢量地址

中断源发出请求，CPU 响应中断后便转向中断服务程序。中断源引起的中断服务程序入口地址即为中断矢量地址。中断矢量地址是固定的，用户不可改变。中断矢量地址如表 1－4－8所示。

表 1－4－8　中断源及其对应的矢量地址

<table>
<tr><th colspan="2">中断源</th><th>中断标志位</th><th>中断矢量地址</th></tr>
<tr><td colspan="2">外部中断 0（$\overline{\text{INT0}}$）</td><td>IE0</td><td>0003H</td></tr>
<tr><td colspan="2">定时器 0（T0）中断</td><td>TF0</td><td>000BH</td></tr>
<tr><td colspan="2">外部中断 1（$\overline{\text{INT1}}$）</td><td>IE1</td><td>0013H</td></tr>
<tr><td colspan="2">定时器 1（T1）中断</td><td>TF1</td><td>001BH</td></tr>
<tr><td rowspan="2">串行口中断</td><td>发送中断</td><td>TI</td><td rowspan="2">0023H</td></tr>
<tr><td>接收中断</td><td>RI</td></tr>
<tr><td rowspan="2">定时器 1（T1）中断</td><td>T2 溢出中断</td><td>TF2</td><td rowspan="2">002BH</td></tr>
<tr><td>T2EX 中断</td><td>EXF2</td></tr>
</table>

5）中断标志与控制

要实现中断，首先中断源要提出中断申请，而中断请求的过程是单片机内部特殊功能寄

存器 TCON 和 SCON 相关状态位——中断请求标志位置 1 的过程，当 CPU 响应中断时，中断请求标志位才由硬件或软件清零。

（1）定时/计数器控制寄存器 TCON。TCON 用于寄存外部中断请求标志位、定时器溢出标志位和外部中断触发方式的选择。其格式如表 1－4－9 所示。

表 1－4－9　定时/计数器控制寄存器 TCON 的格式

位	D7	D6	D5	D4	D3	D2	D1	D0
功能	TF1	TR1	TF0	TR0	IE1	IT1	IE0	IT0

其中与中断有关的控制位共 6 位：

IE0 和 IE1：外部中断请求标志位。当 CPU 采样到 $\overline{\text{INT0}}$（或 $\overline{\text{INT1}}$）端出现有效中断请求（低电平或脉冲下降沿）时，IE0（或 IE1）位由片内硬件自动置 1；当中断响应完成转向中断服务程序时 IE0（或 IE1），由片内硬件自动清零。

IT0 和 IT1：外部中断请求信号触发方式控制标志位。IT0（或 IT1）＝1，$\overline{\text{INT0}}$（或 $\overline{\text{INT1}}$）信号为脉冲触发方式，脉冲下降沿有效；IT0（或 IT1）＝0，$\overline{\text{INT0}}$（或 $\overline{\text{INT1}}$）信号为电平触发方式，低电平有效。IT0（或 IT1）位可由用户软件置 1 或清零。

TF0 和 TF1：定时/计数器溢出中断请求标志位。当定时器 0（或定时器 1）产生计数溢出时，TF0（或 TF1）由片内硬件自动置 1；当中断响应完成转向中断服务程序时，由片内硬件自动清零。该标志位也可用于查询方式，即用户程序查询该位状态，判断是否应转向对应的处理程序段。待转入处理程序后，必须由软件清零。

（2）串行口控制寄存器 SCON。SCON 的字节地址是 98H，可以位寻址；位地址是 98H ~ 9FH。其格式如表 1－4－10 所示。

表 1－4－10　串行口控制寄存器 SCON 的格式

位	D7	D6	D5	D4	D3	D2	D1	D0
功能	SM0	SM1	SM2	REN	TB8	RB8	TI	RI

其中与中断有关的控制位共 2 位：

TI：串行口发送中断请求标志位。当串行口发送完一帧信息后，由片内硬件自动置 1。但 CPU 响应中断时，并不清除 TI，必须在中断服务程序中由软件对其清零。

RI：串行口接收中断请求标志位。当串行口接收完一帧信息后，由片内硬件自动置 1。但 CPU 响应中断时，并不清除 RI，必须在中断服务程序中由软件对其清零。

应当指出，AT89S52 系统复位后，TCON 和 SCON 中各位被复位成“0”状态，应用时要注意各位的初始状态。

（3）中断允许控制寄存器 IE。CPU 对中断源的开放和屏蔽以及每个中断源是否被允许中断，都受中断允许寄存器 IE 控制。中断允许控制寄存器 IE 对中断的开放和关闭实行两级控制，即有一个总中断位 EA，同时 5 个中断源还有各自的控制位进行控制。IE 寄存器格式如表 1－4－11 所示。

表 1-4-11　中断允许控制寄存器 IE 的格式

位	D7	D6	D5	D4	D3	D2	D1	D0
功能	EA	—	ET2	ES	ET1	EX1	ET0	EX0

其中与中断有关的控制位共 7 位：

EA：中断允许总控制位。EA = 0 时，禁止一切中断；EA = 1 时，中断总允许，而每个中断源的允许与禁止，分别由各自的允许位确定。

EX0 和 EX1：外部中断允许控制位。EX0（或 EX1）= 0，禁止外部中断 $\overline{INT0}$（或 $\overline{INT1}$）；EX0（或 EX1）= 1，允许外部中断 $\overline{INT0}$（或 $\overline{INT1}$）。

ET0 和 ET1：定时器中断允许控制位。ET0（ET1）= 0，禁止定时器 0（或定时器 1）中断；ET0（ET1）= 1，允许定时器 0（或定时器 1）中断。

ES：串行中断允许控制位。ES = 0，禁止串行（TI 或 RI）中断；ES = 1，允许串行（TI 或 RI）中断。

ET2：定时器 2 中断允许控制位。ET2 = 0，禁止定时器 2（TF2 或 EXF2）中断；ET2 = 1，允许定时器 2（TF2 或 EXF2）中断。

在单片机复位后，IE 各位被复位成“0”状态，CPU 处于关闭所有中断的状态。所以，在单片机复位以后，用户必须通过程序中的指令来开放所需中断。

（4）中断优先级控制寄存器 IP。AT89S52 单片机具有高、低 2 个中断优先级。高优先级用“1”表示，低优先级用“0”表示。各中断源的优先级由中断优先级寄存器 IP 进行设定，其格式如表 1-4-12 所示。

表 1-4-12　中断优先级控制寄存器 IP 的格式

位	D7	D6	D5	D4	D3	D2	D1	D0
功能	—	—	PT2	PS	PT1	PX1	PT0	PX0

其中与中断有关的控制位共 6 位：

PX0：外部中断 0（$\overline{INT0}$）中断优先级控制位；

PT0：定时器 0（T0）中断优先级控制位；

PX1：外部中断 1（$\overline{INT1}$）中断优先级控制位；

PT1：定时器 1（T1）中断优先级控制位；

PS：串行口中断优先级控制位；

PT2：定时器 2（T2）中断优先级控制位。

各中断优先级的设定，可用软件对 IP 的各位置 1 或清零，为 1 时是高优先级，为 0 时是低优先级。当系统复位后，IP 各位均为 0，所有中断源设置为低优先级中断。例如：CPU 开中断可由 EA = 1 语句来实现；CPU 关中断可由 EA = 0 语句来实现。又如设置外部中断源 $\overline{INT0}$ 为高优先级，外部中断源 $\overline{INT1}$ 为低优先级，可由下面语句来实现：

PX0 = 1

PX1 = 0

6）优先级结构

中断优先级只有高、低两级，所以在工作过程中必然会有两个或两个以上中断源处于同一中断优先级。若出现这种情况，内部中断系统对各中断源的处理遵循以下两条基本原则：

（1）低优先级中断可以被高优先级中断所中断，反之不能；

（2）一种中断（不管是什么优先级）一旦得到响应，与它同级的中断不能再中断它。

当CPU同时收到几个同一优先级的中断请求时，CPU将按自然优先级顺序确定应该响应哪个中断请求。其自然优先级排列如下：

中断源	同级自然优先级
外部中断0	最高级
定时器0中断	↓
外部中断1	↓
定时器1中断	↓
串行口中断	↓
定时器2中断	最低级

任务实施

电路原理图如图1－4－3所示。

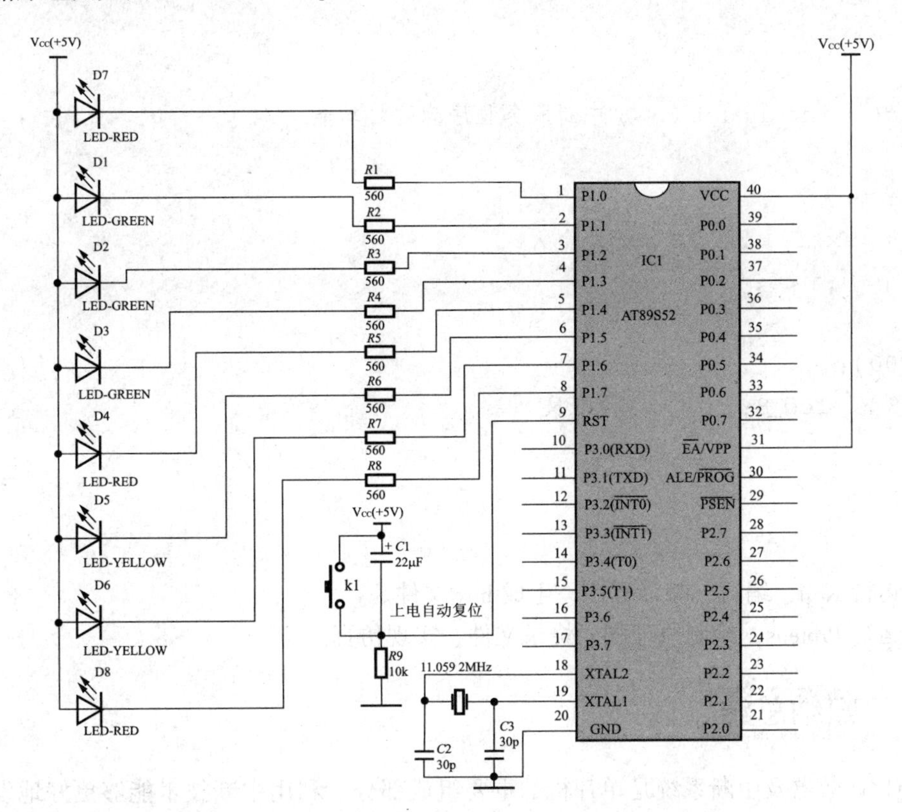

图1－4－3　电路原理图

程序代码

```
#define led_8   P1         //定义 P1 口,如果 8 只 LED 接在此口上
```

```
void ys(uint x)                //延时子函数
{ uchar i;
  while(x--)
   for(i=0;i<120;i++);
}
void main( )
{  uchar m;
  m=0x7f;
  EA=1;                     //打开中断总开关
  ET0=1;                    //设置为负边沿(下跳沿)触发方式
  EX0=1;                    //打开外部中断0开关
  while(1)
  {
  m=_crol_(m,1); //m的内容循环左移1位
  led_8=m;       //送显示
  ys(500);
  }
}
void td( ) interrupt 0  //中断服务程序为跳灯功能
{
  uchar j;
  led_8=0xff;                //全灭
  for(j=0;j<6;j++)
  {
  ys(500);
  led_8=~led_8;             //取反
  }
}
```

1. 运行 Keil，编写、编译程序，生成 hex 文件。
2. 运行 Proteus，绘制原理图、烧录文件、实现仿真。

归纳总结

定时/计数器及中断系统是单片机的重要组成部分。利用中断技术能够更好地发挥单片机系统的处理能力，有效地解决慢速工作的外部设备与CPU之间的矛盾，从而提高CPU的工作效率，增强实时处理能力。

拓展提高

试用定时器与中断实现同时输出 1kHz、5kHz 和 10kHz 的连续方波信号。

任务 5 单片机控制扬声器发音

任务描述

在单片机的外部接扬声器，利用定时/计数器与中断唱出音乐“两只老虎”。

任务分析

此次任务的主要目的在于理解单片机控制扬声器发声的原理并学会编程。

知识准备

1. 音频脉冲的产生

声音的频谱范围大约在几十到几千赫兹，若能利用程序来控制单片机某个口产生一定频率的方波，接上喇叭就能发出一定频率的声音；若再利用延时程序控制高、低电平的持续时间，就能改变输出时间。图 1－5－1 所示为单片机音频信号输出放大电路，它由三极管、电阻 *R*1、*R*2 和扬声器 SP 组成。该放大器的输入端与单片机的输入/输出接口 P2.0 相连接，在通常情况下，P2.0 应保持高电平，基本上与电源 V_{CC} 保持同等电位，因此基极电流 I_b 为零，三极管截止。当 P2.0 为低电平时，在电阻 *R*1、*R*2 上形成了压降，产生基极电流 I_b，I_b 是由单片机产生的音频信号，利用三极管的放大原理推动扬声器发出声响。

表 1－5－1 为音符频率与计数初值的对应表，比如中音 1 的频率为 523Hz，周期 $T=\frac{1}{523\text{Hz}}=1\ 912\mu s$，因此只要在 P2.7 引脚产生半周期为 956μs 的方波，即可听到持续的中音 1。

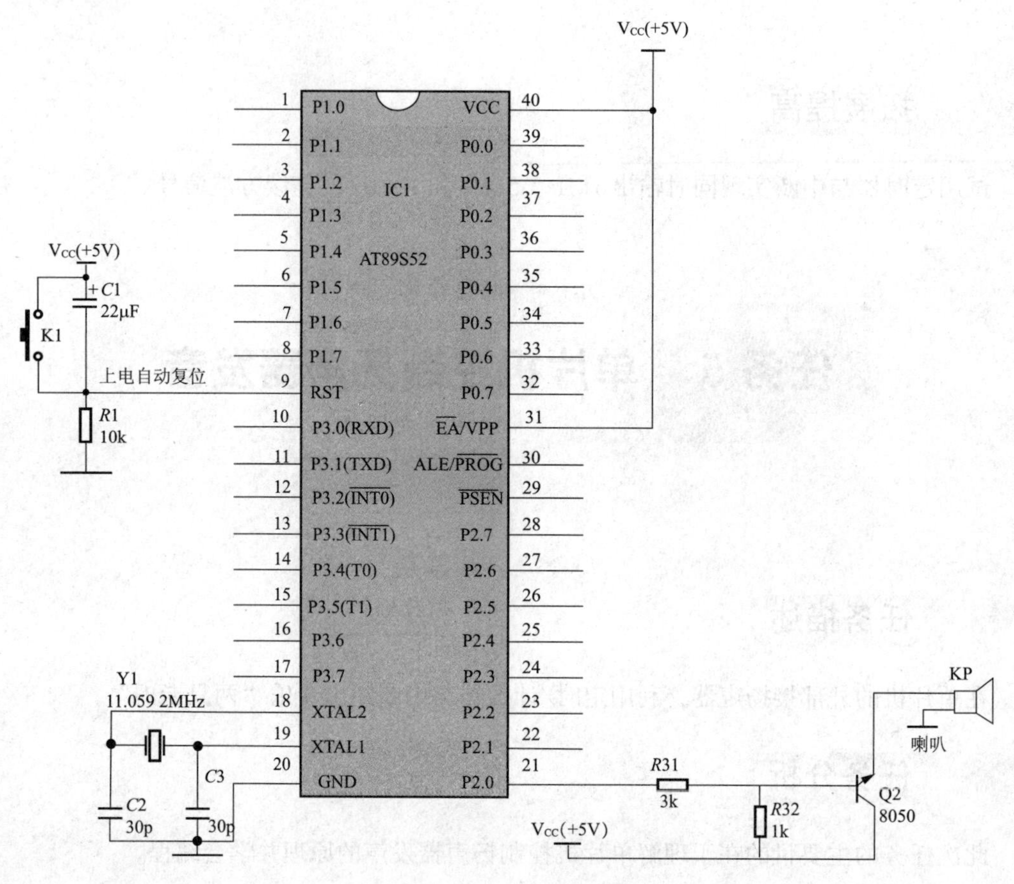

图1-5-1　电路原理图

表1-5-1　部分音符频率、计数初值的对应关系

音符		1	2	3	4	5	6	7
低音	频率/Hz	262	294	330	349	392	440	494
	初值 T	63 628	63 835	64 021	64 103	64 260	64 400	64 524
中音	频率/Hz	523	578	659	698	784	880	988
	初值 T	64 580	64 684	64 777	64 820	64 898	64 968	65 030
高音	频率/Hz	1047	1 175	1 319	1 397	1 568	1 760	1 967
	初值 T	65 058	65 110	65 157	65 160	65 217	65 252	65 282

2. 音乐节拍的生成

设1/4拍为1个DELAY，1拍则对应于4个DELAY，以此类推，只要求得1/4拍的DELAY时间，其余的节拍就是它的整数倍。

任务实施

1. “没有共产党就没有新中国” 乐谱

| 1 5 | 6 6 5. 6 | 1 1 6 1 | 2 - | 3 2 | 1 3 2. 1 | 6 2 7 6 | 5 - |

| 1 6 | 1. 6 | 3. 1 6 5 | 6 - | 3 - | 6. 5 | 2 1 6 5 | 6 - | 3 1 1 1 |

| 6 3 | 3 3 5 6 | 6 - | 3 1 | 3 2 1 1 | 2. 5 | 6 1 2 | 2. 5 |

| 3 3 3 5 5 | 6 6 5 6 | 1 1 1 6 2 | 7 6 5 6 | 2 2 2 1 2 | 3 3 2 1 |

| 6 6 6 1 1 | 2 1 6 1 | 5 - | 1 5 6 1 | 5. 6 | 1. 1 6 1 | 2 - |

| 3 2 1 3 | 2. 3 | 5. 5 3 2 | 1 - |

2. 运行 Keil，编写、编译程序，生成 hex 文件。

程序代码：

```
#include <at89x52.h>
#define uint unsigned int
#define uchar unsigned char
#define fm P2_0
uint code yj[] = {64580,64684,64777,64820,64898,64968,65030,64260,
64400};            //音阶定时器初值
uchar code yp[] = {0x18,0x88,0x94,0x94,0x84,0x94,0x14,0x14,0x94,0x14,
0x28,0x00};    //"没有共产党就没有新中国"部分乐谱,高4位为音调,低4位为节拍
uchar yf,jp;
void delay(uint z)          //1/4 延时时间,250ms
 {uchar i,j;
  while(z--)
   for(j=0;j<250;j++)
   for(i=0;i<120;i++)
 ;
  }
void sing(uint i)
{yf=yp[i]/16;                        //高四位为音符
 jp=yp[i]%16;                       //低四位为节拍
 }
void main()
```

```
{uint i;
 IE =0x82;
 TMOD =0x01;
 while(1)
 {for(i =0;yp[i]! =0;i ++)
  {sing(i);
   if(yf ==0)TR0 =0;
   else
    {TH0 =yj[yf -1]/256;
     TL0 =yj[yf -1]% 256;
     TR0 =1;
      }
   delay(jp);
    }
   TR0 =0;
   fm =0;
   }
  }
void time0()interrupt 1
{TH0 =yj[yf -1]/256;
 TL0 =yj[yf -1]% 256;
 fm = ~ fm;
 }
```

程序中的歌词为部分乐谱，读者在实训过程中可以依据给的完整乐谱，根据程序中YP［ ］数组中的规律填充完整。

3. 运行 Proteus，绘制原理图、烧录文件、实现仿真，如图 1－5－2 所示。

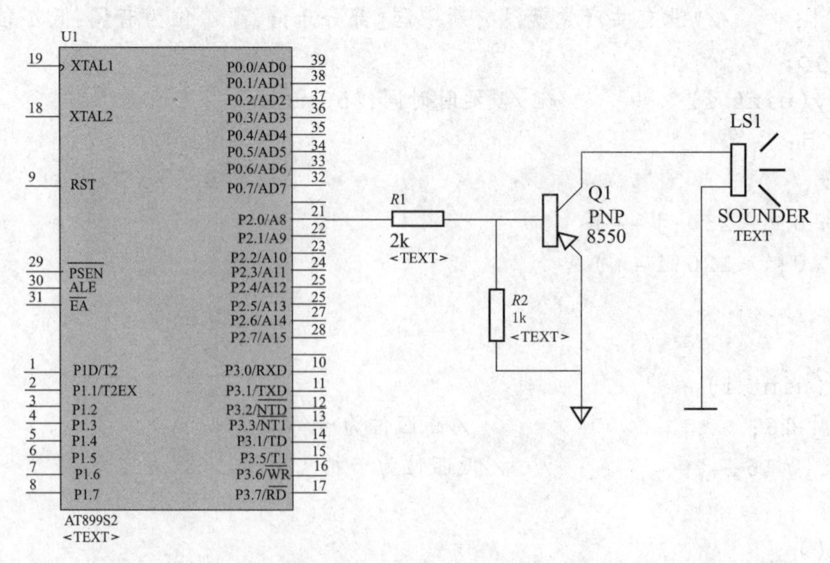

图1－5－2　仿真效果图

归纳总结

通过单片机输出音频信号音频信号再一次熟练使用定时/计数器及中断系统。

拓展提高

试用单片机输出音频信号通过运算放大器驱动扬声器发声。

任务 6　音乐彩灯控制实训

任务描述

单片机控制扬声器演奏“生日快乐”歌，同时外接 8 只 LED 随节拍闪烁。

任务分析

此次任务的主要目的在于综合运用项目一中各个知识点，提高熟练编程的能力。

知识准备

电路原理图如图 1－6－1 所示。

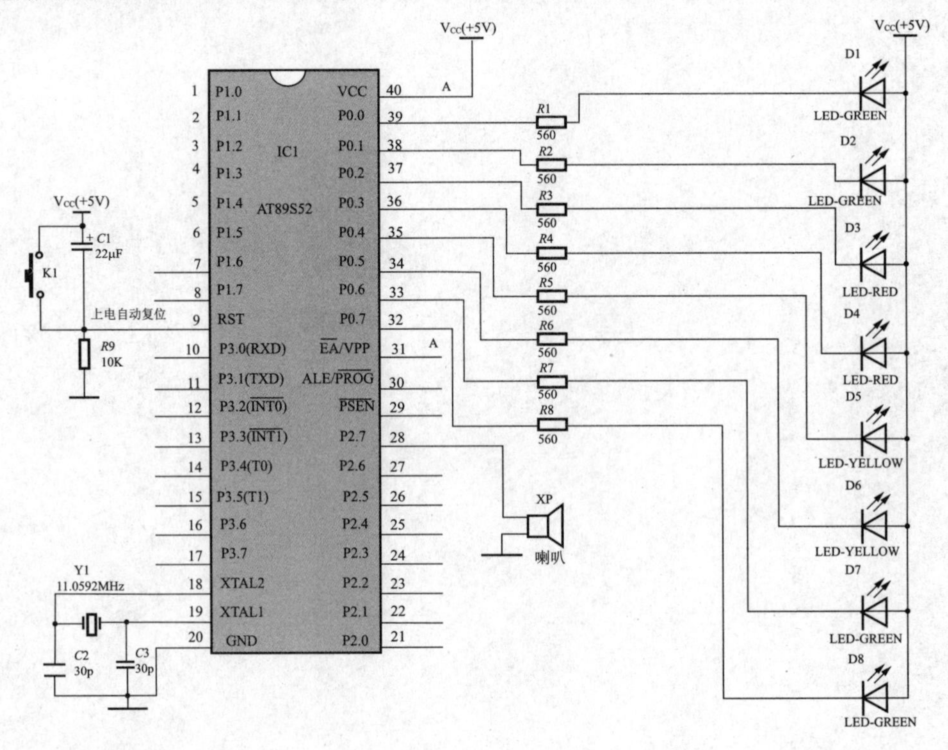

图 1－6－1　电路原理图

程序代码

```
#include <reg52.h>
#include <intrins.h>          //循环左移函数包含在此头文件中
#define uint  unsigned int
#define uchar unsigned char
#define led_8 P0
sbit speaker = P2^7;
uchar code yp[] = {70,70,63,70,53,56,70,70,63,
                   70,47,53,70,70,35,42,53,56,
                   63,39,39,42,53,47,53, -1};  //音谱表
uint code yl[] = {225,75,300,300,300,600,225,75,300,300,300,600,225,75,
                  300,300,300,300,300,475,75,300,300,300,600, -1};/* 每个
                  音对应的演奏长度 */
void ys(uint x)
{ uchar i;
  while(x--)
  for(i=0;i<120;i++)
}
void music( )
{
  uint m=0,n,s;
  led_8 =0xff;
while(yp[m]! = -1||yl[m]! = -1) //没遇到结束符 -1 则执行下列音乐段
  {
  for(n=0;n<yl[m];n++)
  {
  speaker = ~speaker;         //扬声器按音谱发音
  for(s=0;s<yp[m];s++)
  }
  ys(10);                  //每个音符的演奏长度
  led_8 = ~led_8;           //8 只 LED 闪烁
  m++;                     //指向下一个音符与演奏时间值
 }
}

void main( )
{
```

```
while(1)
{
music();
ys(500);
}
}
```

任务实施

1. 运行 Keil，编写、编译程序，生成 hex 文件。
2. 运行 Proteus 绘制原理图、烧录文件、打开音频设备实现仿真，如图 1－6－2 所示。

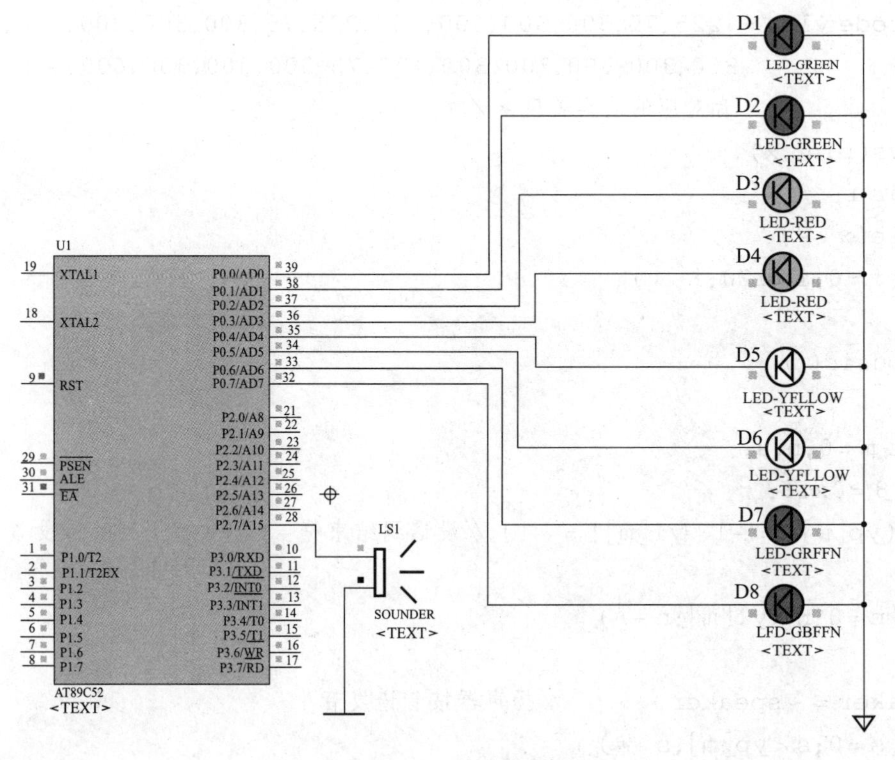

图 1－6－2　仿真效果图

归纳总结

本次任务实为项目一中各个知识点的综合应用，通过完成本次任务对单片机的硬件和软件有一个较为全面的了解，为后续项目的学习提供良好的基础。

拓展提高

利用定时器控制蜂鸣器模拟发出叮咚的门铃声。“叮”的声音用较短定时形成较高频率，“咚”的声音用较长定时形成较低频率，同时8只LED呈花式闪烁。

自我评估

一、填空题（每空1分，共36分）

1. 将________、________、________和各种I/O接口集成在一块芯片上组成的计算机称为单片机。

2. AT89S52单片机有________个脚，其中第40脚和第20脚分别为________________和________，31脚为________，18、19脚外接________而构成振荡系统，为保持时钟标准，外接两只________作为补偿。

3. AT89S52片内含有________字节的ROM、________字节的RAM。片外有4组I/O口，分别为________、________、________、________，每组包含________位I/O单口。

4. P1.1、P2.5、P3.7、P0.2分别对应52单片机芯片的________脚、________脚、________脚和________脚。

5. AT89S52有三个________位的定时/计数器，分别是________、________和________。

6. AT89S52有6个中断源，分别是__________、__________、__________、__________、__________、__________。

7. AT89S52的6个中断源，按自然优先级，其中断服务程序的入口地址分别为：________、________、________、________、________，________。

二、简答题（共20分）

（一）根据下列有关的SFR回答问题。

1. TMOD（定时器工作模式寄存器）

D7	D6	D5	D4	D3	D2	D1	D0
GATE	C/T	M1	M0	GATE	C/T	M1	M0

（1）写出D7位的功能。（3分）

（2）说明D2位的功能。（3分）

（3）写出 D5、D4 位的组合含义。（4 分）

2. IE（中断允许寄存器）

D7	D6	D5	D4	D3	D2	D1	D0
EA			ES	ET1	EX1		

（1）在 D1、D0 位上填上正确的位名。（2 分）

（2）说明 D7、D2 位的功能。（4 分）

（二）阅读程序，写出程序实现的功能。（4 分）

```
   #include <reg52.h>
#define uchar unsigned char
#define uint unsigned int
sbit LED = P1^0;
   void DelayMS(uint x)
{
  uchar i;
  while(x--)
    {
      For(i=0;i<120;i++);
    }
}
void main()
{
  while(1)
    {
      LED = ~LED;
      DelayMS(150);
    }
}
```

三、综合题（44 分）

任务名称：交通指示灯

任务要求：

1. 使用定时器控制。

2. 东西向绿灯亮 5s 后，黄灯闪烁，闪烁 5 次后亮红灯。红灯亮后，南北向由红灯变为绿灯，5s 后南北向黄灯闪烁，闪烁 5 次后亮红灯，东西向绿灯亮，如此重复。

3. 在 Keil 中编写调试程序，在 Proteus 中绘图仿真，保留相关文件。

评价标准

一、填空题

1. CPU　存储器　定时与中断系统

2. 40　Vcc Vss　$\overline{EA}/V_{PP}$　晶体振荡器　独石电容

3. 8k　256　P1 P2 P3 P4 8

4. 2　26　17　37

5. 16　T0　T1　T2

6. 外部中断 0　定时器 0 中断　外部中断 1　定时器 1 中断　串行口中断　定时器 2 中断

7. 0003H　000BH　0013H　001BH　0023H　002BH

二、简答题

（一）

1. （1）GATE：门控位。

GATE = 0，只要用软件使 TR0（或 TR1）置 1 就能启动定时器/计数器 0（或定时/计数器 1）；

GATE = 1，只有在$\overline{INT0}$（或$\overline{INT1}$）引脚为高电平的情况下，且由软件使 TR0（或 TR1）置 1 时，才能启动定时/计数器 0（或定时/计数器 1）工作。

（2）$C/\overline{T}$：定时/计数器工作方式选择位。

$C/\overline{T}$ = 0，为定时工作方式；

$C/\overline{T}$ = 1，为计数工作方式。

2. （1）D1 位：ET0　D0 位：EX0

（2）D7 位功能：

EA = 0 时，中断总禁止；

EA = 1 时，中断总允许。

D2 位功能：

EX1 = 0，禁止外部中断$\overline{INT1}$；

EX1 = 1，允许外部中断$\overline{INT1}$。

（二）解：1 只 LED 接 P1.0（2 分），实现按设定时间间隔闪烁（2 分）。

三、综合题

参考程序：

```
/*定时器控制交通指示灯*/
#include <reg52.h>
#define uchar unsigned char
#define uint unsigned int
sbit        RED_A = P0^0;//东西向指示灯
sbit     YELLOW_A = P0^1;
sbit      GREEN_A = P0^2;
sbit        RED_B = P0^3;//南北向指示灯
sbit     YELLOW_A = P0^4;
sbit      GREEN_A = P0^5;
uchar Time_Count =0,Flash_Count =0,Operation_Type =1;
//延时倍数,闪烁次数,操作类型变量
//T0 中断子程序
void T0_INT () interrupt 1
{
  TH0 = -5000/256;
  TL0 = -5000%256;
  switch (Operation_Type)
  {
    case1://东西向绿灯与南北向红灯亮5s
          RED_A =0; YELLOW_A =0; GREEN_A =1;
          RED_B =1; YELLOW_B =0; GREEN_B =0;
          //5s后切换操作(50ms*100 =5s)
          if( ++Time_Count! =100) return;
          Time_Count =0;
          Operation_Type =2;//下一操作
          break;
case2://东西向黄灯开始闪烁,绿灯关闭
      if( ++Time_Count! =8) return;
      Time_Count =0;
      YELLOW_A =! YELLOW_A; GREEN_A =0;
      //闪烁5次
      if( ++Flash_Count! =10) return;
      Flash_Count =0;
      Operation_Type =3;//下一操作
      break;
case3://东西向红灯与南北向绿灯亮5s
      RED_A =1; YELLOW_A =0; GREEN_A =0;
      RED_B =0; YELLOW_B =0; GREEN_B =1;
```

```
        //南北向绿灯亮5s后切换
        if( ++Time_Count! =100) return;
        Time_Count =0;
        Operation_Type =4;//下一操作
        break;
case4://南北向黄灯开始闪烁,绿灯关闭
        if( ++Time_Count! =8) return;
        Time_Count =0;
        YELLOW_B =! YELLOW_B; GREEN_B =0;
        //闪烁5次
        if( ++Flash_Count! =10) return;
        Flash_Count =0;
        Operation_Type =1;//回到第一种操作
        break;
    }
}
//主程序
viod main()
{
      TMOD =0x01;              //定时器0工作在方式1
      IE =0x82;                //允许定时器0中断
      TR0 =1;                  //启动定时器0
      while(1);
}
```

评分标准：

(1) 程序编写20分，只要能实现功能即得满分，实现部分功能酌情给分。

(2) Keil操作12分。

(3) Proteus操作12分。

项目2

全自动洗衣机控制

【预期目标】

1. 掌握单片机常用的外部显示设备，如数码管、液晶显示屏等的接口电路与程序设计方法。
2. 学会单片机常用的输入设备，按键或矩阵键盘的程序设计方法。
3. 掌握利用单片机对交、直流电机控制的接口电路设计及其控制程序的实现技术。
4. 以全自动洗衣机的控制过程为例，理解单片机实时控制一个工程项目的综合设计方法。

【思政导入】

本项目主要介绍利用单片机作为核心，控制全自动洗衣机的工作过程。涵盖了单片机输出显示常用的数码管、液晶显示器，输入常用器件按键的常用编程控制方法，包括驱动电机的控制。教学过程中，按键数码管倒计时任务可以引导学生联想到“神舟”系列火箭的发射，液晶屏汉字显示任务可以引导学生利用编程实现唐诗宋词。综合实训中，介绍以国产家用电器产业为代表，中国制造从无到有、从弱到强的发展历程，立志在新时代为建设祖国，实现社会主义现代化强国而努力学习。

任务1　数码管及动态显示实现

任务描述

1. 认识各种数码管。包括数码管的种类、显示原理、段码及静态显示程序仿真实现。

2. 设计多位数码管与单片机接口电路并阅读动态扫描程序，将该程序导入 Keil C 并编译生成 hex 文件，在 Proteus 中作原理图仿真。要求用 8 位共阳数码管从左至右稳定显示“01234567”数字。

3. 阅读“00～59”秒计时程序并在亚龙 YL－236 单片机实训考核装置上仿真调试。如没有该设备，也可以用其他实验箱、实验板做。显示数字要求在数码管最右边两位。

任务分析

要顺利完成本次任务，首先在掌握数码管物理结构及显示原理的基础上，需根据设计目标的要求选择合适的数码管产品，重点包括极性（共阴结构、共阳结构）、显示的位数、采用单只数码管拼合还是多位一体封装形式（具体根据单片机口资源情况选用）；其次是做好数码管与单片机接口的设计工作，包括选用单片机 4 组口的哪一组或几组、扫描位的选择与驱动部件的选择（三极管、TTL 非门等）；最后是根据已设计好的硬件接口电路设计程序并仿真调试。在设计程序时要注意：①如果选用的数码管是多位一体封装的，要采用循环扫描的程序设计方法。②如选用 74LS377 等总线形式接口，要注意段码与扫描码分时操作，分时设定 74LS377 的门控位。具体的硬件接口设计见图 2－1－1。

如图 2－1－1，本次任务的 Proteus 仿真部分即从左至右稳定显示“01234567”数字，采用三极管作扫描驱动，三极管选用小功率 NPN 型的 9013，高电平导通。当然也可以选 PNP 型的 9012，扫描为低电平导通。数码管选用 8 位共阳型一体化封装的形式。

如果有条件，本次任务可以在亚龙 YL－236 单片机实训考核装置上完成部分即“00～59”秒计时的仿真调试。由于该装置的显示模块的数码管部分，在模块内部已采用 74LS377 接口，有关 74LS377 控制原理请阅读本任务的知识准备部分。该部分原理图见图 2－1－2。

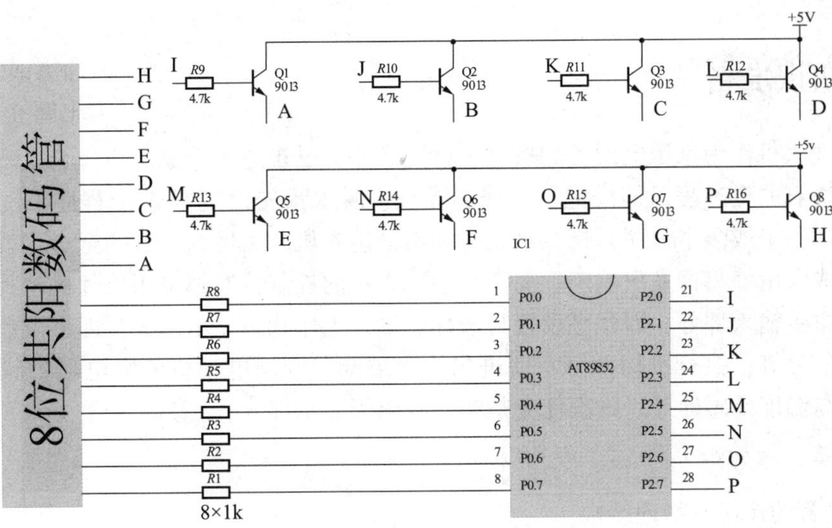

图2-1-1　8位数码管显示电路原理图

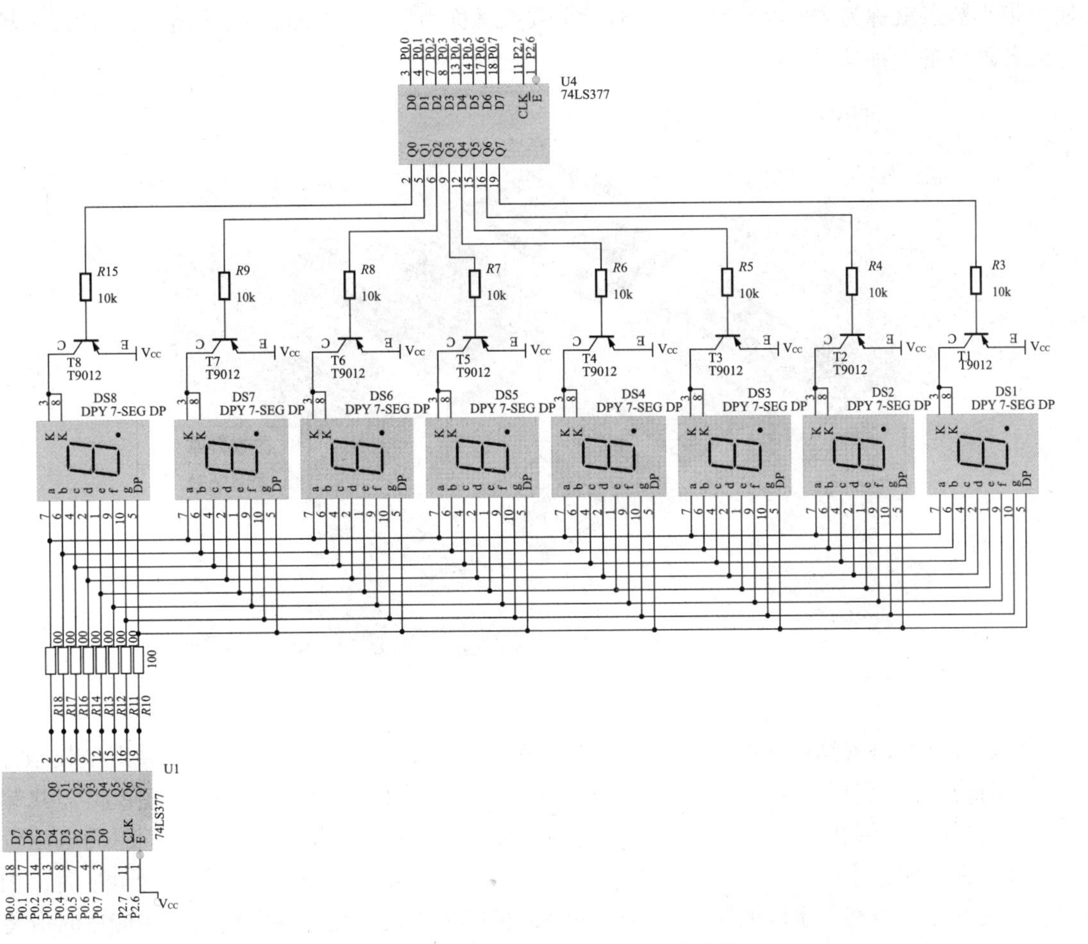

图2-1-2　8位数码管总线接口原理图

知识准备

全自动洗衣机作为家用电器类的机电一体化产品，已走进了千家万户。全自动洗衣机在使用时是将洗衣的全过程，即浸泡、洗涤、漂洗、脱水预先设定好 N 个程序，洗衣时根据需求选择其中一个或多个程序，打开水龙头和启动洗衣机开关后，洗衣的全过程就会自动完成，洗衣完成时由蜂鸣器发出响声。而全自动洗衣机的控制普遍都采用单片机，其外部控制设备主要有主令输入部分，即程序设置与选择按键；工作状态显示部分，即多位数码管或液晶显示屏与信号灯；执行机构部分，即进出水电磁阀、驱动电动机的继电器；状态检测部分，即水位与温度传感器等。本次任务是学习数码管显示部分。

1. 数码管基本知识

1）数码管的作用及物理结构

数码管是一种半导体发光器件，其基本单元是发光二极管。这些发光二极管组合成一个“8”字，当对应的发光段亮时，可以显示 0 到 9 数字及一些字母或符号（见图 2－1－3）。如果带小数点就称为“8 段数码管”，不带小数点就称为“7 段数码管”。相信读者在许多场合或各种设备上都见过数码管。

图 2－1－3　各种数码管

1 位 LED 数码管结构如图 2－1－4 所示。按发光二极管单元连接方式分为共阳型数码管（所有阳极接在一起形成公共端 COM）和共阴型数码管（所有阴极接在一起形成公共端 COM）。共阳数码管在应用时应将公共端 COM 接到 +5V（注意大尺寸的数码管驱动电压较高，如 3.5 寸或 5 寸的数码管是 9V 或 12V），当某一字段发光二极管的阴极为低电平时，相应字段就点亮；当某一字段的阴极为高电平时，相应字段就不亮。共阴数码管在应用时应将公共端 COM 接到电源地线 GND 上，当某一字段发光二极管的阳极为高电平时，相应字段就点亮；当某一字段的阳极为低电平时，相应字段就不亮。所以共阴或共阳的数码管在选用时

要注意结构上的区别。

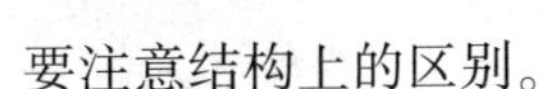

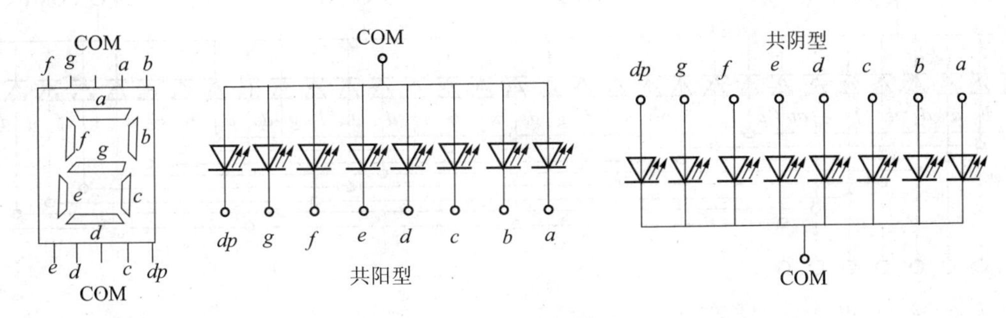

图2-1-4　数码管结构原理图

2）1位数码管的显示段码

以共阳型为例，根据图2-1-4所示，如果要显示“0”，则要让 *a*、*b*、*c*、*d*、*e*、*f* 段点亮，*g* 和 *dp*（小数点位）不亮，且COM端应该接高电平，相应的段应该是低电平点亮。可知“0”的显示用二进制表达为11000000B，十六进制为C0H，在C51中表达为0xc0 。我们把数码管显示一个数字或字符的相应位的亮灭用对应的二进制（或16进制）表达的数称为该数字或字符的显示段码。共阳LED数码管段码表表2-1-1。

表2-1-1　LED数码管段码表

显示符	共阳二进制段码	共阳十六进制段码	共阴二进制段码	共阴十六进制段码
0	11000000B	C0H	00111111B	3FH
1	11111001B	F9H	00000110B	06H
2	10100100B	A4H	01011011B	5BH
3	10110000B	B0H	01001111B	4FH
4	10011001B	99H	01100110B	66H
5	10010010B	92H	01101101B	6DH
6	10000010B	82H	01111101B	7DH
7	11111000B	F8H	00000111B	07H
8	10000000B	80H	01111111B	7FH
9	10010000B	90H	01101111B	6FH
P	10001100B	8CH	01110011B	73H
H	10001001B	89H	01110110B	76H
F	10001110B	8EH	01110001B	71H

3）多位一体封装数码管

以4位共阴型数码管为例（见图2-1-5），4个独立的数码管的段码相对应并联在一起，每个单元的阴极接在一起，共引出4个公共位。所以4位一体封装数码管（带小数点）共有12根引脚。更多位的数码管的结构依此类推。共阳型多位一体封装数码管即把图2-1-5中各个LED反过来即可。

4）数码管动态扫描显示原理

动态扫描显示是单片机中应用最为广泛的一种显示方式之一。其接口电路是把所有显示器的8个同名端连在一起，笔划段 *a* ~ *dp* 通过限流电阻接至单片机的某组I/O口上，图2-1-1是8位的数码管，段码位接到P0口。每一个单独显示的公共极COM1至COM8是通过三极管

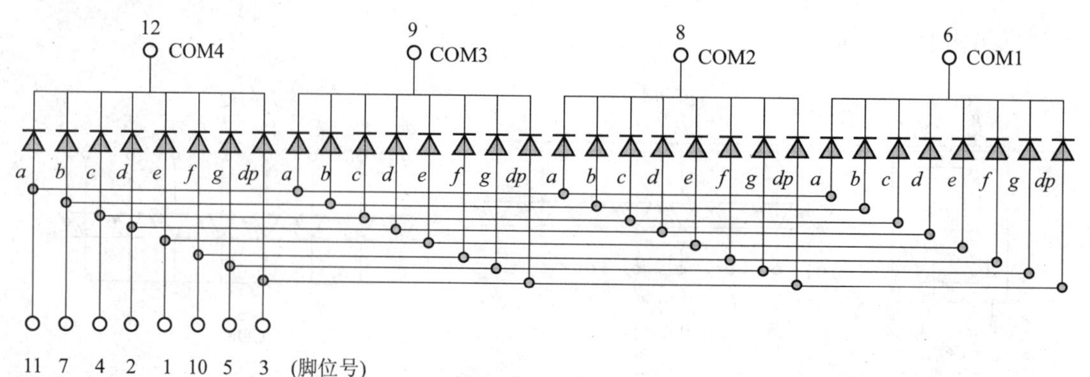

图2-1-5　4位数码管内部结构原理图

各自独立地受I/O线控制，图2-1-1是把控制口接至P2口。CPU向字段输出口送出字形码时，所有显示器接收到相同的字形码，但究竟是哪个显示器亮，则取决于COM端，而这一端是由I/O控制的，所以我们就可以自行决定何时显示哪一位了。而所谓动态扫描就是指我们采用分时的方法，轮流控制各个单位显示器的COM端，使各个单位显示器轮流点亮。当然，每一个COM要接三极管以提高驱动能力。

在轮流点亮扫描过程中，每位显示器的点亮时间是极为短暂的（约1ms），但由于人眼的视觉暂留现象（100ms）及发光二极管的余辉效应，尽管实际上各位显示器并非同时点亮，但只要扫描的速度足够快，那人看到的就是一组稳定的显示数据。扫描显示在程序设计上虽然相对复杂一些，但省下了单片机宝贵的I/O口资源！这一点对于复杂的工程系统的设计是尤为重要的。

2. 74LS377的使用介绍

该芯片是一个锁存器，见图2-1-6。当控制端口E为低电平时，则选中芯片，此时CP端如有一个上升沿，D0～D7脚上的输入信号就锁存进入芯片中，并从Q0～Q7输出。74LS377具体时序过程参见表2-1-2。

表2-1-2　74LS377

操作方式	输入端信号			输出信号
	CP	E	Dn	Qn
“1”操作	↑	0	h	H
“0”操作	↑	0	0	L
无电平信号	↑	h	×	无变化
无电平信号	×	H	×	无变化

在单片机控制的多位数码管显示电路中使用74LS377的目的就是可以让单片机的I/O口复用，便于控制与扩展，达到节省单片机I/O口资源的目的。

亚龙YL-236的显示模块的数码管部分，电路内部用了两片74LS377，一片的数据输出端接数码管段码位、另一片的数据输出端接数码管扫描位，其中这两片芯片的CP端接一起

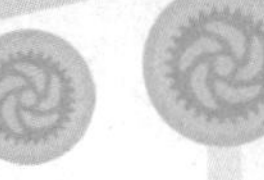

并在模块外部做成插孔，两个 E 端也分别做成插孔。这样设计的目的在于：其一，数码管的段码位与扫描位可以合并，只占用单片机的一组 I/O 口（接到了 P0），这样完全省去了一组 I/O 口；其二是单片机的 P0 口可以复用，接其他资源，完全起到了总线的作用。

引脚	编号	编号	引脚
E	1	20	VCC
Q0	2	19	Q7
D0	3	18	D7
D1	4	17	D6
Q1	5	16	Q8
Q2	6	15	Q5
D2	7	14	D5
D3	8	13	D4
Q3	9	12	Q4
GND	10	11	CP

74LS377

图 2-1-6　74LS377 脚位图

任务实施

1. 完成 8 位共阳数码管从左至右稳定显示“01234567”数字。仔细阅读源程序 A，将该程序导入 Keil C，编译生成 hex 文件。在 Proteus 上绘制能实现该功能的原理图（参考图2-1-7），将 hex 文件模拟烧录至单片机芯片，仿真运行并观察现象，做好记录。

1）阅读理解程序 A

```
#include <reg52.h>
#include <intrins.h>          //循环左移函数包含在此头文件中
#define uint  unsigned int
#define uchar unsigned char
#define sz P0
#define sm P2
uchar code dm[] = {0xc0,0xf9,0xa4,0xb0,0x99,0x92,0x82,0xf8,0x80,0x90};
//0~9 段码
void ys(uint x)               //延时子函数
{ uchar i;
  while(x--)
  for(i=0;i<120;i++);
 }
 void main()
{
  uchar j,s;
  s=0x80;                //置扫描位初值
  sz=0xff;               //数码管熄灭
  sm=0x00;
  while(1)
  {
  for(j=0;j<8;j++)
    {
    s=_crol_(s,1);       //循环扫描,COM 端轮流导通
    sm=s;                // 送至对应的扫描口
```

```
    sz = dm[j];              //将对应显示值的段码送 P0 口显示
    ys(2);                  // 保持 2ms
  }
 }
}
```

2）Proteus 绘制原理图（参考图 2－1－7）

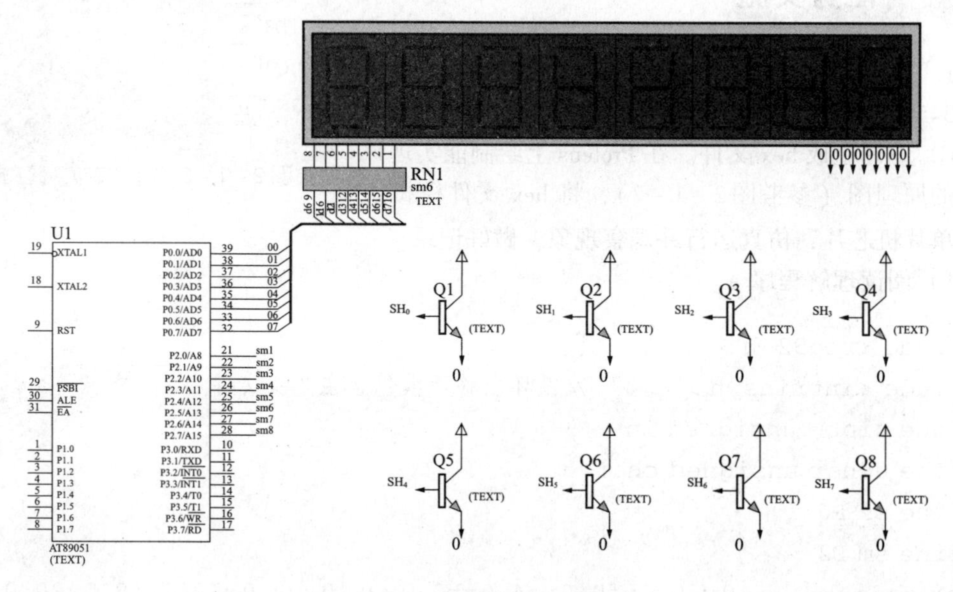

图 2－1－7　Proteus 仿真原理图

3）仿真结果演示（参考图 2－1－8）

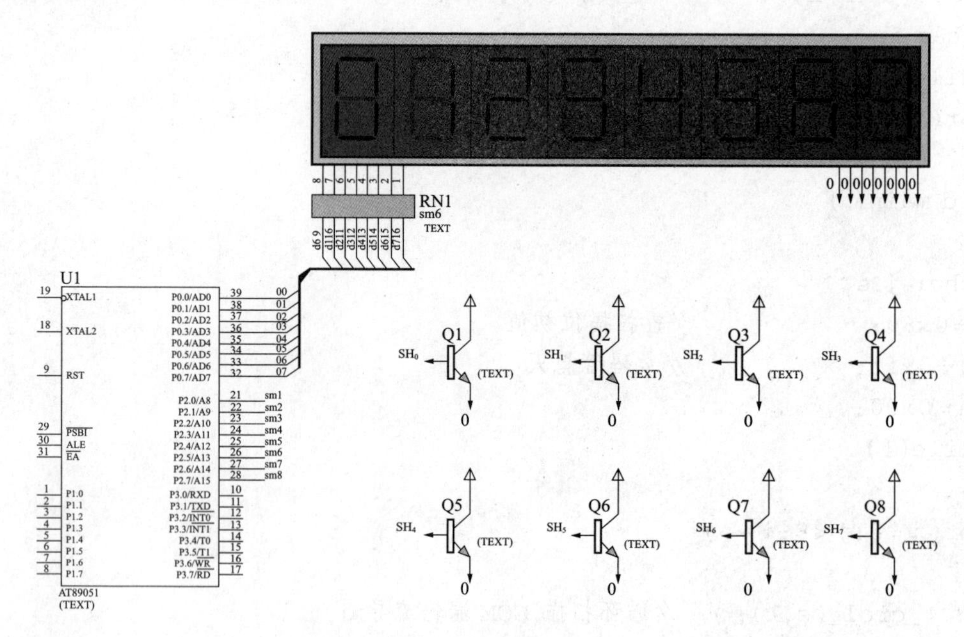

图 2－1－8　Proteus 仿真结果显示

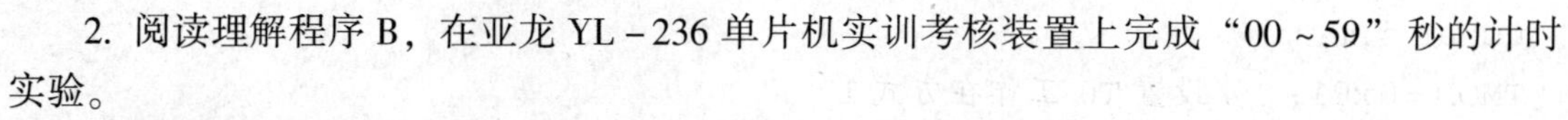

2. 阅读理解程序B，在亚龙YL-236单片机实训考核装置上完成“00~59”秒的计时实验。

1）模块选择

选择亚龙YL236单片机实训考核装置的主机模块MCU01、电源模块MCU02、显示模块MCU04。采用在线下载程序形式，采用SL-USBISP-A在线下载器。

2）连线

将电源模块的+5V电源接至显示模块的+5V电源口；将在线下载器的IDC10插头接到主机模块的在线下载口上，并将下载器连到个人电脑上；将主机模块上单片机的P0.0~P0.7插口用接插导线或排线插接到显示模块数码管区的D0~D7插口上，P2.5接至CS1作段选位，P2.6接至CS2作位选位，P2.7接至WR作使能。注意：CS1、CS2在模块内部就是分别接数码管段码位的锁存芯片的E端与数码管扫描位的锁存芯片的E端，WR是两块74LS377的CP端并联后的引出口。

3）阅读理解程序B

```
    #include <reg52.h>
#include <intrins.h>          //循环左移函数包含在此头文件中
#define uint  unsigned int
#define uchar unsigned char
#define sz P0
sbit cs1 = P2^5;             //段码选通位接P2.5
sbit cs2 = P2^6;             //扫描码选通位接P2.6
sbit cp = P2^7;              //使能端接P2.7
uchar code dm[] = {0xc0,0xf9,0xa4,0xb0,0x99,0x92,0x82,0xf8,0x80,0x90};
//0~9段码
uchar sj[] = {0,0};            //暂存时间值的个位与十位
uchar miao = 0;                 //定义一个全局变量存放产生的秒数
void ys(uint x)                 //延时子函数
{
  uchar i;
  while(x--)
  for(i=0;i<120;i++);
 }
void fs()                    //将两位数的十位与个位分离出来
{
  sj[1] = miao/10;           //取出十位
  sj[0] = miao%10;            //取出个位
 }
 void main()
{
```

```
 uchar j,m;
 TMOD =0x01;  //设置 T0 工作在方式 1
   TH1 =0x3c;
   TL1 =0xb0;             //置 50ms 延时初值
   EA =1;                 //打开中断总开关
   ET0 =1;                //打开 T0 中断开关
   TR0 =1;                //打开 T0 运行开关
while(1)
{
   m =0x7f;              //扫描初值
   fs( );
   for(j =0;j <2;j ++)
     {
   sz =dm[sj[j]];         //段码送 P0 口
   cp =0;
   cs1 =0;               //打开段选通道
   cp =1;
   cs1 =1;               //关闭段选通道
   m =_crol_(m,1);
   sz =m;               //扫描码送 P0 口
   cp =0;
   cs2 =0;              //打开位选通道
   cp =1;
   cs2 =1;              //关闭位选通道
   ys(1);
     }
  }
}
   void sec( ) interrupt 1
   {
     uchar p;
     p ++;                //计数值加 1
     if(p ==20)            //计数到 20,即 1 秒时间到(中断 20 次)
     { p =0;
       miao ++;
     if(miao ==60)
       miao =0;
     }
}
```

4）验证结果

将上述程序2－1－2导入Keil C，编译生成hex文件。打开ISP在线编程软件，加载hex文件，烧录进AT89S52。打开实训装置电源，运行观察现象，做好记录。

归纳总结

1. 数码管按段数分为七段数码管和八段数码管，八段数码管比七段数码管多一个小数点显示单元。数码管按发光二极管单元连接方式分为共阳型数码管和共阴型数码管。

2. 数码管的显示段码是指显示一个数字或字符的相应位的亮灭用对应的二进制（或16进制）表达的数。

3. 多位数码管的动态扫描显示是指采用分时的方法，利用人眼的视觉暂留现象及发光二极管的余辉效应轮流控制各个单位显示器的COM端，使各个单位显示器轮流点亮。

4. 使用74LS377（或74HC377）的目的是可以让单片机的I/O口复用，达到节省单片机口资源的目的，并且便于控制与扩展。

拓展提高

1. 设计多位数码管与单片机接口电路并阅读动态扫描程序，将该程序导入Keil C并编译生成hex文件，在Proteus中作原理图仿真。要求用8位共阳数码管从右至左稳定显示“01234567”数字。

2. 阅读“00～99”循环显示的数字实验，程序并在亚龙YL－236单片机实训考核装置上仿真调试。如没有该设备，也可以用其他实验箱、实验板做。显示数字要求在数码管最右边两位。

任务2 12864液晶屏显示实现

任务描述

1. 认识液晶显示器。包括各种液晶显示屏的型号、物理结构、显示原理、静态与动态显示程序的理解与仿真。

2. 设计12864液晶显示屏与单片机接口电路并阅读给定的驱动程序，将该程序导入Keil C并编译生成hex文件，在Proteus中作原理图仿真。

3. 熟练掌握字符取模软件的使用方法，并能将提取的字模代码导入至12864液晶显示驱动程序，亚龙YL－236单片机实训考核装置上通过正确连线、编译仿真，能正确、稳定

地显示出字符。如没有该设备，也可以用其他实验箱、实验板做。

任务分析

为了能完成本次任务，首先在掌握液晶显示屏物理结构及显示原理的基础上，需根据设计目标的要求选择符合项目控制要求的显示屏，主要是选择是否带字库的 12864 液晶显示屏；其次是认真学习 12864 液晶显示屏的相关控制口、数据口的定义与功能，在此基础上学会相关口与单片机接口的硬件连接，包括选用单片机 4 组口的哪一组或几组、做好对应连接口的记录，为程序设计做硬件准备；再次是根据已设计好的硬件接口电路设计程序并仿真调试。

如图 2－2－1，本次任务的 Proteus 仿真部分是利用从元件库中选取的 12864 液晶显示模块与单片机作接线原理图，然后仿真结果为液晶屏分四行从上到下、从左到右分别显示“理论与实践要并重”“硬件与软件要相通”“设计与仿真要同步”“优化与可靠是最终”。

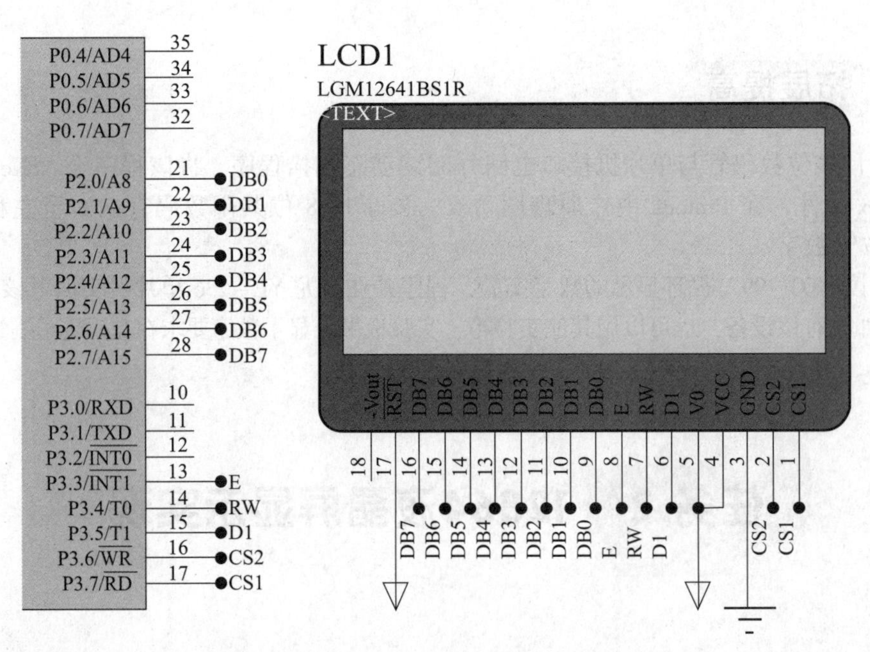

图 2－2－1　TG12864 与单片机接线原理图

如果有条件，本次任务也可以在亚龙 YL－236 单片机实训考核装置上完成以上任务的调试，由于该装置的 12864 液晶显示模块已经装配好且相关接口也已经清楚地标出，所以与单片机主机模块的连线很方便。

知识准备

液晶显示屏也叫液晶显示器，英文简称 LCD，是以液晶材料为基本结构，填充于两块平行板之间，通过外加电压来改变液晶材料内部分子的排列，这样能让射入的光线产生折射偏

转，从而达到显像的目的。

液晶显示屏有单色与彩色之分，由于功耗很低，因此广泛地应用于各种电子仪器与设备上。

液晶显示屏型号与形式众多，总体上看分为段位式与点阵式两大类。段位式 LCD 由固定的显示笔画构成，有点类似 LED 数码管，所以只能用于字符和数字的简单显示。而点阵式 LCD 不仅可以显示字符、数字，还可以显示汉字、图形、曲线等信息，并且可以通过控制实现屏幕滚动及动画功能、分区开窗口、反转、闪烁等功能。当然在选择液晶显示屏时还是应该根据不同的工程需求来决定。这里主要介绍一种在单片机控制领域中使用较广泛的液晶显示屏——TG12864 图形点阵液晶显示屏。

1. TG12864 液晶显示屏基本知识

1）TG12864 液晶显示屏显示原理

TG12864 液晶显示屏属于点阵式液晶模块 LCD，所以可以显示字符、数字、各种图形、曲线及汉字，其原理是：控制 LCD 点阵中的液晶像素点的亮暗，亮和暗的点阵按一定规律可以组成汉字、图形和曲线等。

以显示汉字为例，TG12864 LCD 屏幕上的点阵是按字节方式 8 个点一组来控制的。例如：一个 16 点阵的汉字在 LCD 上显示是采用 16 × 16 个点来表达的，即一个 16 点阵的汉字需要 32 个字节的编码数据，这些数据包含了 16 × 16 点阵中亮和暗的控制信息。这些包含亮和暗控制信息的 16 × 16 点阵，就是字模。如图 2 – 2 – 2 所示。

中文字模

位代码	字模信息
0 0 0 0 1 0 0 0 1 0 0 0 0 0 0 0	0x08, 0x80
0 0 0 0 1 0 0 0 1 0 0 0 0 0 0 0	0x08, 0x80
0 0 0 0 1 0 0 0 1 0 0 0 0 0 0 0	0x08, 0x80
0 0 0 1 0 0 0 1 1 1 1 1 1 1 1 0	0x11, 0x fe
0 0 0 1 0 0 0 1 0 0 0 0 0 0 1 0	0x11, 0x02
0 0 1 1 0 0 1 0 0 0 0 0 0 1 0 0	0x32, 0x04
0 1 0 1 0 1 0 0 0 0 1 0 0 0 0 0	0x54, 0x20
0 0 0 1 0 0 0 0 0 0 1 0 0 0 0 0	0x10, 0x20
0 0 0 1 0 0 0 0 1 0 1 0 1 0 0 0	0x10, 0xa8
0 0 0 1 0 0 0 0 1 0 1 0 0 1 0 0	0x10, 0xa4
0 0 0 1 0 0 0 1 0 0 1 0 0 1 1 0	0x11, 0x26
0 0 0 1 0 0 1 0 0 0 1 0 0 0 1 0	0x12, 0x22
0 0 0 1 0 0 0 0 0 0 1 0 0 0 0 0	0x10, 0x20
0 0 0 1 0 0 0 0 0 0 1 0 0 0 0 0	0x10, 0x20
0 0 0 1 0 0 0 0 1 0 1 0 0 0 0 0	0x10, 0xa0
0 0 0 1 0 0 0 0 0 1 0 0 0 0 0 0	0x10, 0x40

图 2 – 2 – 2　16 × 16 点阵显示及字模

说明一下，以图中显示的汉字看，很明显在 16 × 16 方格（一个小方格代表一个显示像素）内，黑色的显示部分我们用二进制代码 1 表示，白色的用 0 表示，这样每个显示方格共同组成了位代码方阵。这样就产生一个问题，即这些位代码是按行来读还是按列来读呢？如按行来读，是从左往右读还是从右往左读？如按列的话，是从上往下还是从下往上读？其实都能读！这里就引出了取模方式与数据安排两个问题。

还是以图 2 – 2 – 2 为例，请看图中的字模信息。不难发现，该字模信息是按位代码的行来读的，且从左往右读，而且每行用两个字节的 16 进制代码表示。我们把这样的取模方式称为横向取模，左为高位；数据安排是从左到右，从上到下。读者可以思考一下，纵向取模，上为高位的代码是什么数据，肯定与原来不一样了吧？所以，字模的取得必须考虑取模

方式问题。

当然，还有一种 16×8 的字模显示方式，如图 2－2－3 所示，道理跟前面一样，所以读者可以自行观察。

英文字模	位代码	字模信息
	0 0 0 0 0 0 0 0	0x00
	0 0 0 0 0 0 0 0	0x00
	0 0 0 0 0 0 0 0	0x10
	0 0 1 1 1 0 0 0	0x38
	0 1 1 0 1 1 0 0	0x6c
	1 1 0 0 0 1 1 0	0xc6
	1 1 0 0 0 1 1 0	0xc6
	1 1 1 1 1 1 1 0	0xfe
	1 1 0 0 0 1 1 0	0xc6
	1 1 0 0 0 1 1 0	0xc6
	1 1 0 0 0 1 1 0	0xc6
	1 1 0 0 0 1 1 0	0xc6
	0 0 0 0 0 0 0 0	0x00
	0 0 0 0 0 0 0 0	0x00
	0 0 0 0 0 0 0 0	0x00
	0 0 0 0 0 0 0 0	0x00

图 2－2－3　16×8 点阵显示及字模

2）TG12864 接口介绍

TG12864 是一种图形点阵液晶显示器（不带字库，如图 2－2－4 所示），它主要由行驱动器、列驱动器及 128×64 全点阵液晶显示点组成。如图 2－2－5 所示。

图 2－2－4　TG12864 图形点阵液晶显示屏

下面介绍下 TG12864 液晶屏每个接口引脚的名称与使用功能，如表 2－2－1 所示。注意：表格中功能说明部分相关脚位功能的选择中，斜杠左边指该脚位为高电平时的功能，右边为低电平时的功能。例：4 号管脚是“D/I”，即“数据/指令”选择功能位。指当该脚位是高电平时，执行数据 D0～D7 将送入显示 RAM；低电平时，数据 D0～D7 将送入指令寄存器执行。

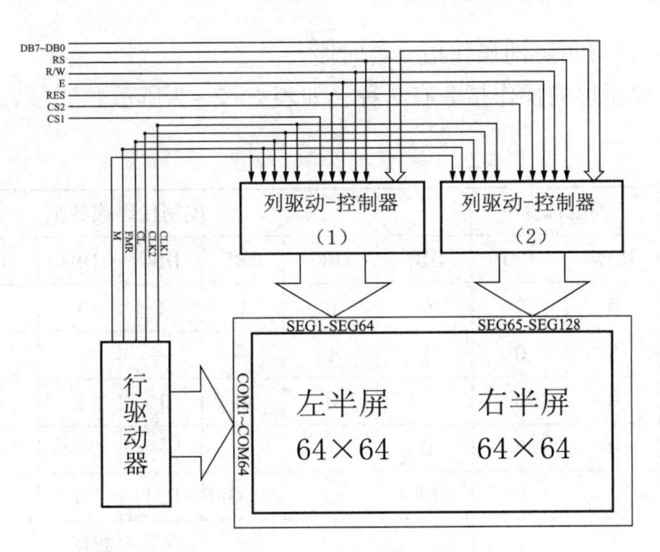

图 2-2-5　TG12864 原理示意图

表 2-2-1　TG12864 脚位功能说明

脚位号	脚位名称	电平	功能说明
1	VSS	0V	逻辑电平低
2	VDD	+5V	逻辑电平高
3	Vo	高/低	LCD 驱动电压，应用时在 VEE 与 V0 之间加 2k 可调电阻
4	D/I	高/低	数据/指令选择。高电平：数据 D0～D7 将送入显示 RAM；低电平：数据 D0～D7 将送入指令寄存器执行
5	R/W	高/低	读/写选择。高电平：读数据；低电平：写数据
6	E	高/低	读写使能端，高电平有效，下降沿锁定数据
7	DB0	高/低	数据输入输出端
8	DB1	高/低	数据输入输出端
9	DB2	高/低	数据输入输出端
10	DB3	高/低	数据输入输出端
11	DB4	高/低	数据输入输出端
12	DB5	高/低	数据输入输出端
13	DB6	高/低	数据输入输出端
14	DB7	高/低	数据输入输出端
15	CS1	高/低	片选择信号，低电平时选择前 64 列（左半屏显示）
16	CS2	高/低	片选择信号，低电平时选择后 64 列（右半屏显示）
18	VEE	-10V	LCD 驱动电源
19	LED+	+5V	背光电源正
20	LED-	0V	背光电源负

3）TG12864 液晶显示屏的操作指令与时序

TG12864 液晶显示屏的操作指令有 7 种，如表 2－2－2 所示。

表 2－2－2　TG12864 操作指令汇总表

指令名称	控制选择		控制代码或数据							
	R/W	D/I	DB7	DB6	DB5	DB4	DB3	DB2	DB1	DB0
显示开关设置	0	0	0	0	1	1	1	1	1	1/0
显示起始行设置	0	0	1	1	—	—	—	—	—	—
页地址设置	0	0	1	0	1	1	1	—	—	—
列地址设置	0	0	0	1	—	—	—	—	—	—
读状态	1	0	BF		ON/OFF	RST	0	0	0	0
读数据	1	1	读显示数据							
写数据	0	1	写显示数据							

上表中的“—”符号表示取值任意，即取 0 或 1 都可以。下面对表 2－2－2 中指令的用法与含义作说明。

①显示开关设置

R/W	D/I	DB7	DB6	DB5	DB4	DB3	DB2	DB1	DB0
0	0	0	0	1	1	1	1	1	1/0

功能：对屏幕的显示进行开关设置。DB0＝1，开显示；DB0＝0，关显示。不影响显示 RAM（DD RAM）中的内容。

②显示起始行设置

R/W	D/I	DB7	DB6	DB5	DB4	DB3	DB2	DB1	DB0
0	0	1	1	行地址（0～63）					

功能：执行该命令后，所设置的行将显示在屏幕的第一行。显示起始行是由 Z 地址计数器控制的，该命令自动将 DB5～DB0 位地址送入 Z 地址计数器，起始地址可以是 0～63 范围内任意一行。Z 地址计数器具有循环计数功能，用于显示行扫描同步，扫描完一行后自动加 1。

③页地址设置

R/W	D/I	DB7	DB6	DB5	DB4	DB3	DB2	DB1	DB0
0	0	1	0	1	1	1	页地址（0～7）		

功能：执行该指令后，后面的读写操作将在指定页内，直到重新设置。页地址就是 DDRAM 的行地址，页地址存储在 X 地址计数器中，DB3～DB0 可表示 8 页，读写数据对页地址没有影响，除本指令可改变页地址外，复位信号（RST）可把页地址计数器内

容清零。

④列地址设置

R/W	D/I	DB7	DB6	DB5	DB4	DB3	DB2	DB1	DB0
0	0	0	1	列地址（0～63）					

功能：DDRAM 的列地址存储在 Y 地址计数器中，读写数据对列地址有影响，在对 DDRAM 进行读写操作后，Y 地址自动加 1。

下面列出 DDRAM 的地址映像表与 Y 地址表（见表 2－2－3，表 2－2－4），供读者参考。

表 2－2－3　DDRAM 地址映像表

CS1 = 1						CS2 = 1					
Y =	0	1	…	62	63	0	1	…	62	63	行号
Y = 0 ⋮ Y = 7	DB0 ⋮ DB7	DB0 ⋮ DB7	DB0 ⋮ DB7	DB0 ⋮ DB7	DB0 ⋮ DB7	DB0 ⋮ DB7	DB0 ⋮ DB7	DB0 ⋮ DB7	DB0 ⋮ DB7	DB0 ⋮ DB7	0 ⋮ 7
	DB0 ⋮ DB7	DB0 ⋮ DB7	DB0 ⋮ DB7	DB0 ⋮ DB7	DB0 ⋮ DB7	DB0 ⋮ DB7	DB0 ⋮ DB7	DB0 ⋮ DB7	DB0 ⋮ DB7	DB0 ⋮ DB7	8 ⋮ 55
	DB0 ⋮ DB7	DB0 ⋮ DB7	DB0 ⋮ DB7	DB0 ⋮ DB7	DB0 ⋮ DB7	DB0 ⋮ DB7	DB0 ⋮ DB7	DB0 ⋮ DB7	DB0 ⋮ DB7	DB0 ⋮ DB7	56 ⋮ 63

表 2－2－4　Y 地址表

0	1	2	…	62	63	
DB0 ⋮ DB7	PAGE0					X = 0
DB0 ⋮ DB7	PAGE1					X = 1
⋮	⋮					⋮
DB0 ⋮ DB7	PAGE7					X = 7

⑤状态检测命令

R/W	D/I	DB7	DB6	DB5	DB4	DB3	DB2	DB1	DB0
1	0	BF	0	ON/OFF	RST	0	0	0	0

功能：读忙信号标志位（BF）、显示状态（ON/OFF）以及复位标志位（RST）。BF = 1：内部正在执行操作；BF = 0：空闲状态。ON/OFF = 1：表示显示关；ON/OFF = 0：表示显示开。RST = 1：正处于复位初始化状态；RST = 0：正常状态。

⑥读显示数据功能

R/W	D/I	DB7	DB6	DB5	DB4	DB3	DB2	DB1	DB0
1	1	D7	D6	D5	D4	D3	D2	D1	D0

功能：从 DDRAM 读数据，读指令执行后 Y 地址计数器自动加 1。从 DDRAM 读数据前要先执行“设置页地址”及“设置列地址”命令。

TG12864 读操作时序如图 2－2－6 所示。

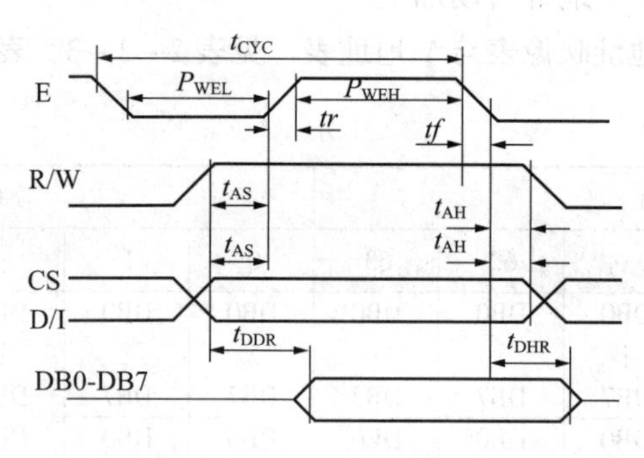

图 2－2－6　读操作时序

⑦写显示数据功能

R/W	D/I	DB7	DB6	DB5	DB4	DB3	DB2	DB1	DB0
0	1	D7	D6	D5	D4	D3	D2	D1	D0

功能：写数据到 DDRAM。DDRAM 是存储图形显示数据的，写指令执行后 Y 地址计数器自动加 1。D7～D0 位数据为 1 表示显示，数据为 0 表示不显示。写数据到 DDRAM 前，要先执行“设置页地址”及“设置列地址”命令。

TG12864 写操作时序如图 2－2－7 所示。

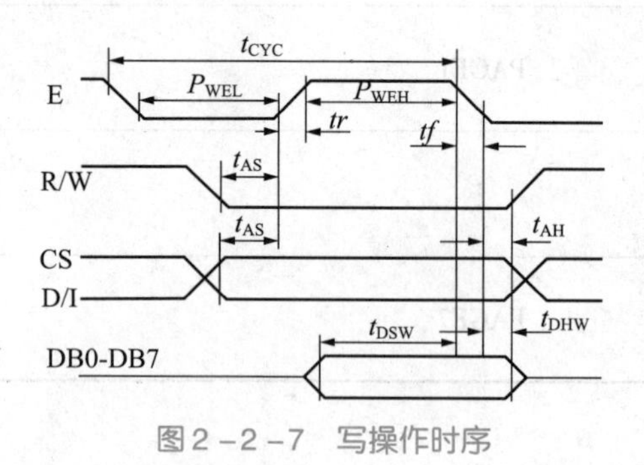

图 2－2－7　写操作时序

2. 汉字取模软件

1）取模软件的使用

读者还记得前面讲述的字模代码的概念吗？每一个字的字模如果采用人工的方法取，工作量是很大的，所以这里向读者介绍一种简单易用的字模代码获取小软件——zimo221，另外还有一种常用的 TakeDotLib 小软件读者可以在网上自行下载使用。

双击 zimo221 图标，可以打开图 2-2-8 的界面，选择“文字输入区”并输入一个汉字或字母，比如我们这里输入“你”字，输入完成后切记：按下 Ctrl + Enter 键结束输入。参见图 2-2-8 圈出部分。

图 2-2-8　字符输入结束显示

接下来点击“参数设置”，如图 2-2-9 所示，出现两个图标“文字输入区字体选择”与“其他选项”。打开文字输入区字体选择可以把输入的字设置成不同的字体、字形与字号，这跟 Word 办公软件是一样的。

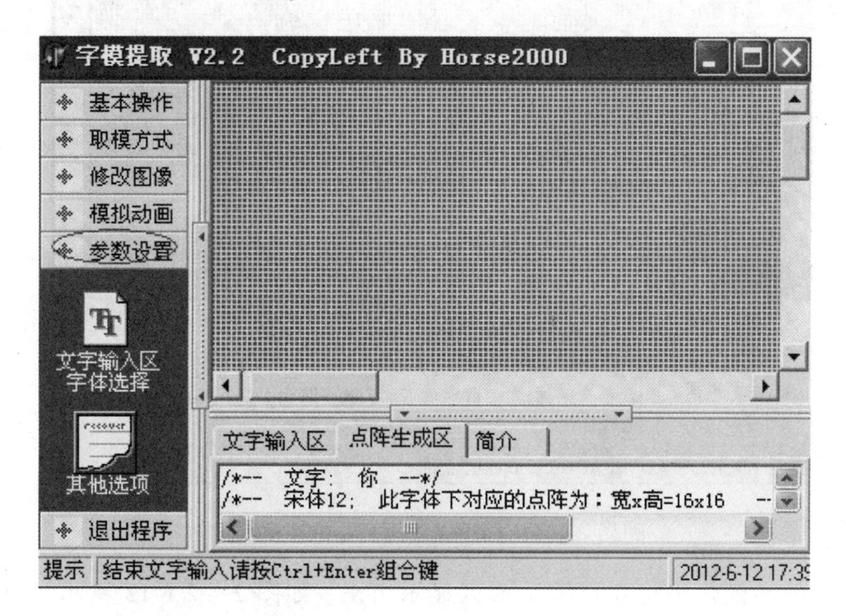

图 2-2-9　字符输入参数设置

当点击打开“其他选项”时，如图 2-2-10 所示，出现了我们前面讲过的取模方式与

字节顺序设置对话框，我们可以选择取模方式。这里要告诉读者的是，TG12864 图像点阵液晶显示屏的汉字取模方式是“纵向取模，字节倒序”。

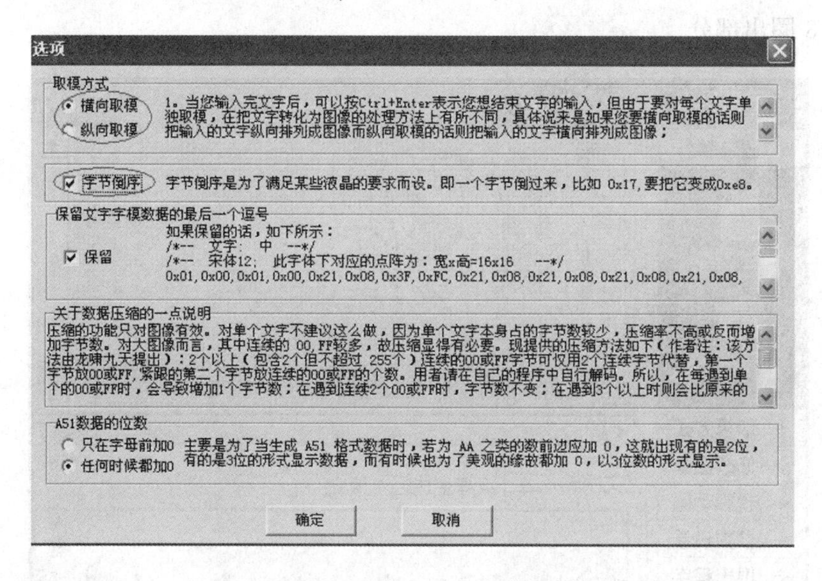

图2-2-10　取模方式、字节顺序设置

当取模方式等设置好后，点击“取模方式”，出现两个图标，如图 2-2-11 所示。点击上面的 C51，将生成 C51 格式的取模数据，适合 C51 的程序用；点击下面的 A51，将生成 A51 汇编代码格式的取模数据，适合 51 汇编程序用。

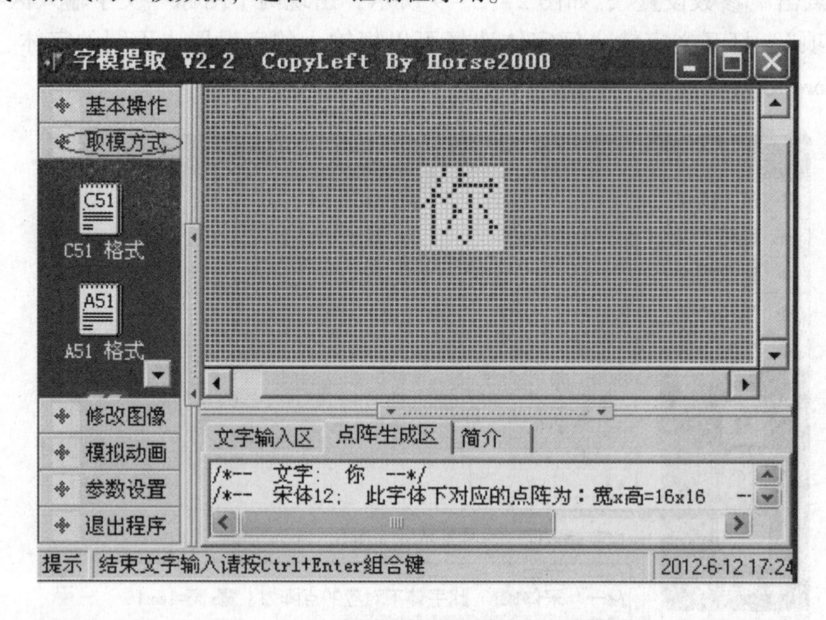

图2-2-11　取模方式最终生成字模代码

最终形成的字模代码将在点阵生成区显示出来，如图 2-2-12 所示。当我们想在 TG12864 上显示这个字时，就可以把点阵生成区的字模代码复制粘贴到源程序的字符数组中完成。

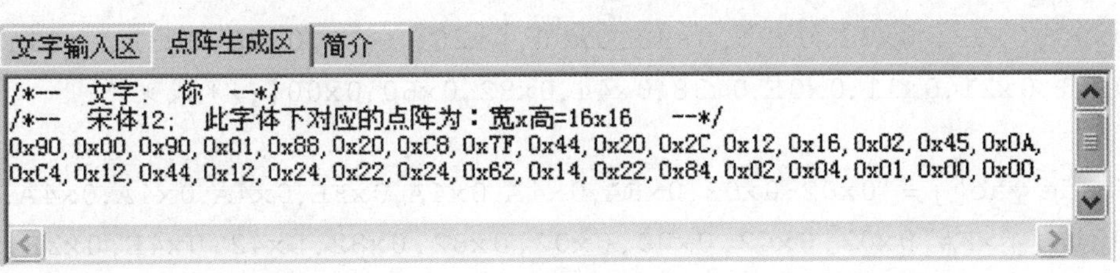

图2-2-12　字模代码在点阵生成区显示

任务实施

参考图2-2-1，在Proteus中画出原理图。作图时，可以省去最小化系统部分，但实做电路时不能省！

下面是提供的参考程序与注释。

```
#include“reg51.h”
#define uchar unsigned char
#define uint unsigned int
sbit E = P3^3;                    //12864 控制口接至 P3.3 ~ P3.7
sbit RW = P3^4;
sbit DI = P3^5;
sbit CS2 = P3^6;
sbit CS1 = P3^7;
uchar code li[] = {0x44,0x44,0xFC,0x44,0x44,0x00,0xFE,0x92,0x92,0xFE,
0x92,0x92, 0x92,0xFE,0x00,0x00,0x10,0x10,0x0F,0x08,0x48,0x40,0x45,
0x44,0x44,0x7F,0x44,0x44,0x44,0x45,0x40,0x00};/* 理 */

uchar code lun[] = {0x40,0x41,0xCE,0x04,0x00,0x40,0x20,0xD0,0x0C,0x03,
0x04,0x88, 0x10,0x60,0x20,0x00,0x00,0x00,0x7F,0x20,0x10,0x08,0x00,
0x3F,0x42,0x42,0x41,0x41,0x41,0x70,0x00,0x00};/* 论 */

uchar code yu[] = {0x00,0x00,0x00,0x00,0x7E,0x48,0x48,0x48,0x48,0x48,
0x48,0x48, 0x48,0xCC,0x08,0x00,0x00,0x04,0x04,0x04,0x04,0x04,0x04,
0x04,0x04,0x24,0x46,0x44,0x20,0x1F,0x00,0x00};/* 与 */

uchar code shi[] = {0x00,0x10,0x0C,0x04,0x4C,0xB4,0x94,0x05,0xF6,0x04,
0x04,0x04, 0x14,0x0C,0x04,0x00,0x00,0x82,0x82,0x42,0x42,0x23,0x12,
0x0A,0x07,0x0A,0x12,0xE2,0x42,0x02,0x02,0x00};/* 实 */

uchar code jian[] = {0x00,0x3E,0x22,0xE2,0x22,0x3E,0x00,0x20,0x20,
```

```
0xFF,0x90,0x92, 0x9C,0x94,0x90,0x00,0x20,0x3F,0x20,0x3F,0x11,0x11,
0x10,0x41,0x21,0x11,0x0E,0x38,0x44,0x82,0x60,0x00};/*践*/

uchar code yao[]={0x02,0x02,0xFA,0x4A,0x4A,0xFE,0x4A,0x4A,0x4A,0x7E,
0x4A,0x4A, 0xFA,0x02,0x02,0x00,0x02,0x82,0x82,0x42,0x4E,0x2B,0x2A,
0x12,0x12,0x12,0x2A,0x26,0xC2,0x42,0x02,0x00};/*要*/

uchar code bing[] = {0x00,0x10,0x10,0x11,0x12,0xFC,0x14,0x10,0x10,
0x10,0xF8,0x17, 0x12,0x10,0x00,0x00,0x00,0x01,0x81,0x41,0x31,0x0F,
0x01,0x01,0x01,0x01,0xFF,0x01,0x01,0x01,0x01,0x00};/*并*/

uchar code zhong[] = {0x08,0x08,0x0A,0xEA,0xAA,0xAA,0xAA,0xFF,0xA9,
0xA9,0xA9,0xE9, 0x08,0x08,0x08,0x00,0x40,0x40,0x48,0x4B,0x4A,0x4A,
0x4A,0x7F,0x4A,0x4A,0x4A,0x4B,0x48,0x40,0x40,0x00};/*重*/

uchar code ying[] = {0x02,0xC2,0xF2,0x4E,0x42,0xC2,0x00,0xFA,0x4A,
0x4A,0xFE,0x4A, 0x4A,0xFA,0x02,0x00,0x01,0x00,0x3F,0x88,0x88,0x5F,
0x44,0x2B,0x12,0x1E,0x23,0x22,0x42,0xC3,0x40,0x00};/*硬*/

uchar code jia[]={0x40,0x20,0xF8,0x0F,0x82,0x60,0x1E,0x14,0x10,0xFF,
0x10,0x10, 0x10,0x10,0x00,0x00,0x00,0x00,0xFF,0x00,0x01,0x01,0x01,
0x01,0x01,0xFF,0x01,0x01,0x01,0x01,0x01,0x00};/*件*/

uchar code ruan[] = {0x88,0xC8,0xB8,0x8F,0xE8,0x88,0x88,0x20,0x1C,
0x0B,0xE8,0x08, 0x08,0x18,0x08,0x00,0x08,0x08,0x08,0x08,0xFF,0x04,
0x84,0x60,0x18,0x06,0x01,0x06,0x18,0xE0,0x40,0x00};/*软*/

uchar code xiang[] = {0x10,0x10,0xD0,0xFF,0x30,0x50,0x90,0x00,0xFE,
0x22,0x22,0x22, 0x22,0xFE,0x00,0x00,0x04,0x03,0x00,0xFF,0x00,0x00,
0x01,0x00,0xFF,0x42,0x42,0x42,0x42,0xFF,0x00,0x00};/*相*/

uchar code tong[] = {0x40,0x41,0xC6,0x00,0x00,0xF2,0x52,0x52,0x56,
0xFA,0x5A,0x56, 0xF2,0x00,0x00,0x00,0x40,0x20,0x1F,0x20,0x40,0x5F,
0x42,0x42,0x42,0x5F,0x4A,0x52,0x4F,0x40,0x40,0x00};/*通*/

uchar code she[]={0x40,0x41,0xCE,0x04,0x00,0x80,0x40,0xBE,0x82,0x82,
0x82,0xBE, 0xC0,0x40,0x40,0x00,0x00,0x00,0x7F,0x20,0x90,0x80,0x40,
0x43,0x2C,0x10,0x10,0x2C,0x43,0xC0,0x40,0x00};/*设*/
```

```
uchar code ji[ ] = {0x20,0x21,0x2E,0xE4,0x00,0x00,0x20,0x20,0x20,0x20,
0xFF,0x20, 0x20,0x20,0x20,0x00,0x00,0x00,0x00,0x7F,0x20,0x10,0x08,
0x00,0x00,0x00,0xFF,0x00,0x00,0x00,0x00,0x00};/*计*/

uchar code fang[ ] = {0x40,0x20,0x10,0xEC,0x07,0x0A,0x08,0x08,0xF9,
0x8A,0x8E,0x88, 0x88,0xCC,0x88,0x00,0x00,0x00,0x00,0x7F,0x40,0x20,
0x18,0x06,0x01,0x10,0x20,0x40,0x20,0x1F,0x00,0x00};/*仿*/

uchar code zhen[ ] = {0x00,0x04,0x04,0x04,0xF4,0x54,0x5C,0x57,0x54,
0x54,0x54,0xF4, 0x04,0x06,0x04,0x00,0x10,0x90,0x90,0x50,0x5F,0x35,
0x15,0x15,0x15,0x35,0x55,0x5F,0x90,0x90,0x10,0x00};/*真*/

uchar code ton[ ] = {0x00,0xFE,0x02,0x12,0x92,0x92,0x92,0x92,0x92,0x92,
0x92,0x12, 0x02,0xFE,0x00,0x00,0x00,0xFF,0x00,0x00,0x1F,0x08,0x08,
0x08,0x08,0x08,0x1F,0x40,0x80,0x7F,0x00,0x00};/*同*/

uchar code bu[ ] = {0x00,0x20,0x20,0x20,0xBC,0x20,0x20,0x20,0xFF,0x24,
0x24,0x24, 0x24,0x20,0x20,0x00,0x00,0x44,0x44,0x42,0x41,0x20,0x20,
0x20,0x17,0x10,0x08,0x04,0x03,0x02,0x00,0x00};/*步*/

uchar code you[ ] = {0x40,0x20,0xF8,0x17,0x02,0x10,0x10,0xF0,0x1F,0xF0,
0x12,0x1C, 0x14,0x10,0x00,0x00,0x00,0x00,0xFF,0x00,0x40,0x20,0x18,
0x07,0x00,0x3F,0x40,0x40,0x40,0x78,0x20,0x00};/*优*/

uchar code hua[ ] = {0x80,0x40,0x20,0xF8,0x07,0x02,0x00,0x00,0xFF,0xC0,
0x60,0x30, 0x1C,0x08,0x00,0x00,0x00,0x00,0x00,0x7F,0x00,0x04,0x02,
0x01,0x3F,0x40,0x40,0x40,0x40,0x78,0x00,0x00};/*化*/

uchar code ke[ ] = {0x00,0x02,0x02,0xF2,0x12,0x12,0x12,0x12,0xF2,0x02,
0x02,0x02, 0xFE,0x02,0x02,0x00,0x00,0x00,0x00,0x07,0x02,0x02,0x02,
0x02,0x07,0x10,0x20,0x40,0x3F,0x00,0x00,0x00};/*可*/

uchar code kao[ ] = {0x00,0x10,0x18,0xF6,0x94,0x94,0x94,0x9F,0x94,0x94,
0x94,0xF4, 0x14,0x10,0x10,0x00,0x20,0x22,0x2A,0x2A,0x2A,0xFF,0x00,
0x00,0x00,0xFF,0x2A,0x2A,0x2A,0x2A,0x22,0x00};/*靠*/

uchar code sh[ ] = {0x80,0x80,0x80,0x80,0xBE,0xAA,0xAA,0xAA,0xAA,0xAA,
0xAA,0xBE, 0x80,0x80,0x80,0x00,0x00,0x40,0x20,0x10,0x0E,0x10,0x20,
0x3F,0x44,0x44,0x44,0x44,0x44,0x40,0x40,0x00};/*是*/
```

```
uchar code zui[] ={0x40,0x40,0xC0,0x5F,0x55,0x55,0xD5,0x55,0x55,0x55,
0x55,0x5F, 0x40,0x40,0x40,0x00,0x20,0x20,0x3F,0x15,0x15,0x15,0xFF,
0x48,0x23,0x15,0x09,0x15,0x23,0x61,0x20,0x00};/*最*/

uchar codez hon[] = {0x20,0x30,0xAC,0x63,0x18,0x00,0x20,0x18,0x17,
0xA4,0x44,0xA4, 0x1C,0x04,0x00,0x00,0x22,0x23,0x22,0x12,0x12,0x00,
0x02,0x02,0x01,0x12,0x24,0x6C,0xC1,0x02,0x02,0x00};/*终*/

void ys(uint k)               //延时子程序
{
uint i,j;
for(i =0;i <k;i ++)
for(j =0;j <124;j ++);
}


uchar fan_bai[32];                  //反白显示数据临时存放区

void cha_mang12864(void)            //查询 12864 是否忙子程序
  {
  uchar dat;
  DI =0;                            //指令模式
  RW =1;                            //读数据
do{
  P2 =0x00;
  E =1;
  dat = P2&0x80;                    //P2.7 是否忙标志位
  E =0;
  }while(dat! =0x00);
}

void xuan12864(uchar i)             //选择显示屏子程序,分左屏与右屏
{
  switch (i)
  {
    case 0: CS1 =1;CS2 =0;break;    //选择左半屏
    case 1: CS1 =0;CS2 =1;break;    //选择右半屏
    case 2: CS1 =0;CS2 =0;break;
```

```
    default: break;
  }
}

void xie_mingling(uchar cmd)           //写命令子程序
{
  cha_mang12864();
  DI =0;                               //指令模式
  RW =0;                               //写模式
  E =1;
  P2 =cmd;
  E =0;
}

void  xie_shuju(uchar dat)             //写数据子程序
{
  cha_mang12864();
  DI =1;
  RW =0;
  E =1;
  P2 =dat;
  E =0;
}

void qing12864(void)                   //清屏子程序
{
  uchar page,row;
  xuan12864(2);
  for(page =0xb8;page <0xc0;page ++)
  {
    xie_mingling(page);
    xie_mingling(0x40);
    for(row =0;row <64;row ++)
    {
      xie_shuju(0x00);                 //对 12864 所有地址全部写零
    }
  }
}
```

```
void init12864(void)                    //12864 初始化子程序
{
  cha_mang12864();
  xie_mingling(0xc0);                   //从第零行开始显示
  xie_mingling(0x3f);                   //LCD 显示 RAM 中的内容
}

void xian_shi12864(uchar ch,uchar row,uchar page,uchar *adr)
//12864 显示子程序
{
uchar i;
xuan12864(ch);/* ch 表示选择左、右半屏显示,取 0 表示选择左半屏、取 1 表示选择右半
屏 */
page = page < <1;/* page 表示选择哪行显示,取 0 表示选择第一行、取 1 表示选择第二
行、取 2 表示选择第三行、取 4 表示选择第四行 */
row = row < <3;/* row 表示在一行上选择哪个位置开始显示,以 16 *16 字符为例:取 0
代表第一个位置、取 2 代表第二个位置、取 4 代表第三个位置、取 6 代表第四个位置(因为 16
*16 字符每半屏的每行只能显示 4 个字符 */
xie_mingling(row +0x40);
xie_mingling(page +0xb8);
for(i =0;i <16;i ++)
{
   xie_shuju( *(adr +i));
}
xie_mingling(row +0x40);
xie_mingling(page +0xb9);
for(i =16;i <32;i ++)
{
   xie_shuju( *(adr +i));
  }
}

void back_ch(uchar *ch)                 //字符以反白形式显示转换子程序
{
   uchar i;
   for(i =0;i <32;i ++)
   {
     fan_bai[i] = ~( *(ch ++));
   }
```

```
}

void main()
{
     qing12864();
     back_ch(li)                          //取该字符的反白码
    xian_shi12864(0,0,0,fan_bai);       //在指定位置显示该字符
     back_ch(lun);
    xian_shi12864(0,2,0,fan_bai);
     back_ch(yu);
    xian_shi12864(0,4,0,fan_bai);
     back_ch(shi);
    xian_shi12864(0,6,0,fan_bai);
     back_ch(jian);
    xian_shi12864(1,0,0,fan_bai);
     back_ch(yao);
    xian_shi12864(1,2,0,fan_bai);
     back_ch(bing);
    xian_shi12864(1,4,0,fan_bai);
     back_ch(zhong);
    xian_shi12864(1,6,0,fan_bai);
     back_ch(ying);
    xian_shi12864(0,0,1,fan_bai);
     back_ch(jia);
    xian_shi12864(0,2,1,fan_bai);
     back_ch(yu);
    xian_shi12864(0,4,1,fan_bai);
     back_ch(ruan);
    xian_shi12864(0,6,1,fan_bai);
     back_ch(jia);
xian_shi12864(1,0,1,fan_bai);
     back_ch(yao);
xian_shi12864(1,2,1,fan_bai);
     back_ch(xiang);
xian_shi12864(1,4,1,fan_bai);
     back_ch(tong);
xian_shi12864(1,6,1,fan_bai);
     back_ch(she);
```

```
xian_shi12864(0,0,2,fan_bai);
     back_ch(ji);
xian_shi12864(0,2,2,fan_bai);
     back_ch(yu);
    xian_shi12864(0,4,2,fan_bai);
     back_ch(fang);
    xian_shi12864(0,6,2,fan_bai);
     back_ch(zhen);
    xian_shi12864(1,0,2,fan_bai);
     back_ch(yao);
    xian_shi12864(1,2,2,fan_bai);
     back_ch(ton);
    xian_shi12864(1,4,2,fan_bai);
     back_ch(bu);
    xian_shi12864(1,6,2,fan_bai);
     back_ch(you);
    xian_shi12864(0,0,3,fan_bai);
     back_ch(hua);
    xian_shi12864(0,2,3,fan_bai);
     back_ch(yu);
    xian_shi12864(0,4,3,fan_bai);
     back_ch(ke);
    xian_shi12864(0,6,3,fan_bai);
     back_ch(kao);
    xian_shi12864(1,0,3,fan_bai);
     back_ch(sh);
    xian_shi12864(1,2,3,fan_bai);
     back_ch(zui);
    xian_shi12864(1,4,3,fan_bai);
     back_ch(zhon);
    xian_shi12864(1,6,3,fan_bai);
    while(1);
}
```

Proteus 仿真结果如图 2－2－13 所示。

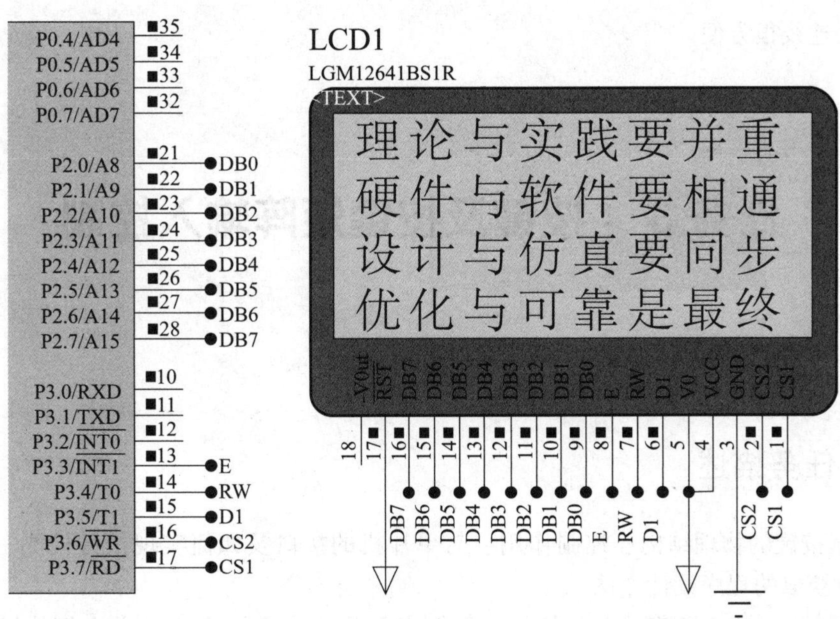

图2-2-13 液晶点阵12864显示屏Proteus仿真结果

归纳总结

1. 液晶显示屏是以液晶材料为基本结构的一种显示器件，广泛地应用于各种电子仪器与设备上。液晶显示屏总体上分为段位式与点阵式两大类，TG12864属于图形点阵液晶显示屏。

2. TG12864 LCD屏幕上的点阵是按字节方式8个点一组来控制的。一个16点阵的汉字在LCD上显示是采用16×16个点来表达的，即需要32个字节的编码数据。同理，如果是16×8字符就需要16个字节的编码数据。数据编码有不同的取模方式与字节顺序：即横向取模与纵向取模、字节顺序与字节倒序。TG12864取模方式是纵向取模、字节倒序。

3. TG12864有20个脚，其中7脚至14脚是8位数据端，4、5、6、15、16脚分别是数据/指令选择端D/I、读/写控制选择端R/W、读写使能端E、左半屏选择端CS1、右半屏选择端CS2。

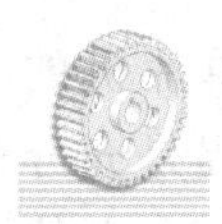

拓展提高

1. 作12864液晶显示模块与单片机接线原理图并用Proteus仿真，仿真结果让液晶屏分四行从上到下、从左到右分别显示“亚龙公司”“单片机实训”“液晶显示屏12864”“任务完成”。

2. 如果有条件，还可以在亚龙YL-236单片机实训考核装置上完成以上任务的调试，由于该装置的12864液晶显示模块已经装配好且相关接口也已经清楚地标出，所以与单片机

主机模块的连线很方便。

任务 3　按键及按键矩阵输入控制

任务描述

1. 掌握按键的物理结构、控制作用、与单片机的接口及如何实现按键检测、消抖、按键编码信息获取的程序设计方法。

2. 掌握 4×4 按键矩阵与单片机接口及键盘扫描程序设计方法，学会把按键检测子程序嵌入到控制程序中实现人机交互控制，在实训台或实验箱上正确地搭建并实现控制功能。

3. 设计一个按键加减计数装置。①上电初始化时，两位数码管显示“00”。②用两个独立按键，一个为加数键、一个为减数键控制数码管计数。③每次按下加数键，两位数码管显示值加 1，最大增加到“59”，如果此时继续按下该键，则数码管显示“00”；每次按下减数键，两位数码管显示值减 1，最小显示到“00”，如果此时继续按下该键，则数码管显示“59”。要求设计符合上述要求的控制程序，在 Proteus 中仿真出结果。

4. 在亚龙 YL－236 单片机考核实训台上或其他实训箱上做一个模拟电话拨号显示控制装置。选用 4×4 键盘、数码管相关模块等完成接线。系统能完成以下控制功能：初始化时数码管黑屏，拨错号数字位置能用按键修改；接通键按下（8 位数码管全有数字的条件下）有效时，8 位数字不停闪烁（闪烁间隔自己定），直到挂机键按下还原到初始化。

任务分析

本任务由以下两部分训练组成：

（1）按键加减计数装置可以根据本教材提供的例程做好按键、数码管与单片机的接口连线，也可以自己选择单片机 I/O 口连接，使程序作相应修改。当然，前提是充分理解按键的作用、接口方法以及可靠控制按键的技术措施。该任务可以在 Proteus 上仿真，也可以自己制作相应的电路，当然也可以在亚龙 YL－236 上完成（注意要对扫描显示子程序作修改以适合实训台的硬件连接方案，可以参考本项目任务一部分）。接线原理参见图 2－3－1。

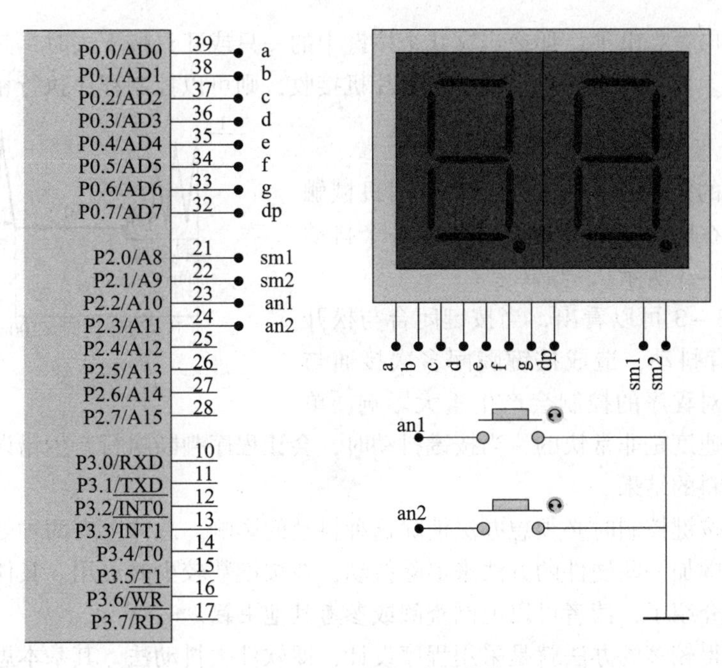

图2-3-1 按键加减计数装置

（2）模拟电话拨号装置的训练推荐在相关实训平台上完成。前提是掌握4×4按键矩阵的扫描检测程序以及键值的获取、键值作为控制条件调用相应控制子程序的设计方法。

知识准备

1. 按键与键盘基本知识

按键或键盘（多个按键组成键盘）是人向仪器、设备发出指令、输入信息的必须设备，是人机交互的重要组成部分。可以毫不夸张地说，任何一个可控的设备都离不开按键或键盘。当然，随着技术的不断进步，按键形式出现了很大变化，比如导电橡胶轻触键、电容或电阻形式的触摸屏等，不管形式如何变化，其最终作用都是与传统机械式按键一样的。

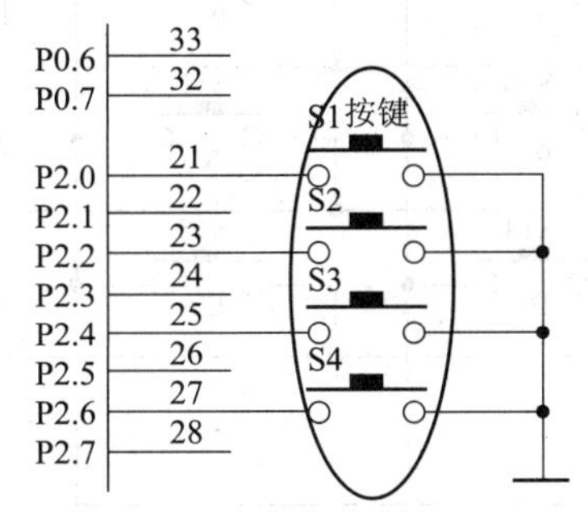

图2-3-2 按键及符号

以单片机控制系统常用的机械式微型按键为例，其外部形式与电气符号如图2-3-2所示。

按键在单片机电路中的工作原理是这样的：通过按键的接通与断开，产生两种相反的逻辑状态：低电平“0”与高电平“1”。有电平变化时，由软件控制完成按键所设定的功能。

以图2-3-2为例，有4只按键分别接在51单片机的P2.0、P2.2、P2.4、P2.6口上，按键的另一端接地。很明显，如果先

给单片机这几个口置高电平，那么当这几个按键中的一只或几只按下去时，其相应的单片机口将得到低电平。如果这个低电平信号被单片机接收，则可以控制程序执行相应的命令。

2. 机械触点按键的防抖动问题

当机械触点的按键被按下与释放时，因机械触点的弹性作用，在闭合与断开的瞬间均有一个抖动过程。如图 2－3－3 所示。

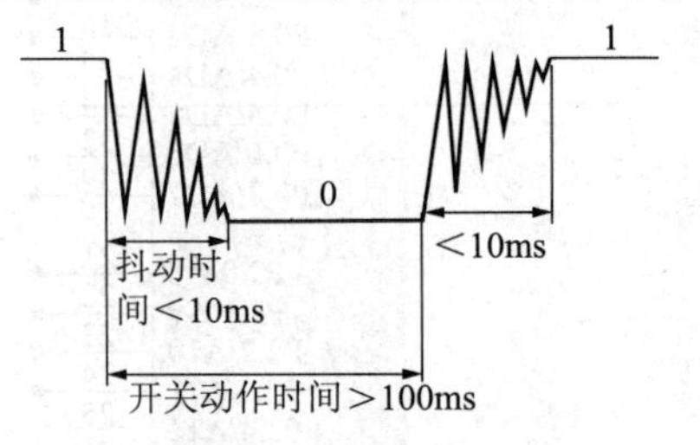

图 2－3－3　机械触点按键的抖动过程

通过图 2－3－3 可以看出，当按键闭合与松开时，在 10ms 内有抖动，造成按键瞬间多次接通与释放，这种抖动对程序的控制会产生重大影响，单片机程序的执行速度是非常快的，当按键抖动时，会让程序判断执行产生错误，造成控制不稳定甚至无法预料的结果。

所以，使用按键控制时必须想办法消除这种抖动的影响。总体上有两种处理办法，一种是在按键电路外围加一些硬件的方法来消除抖动，在按键数较少时可用。具体的电路有很多种，这里就不再介绍了，读者可以上网查阅或参考其他书籍。

还有一种用得较多的办法就是采用程序设计，即软件去抖动法。其基本思想是：检测到有键按下，则该按键对应的单片机接口线为低，软件延时 10ms 后，如仍为低，则确认该接口处有键按下；当键松开时，接口线变高，软件延时 10ms 后，如接口线仍为高，说明按键已松开。采取以上措施后，就能躲开两个抖动期对程序的影响。

3. 4×4 矩阵键盘接口

4×4 矩阵键盘又称为行列式键盘，它是用 4 条 I/O 线作为行线，4 条 I/O 线作为列线组成的键盘。在行线和列线的每一个交叉点上，设置一个按键。这样键盘中按键的个数是 16 个。这种行列式键盘结构能够有效地提高单片机系统中 I/O 口的利用率。如图 2－3－4 所示。

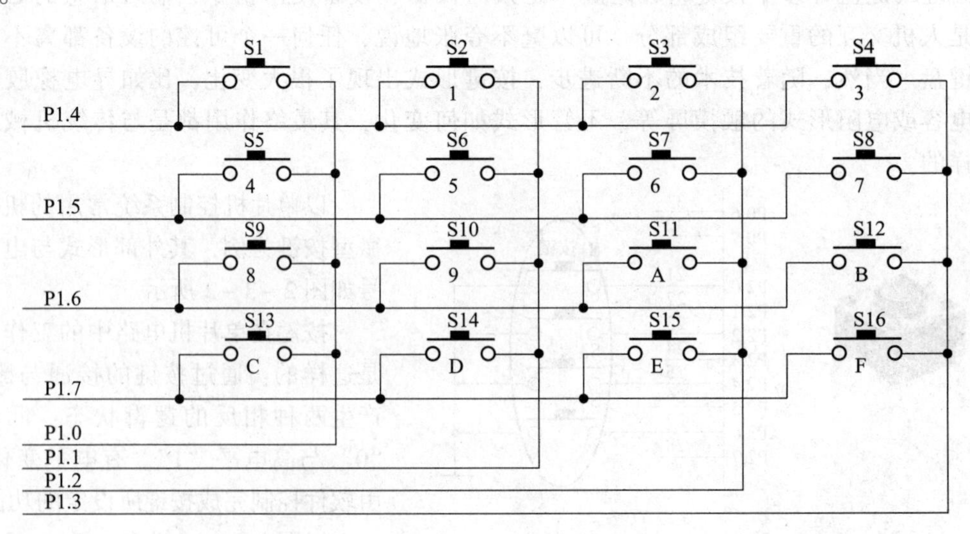

图 2－3－4　4×4 矩阵键盘

4. 4×4矩阵键盘的程序设计方法

要确定是哪个键被按下，其设计思想是：无键按下，该行线为高电平；当有键按下时，行线电平由列线的电平来决定。

由于行、列线为多键共用，各按键彼此将相互发生影响，必须将行、列线信号配合起来并作适当的处理，才能确定闭合键的位置。

以图2－3－4为例，键盘接至单片机的P1口，其中P1.0～P1.3是列线，P1.4～P1.7是行线。先读取键盘的状态，得到按键的特征编码。

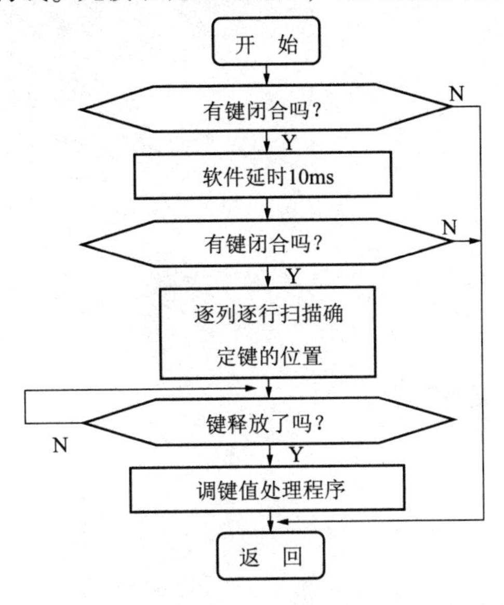

图2－3－5　4×4键盘程序设计流程

先从P1口的高四位输出低电平、低四位输出高电平，即P1＝0x0f。从P1口的低四位读取键盘状态后，再让P1口低四位输出低电平、高四位输出高电平，即P1＝0xf0。从P1口的高四位读取键盘状态。将两次读取结果组合起来就可以得到当前按键的特征编码，我们称为键值。使用上述方法我们得到16个键的键值。

假如“S2”键被按下，找到其键值的过程是：从P1口的高四位输出低电平，即P1.4～P1.7为输出口；低四位输出高电平，即P1.0～P1.3为输入口。读P1口的低四位状态为“1101”，其值为“0DH”。

再从P1口的高四位输出高电平，即P1.4～P1.7为输入口；低四位输出低电平，即P10～P13为输出口。读P1口的高四位状态为“1110”，其值为“E0H”。

将两次读出的P0口状态值进行逻辑或运算就得到其按键的特征编码为“EDH”。

用同样的方法可以得到其他15个按键的特征编码。程序设计框图如图2－3－5所示。

任务实施

1. 按键加减计数装置在Proteus中的接线原理图参见图2－3－1，读者可以自行选择单片机端口连接按键、数码管，当然程序应作相应的修改。参考程序如下：

```
#include <at89x52.h>
#define uint unsigned int
#define uchar unsigned char
sbit cs1 = P2^0;                //数码管位选
sbit cs2 = P2^1;
sbit add = P2^2;                //加键
sbit sub = P2^3;                //减键
```

```
uchar code dm[ ] = {0xc0,0xf9,0xa4,0xb0,0x99,0x92,0x82,0xf8,0x80,0x90,
0xff};
   //数码管段码 0,1,2,3,4,5,6,7,8,9,熄灭
uchar zz;                          //按键计数值

void ys(uint z)                    //延时
{
   uchar i;
   while(z --)
   for(i =0;i <120;i ++);
}

void disp()                        //显示
{
   cs1 =1;
   cs2 =0;
   P0 =dm[zz/10];                  //取十位数送数码管显示
   ys(1);
   P0 =0xff;                       //消隐

   cs1 =0;
   cs2 =1;
   P0 =dm[zz% 10];                 //取个位数送数码管显示
   ys(1);
   P0 =0xff;
}

void key()                         //按键
{
   if(add ==0)                     //加
   {
       ys(10);
       zz ++;
       if(zz ==60)
       zz =0;                      //过 59 回 0
       while(add ==0);             //待键释放
       ys(10);
   }
   if(sub ==0)                     //减
```

```
    {
        ys(10);
        zz--;
        if(zz == -1)
        zz =59;                     //小于0 回59
        while(sub ==0);
        ys(10);
    }
}

void main()
{
    while(1)
    {
        key();
        disp();
    }
}
```

在 Proteus 中运行结果见图 2-3-6。

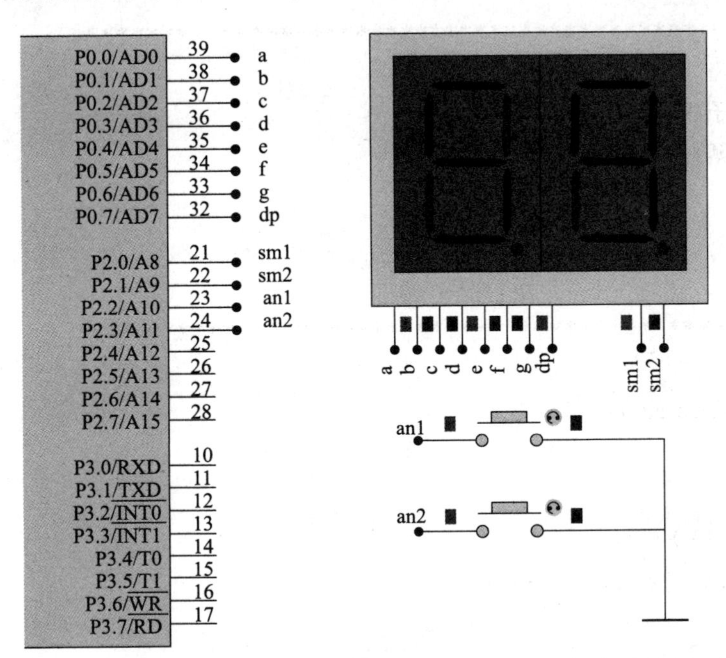

图 2-3-6　按键加减计数 Proteus 仿真

2. 模拟电话拨号显示控制装置建议在亚龙 YL-236 单片机控制考核台上完成。如果在其他实训设施上完成，注意数码管扫描部分是否是总线型的，如不是则对程序做适当修改即

可。下面是完成该功能的参考程序：

```
#include "at89x52.h"
#include "absacc.h"
#define uint unsigned int
#define uchar unsigned char

#define DM XBYTE[0xf7ff]//断码端口
#define PX XBYTE[0xefff]//片选端口

uchar ss,cnt;
uchar qh,k_time,kv,zt;
uchar c[8],c1[8];
uchar code dm[] = {0xc0,0xf9,0xa4,0xb0,0x99,0x92,0x82,0xf8,0x80,0x90,
                   0xff};
                   //0,1,2,3,4,5,6,7,8,9,熄灭
uchar code kk[] = {0xee,0xde,0xbe,0x7e,0xed,0xdd,0xbd,0x7d,0xeb,0xdb,
                   0xe7,0xd7, 0xb7}; //键值
bit fg,fgss,fg1;

/*****************************************************

函数名称:延时子程序
函数功能:1ms 延时
入口参数:ms
出口参数:无

*****************************************************/

void delay(uint ms)
{
    uchar i;
    while(ms --)
    for(i =0;i <120;i ++);//1ms 延时
}
/*****************************************************

函数名称:数码管显示缓存区子程序
函数功能:显示缓存
```

```
入口参数:无
出口参数:无

*******************************************************/
void tran()
{
   uchar i;

   if(fgss ==0)
   {
      for(i =0;i <8;i ++)
      c[i] =10;
  }
  else
  {
   if(fg1)
   for(i =0;i <8;i ++)
   c[i] =c1[i];
  }
}
/*******************************************************

函数名称:数码管显示子函数
函数功能:一位数码管的显示
入口参数:dat
出口参数:无

*******************************************************/
void disp(uchar dat)
{
     tran();
     DM = PX =0xff;
     DM =dm[c[dat]];
     PX = ~(0x01 <<dat);
}

/*******************************************************

函数名称:4 ×4 按键子函数
```

```
函数功能:按键控制
入口参数:无
出口参数:无

*****************************************************/

void key()
{
      uchar i;
      P1 =0x0f;
      if((P1&0x0f)! =0x0f)
      {
        k_time ++;
        if(k_time >20&&fg ==0)
        {
          kv = P1;
          P1 =0xf0;
          kv = P1 |kv;
          for(i =0;i <13;i ++)
          {
              if(kk[i] ==kv)
              {
                kv = i;
                break;
              }
          }
          switch(kv)
          {
              case 0:
              case 1:
              case 2:
              case 3:
              case 4:
              case 5:
              case 6:
              case 7:
              case 8:
              case 9:
                  if(zt <8&&fg1 ==0)
```

```
      {
        fgss =1;
        for(i =7;i >0;i --)
        c[i] =c[i -1];
        c[0] =kv;
        zt ++;
      }
      break;
  case 10:                                //删除
      if(zt >0&&fg1 ==0)
      {
        for(i =0;i <7;i ++)
        c[i] =c[i +1];
        zt --;
        c[zt] =10;
      }
      break;
  case 11:                                //拨号
      if(zt ==8&&fg1 ==0)
      {
        fg1 =1;
        for(i =0;i <8;i ++)
        c1[i] =c[i];
      }
      break;
  case 12:                                //挂机
      if(fg1)
      {
        fg1 =0;
        zt =0;
        fgss =0;
        for(i =0;i <8;i ++)
        {
            c[i] =10;
            c1[i] =10;
        }
      }
      break;
      default:  break;
```

```
                }
                fg = 1;
        }
  }
  else
  {
      k_time = 0;
      fg = 0;
    }
}

void main()
{
      IE = 0X82;
      //定时器中断设置
      TMOD = 0X01;
      TH0 = (65535 - 2000) /256;
      TL0 = (65535 - 2000)% 256;
      TR0 = 1;
      while(1)
      {
          ;
      }
}

/*****************************************************

函数名称:定时器中断子函数
函数功能:产生定时器中断
入口参数:无
出口参数:无

*****************************************************/

void time() interrup t 1
{
      TH0 = (65535 - 2000) /256;
      TL0 = (65535 - 2000)% 256;
```

```
    ss = P0;
    disp(qh);  //显示程序
    qh ++;
    qh& = 0x07;
    key();  //按键程序
    P0 = ss;
    cnt ++;
    if(cnt ==250)
    {
        cnt = 0;
        if(fg1)
        {
            fgss = ~fgss;          //0.5 秒闪烁
        }
    }
}
```

归纳总结

1. 按键在单片机电路中通过接通与断开，产生两种相反的逻辑状态，由软件控制完成按键所设定的功能。

2. 机械触点的按键按下与释放时，因机械触点的弹性作用，在闭合与断开的瞬间均有一个抖动过程，抖动时间一般小于 10ms。抖动会让程序判断执行产生错误，造成控制不稳定甚至无法预料的结果。消除按键抖动的方法有硬件的方法与软件的方法。

3. 4 ×4 矩阵键盘能够有效地提高单片机系统中 I/O 口的利用率。其按键识别程序设计方法有行扫描法、列扫描法、反转法等几种。我们教材中的例程是反转法，程序相对简单，容易理解。

拓展提高

1、编写程序，做到在按键键盘上每按一个数字键（0 ~ F）用发光二极管显示出来，按其他键退出。

2. 设计加法计算器，实验板上有 12 个按键，编写程序，实现一位整数加法运算功能。可定义“A”键为“+”，“B”键为“-”。

任务4　交、直流电动机驱动控制

任务描述

1. 学习并掌握单片机与外设接口的驱动、电气隔离、抗干扰的典型应用电路，并掌握电动机正反转控制电路构建方法及程序设计。

2. 掌握直流电动机调速原理与单片机PWM波形产生程序设计。

3. 学会搭建直流电动机、交流电动机各种运转方法的控制电路并正确地与单片机接口。烧录并运行控制程序，满足给定的电动机运行的控制要求。

任务分析

为了能完成本次任务，就需要了解单片机控制电动机的技术条件。

首先，51单片机的I/O口输出的高电平是5V，是直流电压，肯定不能带动交流电动机。就算是直流电动机，也有不同的额定工作电压与电流，单片机也是带不动的。所以，单片机I/O口与电动机之间是肯定要加装驱动电路的。

其次，电动机运行时会产生较强的电磁干扰，对单片机的工作会产生严重的影响。所以，在单片机控制电路与电动机负载电路之间，一定要采取抗干扰的电气隔离措施。

本次任务由两部分构成。一是构建一个能实现交流电动机正反转的单片机控制电路，可以在亚龙YL－236单片机实训考核装置上选择适当的模块接线完成。这项训练由于涉及交流220V，所以一定要注意安全，通电运行前要仔细检查接线是否正确；二是构建一个能实现直流电动机正反转，且具备不同速度运行选择功能的电动机控制装置，可以选用两组速度切换形式。这部分可以在Proteus中仿真完成。

知识准备

1. 电动机控制运行基本知识

电动机的分类根据不同的分类方法有很多种形式。以工作电源来分，有交流电动机与直流电动机；以交流供电形式来分，有三相交流电动机与单相交流电动机；按用途分，有驱动电动机与伺服电动机。还有很多分类，读者可以参考相关书籍学习。

这里我们重点介绍与完成本次任务相关的两种电动机的控制方法。一种是额定电压

220V、电容移相启动的单相交流电动机；另一种是直流24V小功率电动机。

1）电容移相启动单相交流电动机

单相电不能产生旋转磁场，要使单相电动机能转起来，需要在定子中加上一个启动绕组，启动绕组与主绕组在空间上相差90度，启动绕组再串接一个合适的电容，使其与主绕组的电流在相位上相差近似90度，即所谓的分相原理。这样两个在时间上相差90度的电流通入两个在空间上相差90度的绕组，将会在空间上产生（两相）旋转磁场，在这个旋转磁场的作用下，转子就能自动启动。这就是电容移相启动单相交流电动机的工作原理。

这种电动机要实现正反转，可采用改变电容器串接的位置来实现。如图2-4-1所示，图中省去了继电器线圈控制电路部分，这部分电路我们将安排在后面学习。

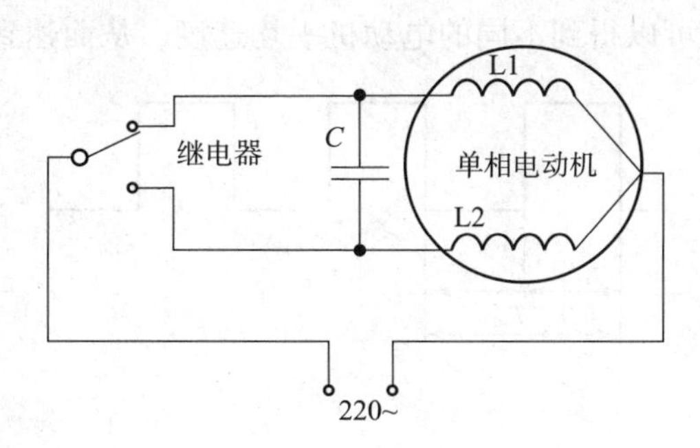

图2-4-1　电容启动单相交流电动机正反转电路

2）小功率直流电动机

直流电动机里边固定有环状永磁体，电流通过转子上的线圈时，由于电磁感应产生电磁力；当转子上的线圈与磁场平行时，再继续转的话磁场方向将改变，此时转子末端的电刷跟转换片交替接触，从而使线圈上的电流方向也发生改变，但产生的电磁力方向不变，所以电动机能保持一个方向转动。这就是一般直流电动机的工作原理。

这种电动机要实现正反转，只要想办法把接上去的直流电压极性反过来就可以了，也就是直流电压的正负极对调。如图2-4-2所示。

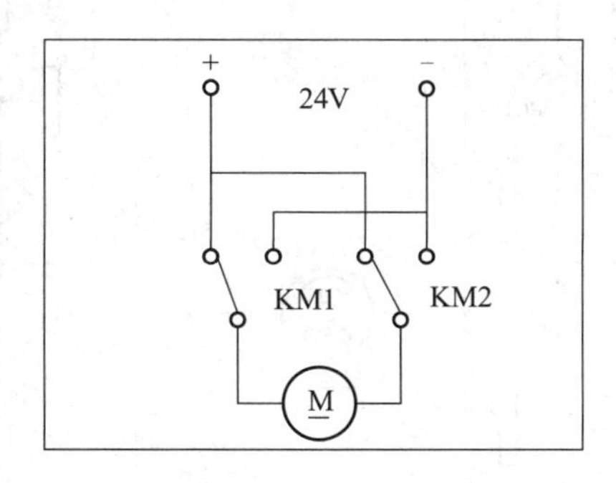

图2-4-2　继电器控制小功率直流电动机正反转原理图

下面我们来谈谈关于小功率直流电动机的调速问题。直流电动机调速的基本原理是改变直流电动机的电压就可以改变转速。改变电压的方法有很多，最常见的一种是采用PWM脉宽调制，即调节直流电动机输入电压的占空比就可以控制电动机的平均电压，从而控制转速。PWM控制技术以其控制简单、灵活和动态响应好的优点而成为直流电动机调速的首选方案。

3）PWM（脉冲宽度调制）

PWM（脉冲宽度调制）是通过控制固定电压的直流电源开关频率，改变负载两端的电压，从而达到控制要求的一种电压调整方法。PWM可以应用在许多方面，比如：电动机调速、温度控制、压力控制等。

在PWM驱动控制的调速系统中，按一个固定的频率来接通和断开电源，并且根据需要改变一个周期内“接通”和“断开”时间的长短。通过改变直流电动机电枢上电压的“占空比”来达到改变平均电压大小的目的，从而来控制电动机的转速。

如图2-4-3所示，$D=t_1/T$就是指占空比。例如，电动机的平均速度$V_{ave}=V_{max}\times D$，其中V_{ave}指的是电动机的平均速度；V_{max}是指电动机在全通电时的最大速度。所以当我们改变占空比$D=t_1/T$时，就可以得到不同的电动机平均速度，从而达到调速的目的。

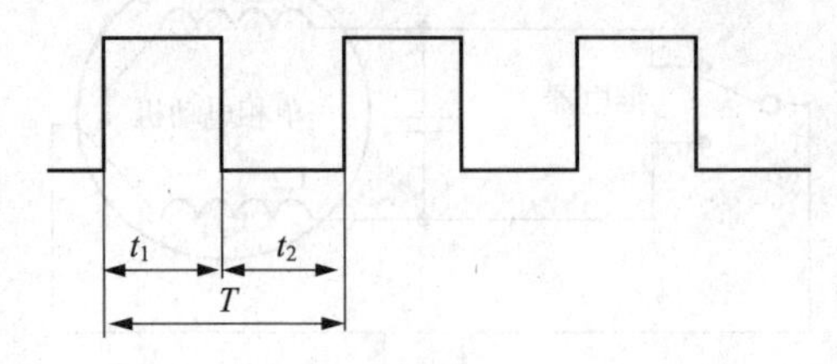

图2-4-3　PWM关于占空比的概念

4）直流电动机调速电路

图2-4-2所示的继电器控制小功率直流电动机正反转的电路是不能进行调速控制的，原因是继电器的机械触点不适合PWM的这种瞬间多次通断的操作，因此必须选用无触点半导体开关管进行控制。比如用最简单的三极管，利用其开关特性来设计能实现直流电动机正反转并能进行PWM调速的驱动电路。下面提供一种典型的驱动小功率直流电动机正反转并能进行PWM调速的驱动电路。原理图见图2-4-4。

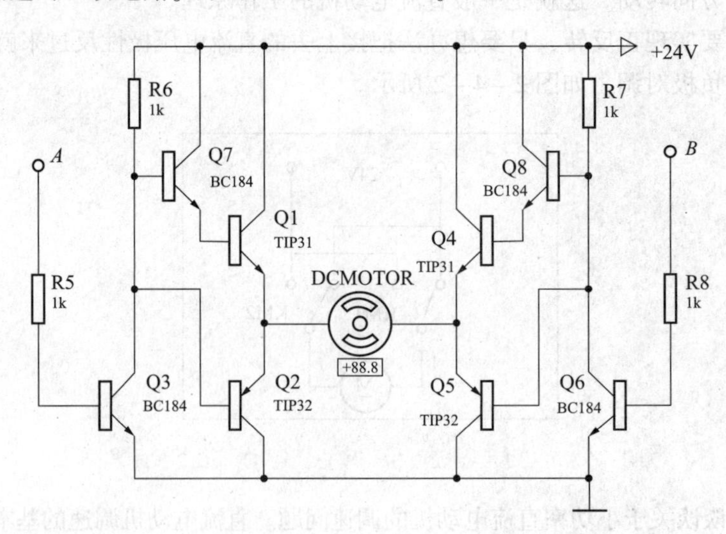

图2-4-4　能实现直流电动机正反转、PWM调速的驱动电路

图2-4-4中的A点与B点与单片机的I/O口相连，当A与B都是同一电平信号时（即A与B同为“1”或“0”），电动机不转；当A为低电平“0”、B为高电平“1”时，电

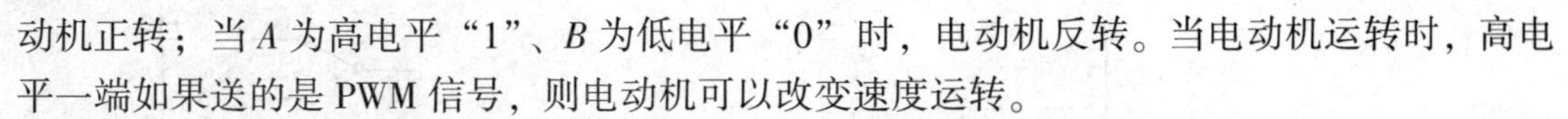

动机正转；当 A 为高电平“1”、B 为低电平“0”时，电动机反转。当电动机运转时，高电平一端如果送的是 PWM 信号，则电动机可以改变速度运转。

5）抗干扰与电气隔离

电动机运行时会产生较强的电磁干扰，对单片机的工作会产生严重的影响。所以，在单片机控制电路与电动机负载电路之间，一定要考虑抗干扰的电气隔离措施。通常所用的隔离器件是光电耦合器，这是一种把红外光发射器件和红外光接收器件以及信号处理电路等封装在同一管座内的器件。当输入电信号加到输入端发光器件 LED 上时，LED 发光，光接收器件接收光信号并转换成电信号，然后将电信号直接输出，或者将电信号放大处理成标准数字电平输出，这样就实现了“电 - 光 - 电”的转换及传输，光是传输的媒介，因而输入端与输出端在电气上是绝缘的，也称为电气隔离。常用的光电耦合器见图 2 - 4 - 5 所示。

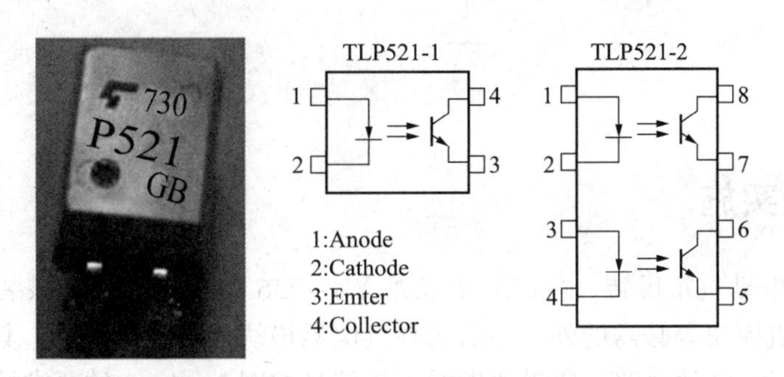

图 2 - 4 - 5 常用的光电耦合器与结构图

图 2 - 4 - 6 给出的是在工程实际中，使用了光耦隔离及电动机两端并联电容等抗干扰措施的小功率直流电动机驱动电路。

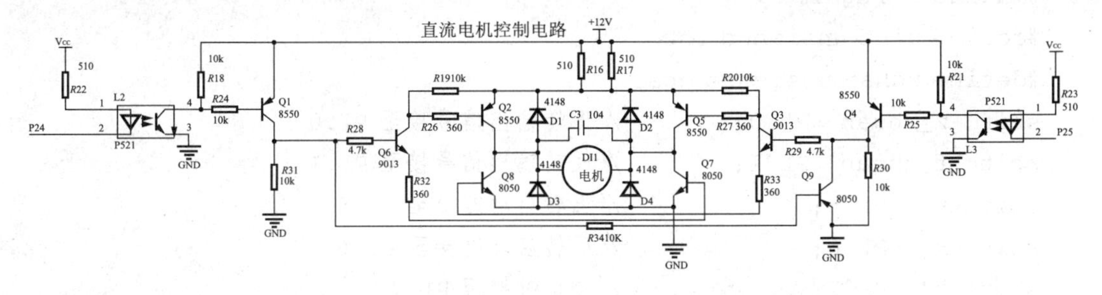

图 2 - 4 - 6 有抗干扰措施的直流电动机驱动电路

顺便提一下，利用光耦隔离措施解决前面的关于交流电动机的驱动问题，电路也很简单，参见图 2 - 4 - 7。

图 2 - 4 - 7 下方是利用三极管驱动继电器的电路，接口至单片机的控制脚如果是高电平，就导通三极管，让线圈得电，使继电器触点动作；上面是光耦隔离的电路形式，与单片机接口的控制脚如果输出低电平，则光耦导通，让达林顿管反向驱动器 ULN2003 动作，使之输出低电平，让线圈得电，使继电器触点动作。

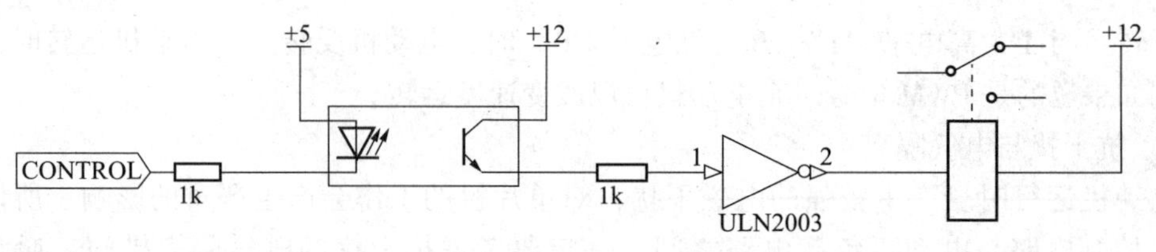

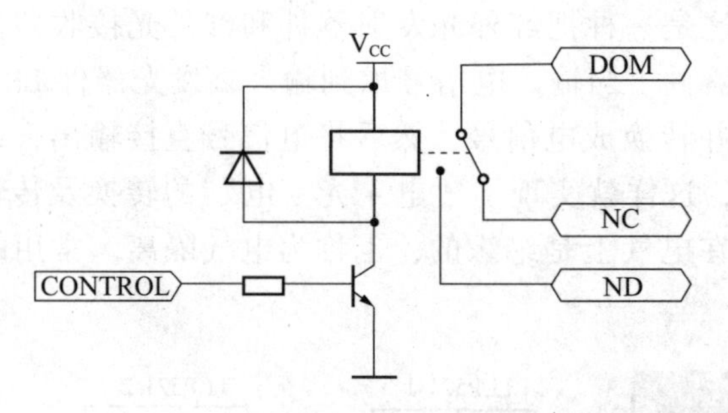

图2-4-7 光耦隔离驱动继电器控制电路

任务实施

1. 实现交流电动机正反转。可以利用亚龙 YL-236 单片机实训考核装置来完成这个任务，其中除了主机模块等必需的外，还需选择继电器模块与电动机模块，其中继电器模块上已经做好了图2-4-7的电路，所需要做的工作就是按图2-4-2的要求接线。另外，光耦输入端与单片机的接口可以自己选择。参考程序中接的是单片机的 P1.0 与 P1.1；正转按键、反转按键、停止按键分别接的是 P1.5、P1.6 和 P1.7。参考程序如下：

```
#include <reg51.h>
#define uint unsigned int
#define uchar unsigned char
sbit  z_zhuan = P1^0;            //正转输出信号接至 P1.0
sbit  f_zhuan = P1^1;            //反转输出信号接至 P1.1
sbit  k1 = P1^5;                 //正转启动键接至 P1.5
sbit  k2 = P1^6;                 //反转启动键接至 P1.6
sbit  k3 = P1^7;                 //停止键接至 P1.7

void main(void)
{
 while(1)
 {
  if(k1 ==0)                     //判断正转键是否按下
  {
  while(k1 ==0);                 //等待该键释放
  z_zhan =0;                     //电动机正转
```

```
        f_zhan =1;
      }
        if(k2 ==0)                    //判断反转键是否按下
        {
        while(k2 ==0);
        z_zhuan =1;                   //电动机反转
        f_zhuan =0;
      }
      if(k3 ==0)           //判断停止键是否按下
      {
        while(k3 ==0);
        z_zhuan =1;     //电动机停转
        f_zhuan =1;
      }

    }
}
```

2. 实现直流电动机正反转，并实现两挡速度选择。其中用到4只按键，分别是正转启动、反转启动、停止、速度选择。仿真任务在Proteus中完成，完成效果见图2－4－8。下面给出参考程序。

```
#include <reg51.h>
#define uint unsigned int
#define uchar unsigned char
sbit  z_zhuan = P1^0;          //正转输出信号接至 P1.0
sbit  f_zhuan = P1^1;          //反转输出信号接至 P1.1
sbit  k1 = P3^0;               //正转启动键接至 P1.5
sbit  k2 = P3^1;               //反转启动键接至 P1.6
sbit  k3 = P3^2;               //停止键接至 P1.7
sbit  k4 = P3^3;               //速度挡位选择
bit    sdbz,zzbz,fzbz;         //定义速度、正转、反转标志
bit  sd;                       //定义输出口取反位变量

void main( )
{
   P1 =0xff;
   TMOD =0x01;                 //选择定时器0
   ET0 =1;                     //打开定时器2 中断
   EA =1;                      //打开总中断
```

```
    TR0 =0;                     //定时器先不开

while(1)
{
    if(k4 ==0)                  //速度选择
    {
    while(k4 ==0);
      TH0 =(65536 -5000)/256;
      TL0 =(65536 -5000)% 256;
      sdbz =1;
    }

if(k1 ==0)                      //判断正转键是否按下
      {
    while(k1 ==0);              //等待该键释放
    if(sdbz)  {zzbz =0;fzbz =1;TR0 =1; f_zhuan =1;  }     //电动机慢速正转
    else    { TR0 =0;z_zhuan =0;   f_zhuan =1;}    //电动机快速正转
      }
if(k2 ==0)                      //判断反转键是否按下
      {
    while(k2 ==0);
    if(sdbz) {zzbz =1;fzbz =0;TR0 =1;  z_zhuan =1;  }     //电动机慢速反转
    else    { TR0 =0;f_zhuan =0;   z_zhuan =1;}    //电动机快速反转
      }
    if(k3 ==0)                  //判断停止键是否按下
      {
      while(k3 ==0);
      TR0 =0;
      z_zhuan =1;               //电动机停转
      f_zhuan =1;
      }

  }
}
  void time0() interrupt 1
{
    TH0 =(65536 -5000)/256;
    TL0 =(65536 -5000)% 256;
    sd =! sd;
```

```
    if(zzbz ==0)  z_zhuan = sd;
    if(fzbz ==0)  f_zhuan = sd;
}
```

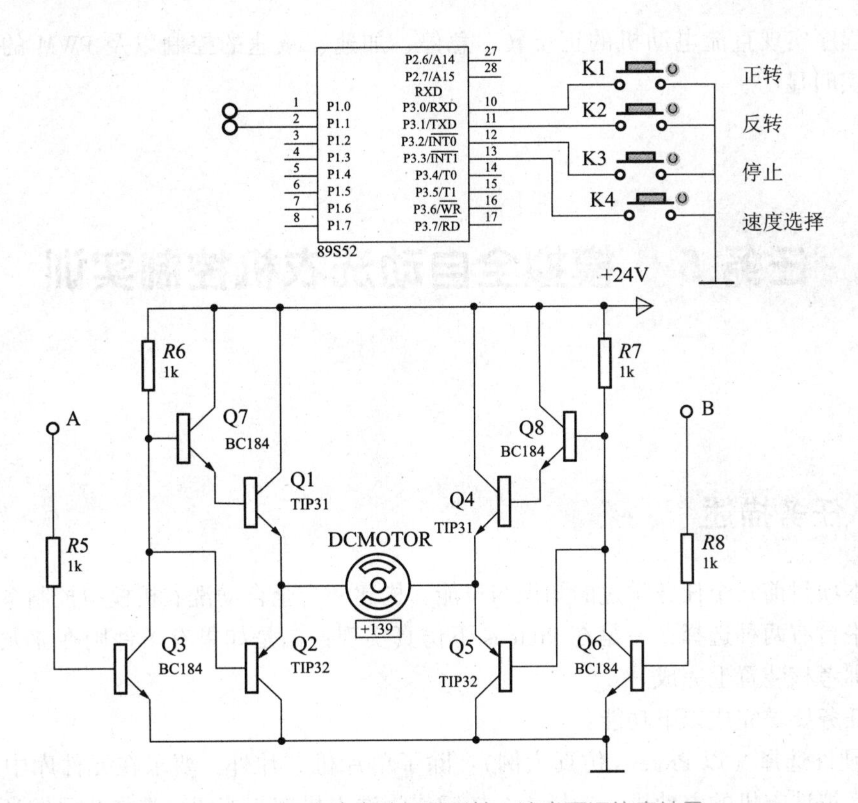

图2-4-8　直流电动机正反转、速度可调仿真结果

归纳总结

1. 电动机以工作电源来分类，有交流电动机与直流电动机。电容启动单项交流电动机要实现正反转，可采用改变电容器串接的位置来实现；直流电动机要实现正反转，是将直流电压的正负极对调来实现。交流电动机调速常用变频方式实现，直流电动机调速常用 PWM（脉宽调制）来实现。

2. PWM（脉冲宽度调制）是通过控制固定电压的直流电源开关频率，改变负载两端的电压，从而达到控制要求的一种电压调整方法。$D=t_1/T$ 是指占空比，t_1 指方波高电平时间，T 是方波周期。当我们改变占空比 $D=t_1/T$ 时，就可以得到不同的电动机平均速度，从而达到调速的目的。

3. 电动机运行时会产生较强的电磁干扰。所以，在单片机控制电路与电动机负载电路之间，一定要采取抗干扰的电气隔离措施。通常所用的隔离器件是光电耦合器。

拓展提高

编写程序实现直流电动机的正反转、急停、加速、减速的控制以及 PWM 的占空比在 LED 上的实时显示。

任务 5　模拟全自动洗衣机控制实训

任务描述

利用本项目前几个任务学过的知识与技能，构建一台全自动洗衣机模拟控制系统。完成该方案的平台有两种选择，一是在 Proteus 下仿真实现；二是如果有条件则在亚龙 YL-236 单片机实训考核装置上完成。

本次任务要求完成以下功能：

（1）硬件选择（以 Proteus 仿真为例）：除了单片机芯片外，要求在元件库中选择直流电动机来模拟洗衣机的电动机；选择 4 个按键作为洗衣机控制按钮；选择 8 只发光二极管作为工作状态指示；选择一片共阳 4 位数码管作为人机界面显示；选择一些辅助元件：NPN 三极管 8 只、PNP 三极管 2 只、1k 电阻 6 只、排阻 1 只等搭建驱动电路。在 Proteus 中搭建电路，如图 2-5-1 所示。

（2）功能要求：模拟完成全自动洗衣机的工作过程。总体流程是：进水、浸泡、洗衣、脱水、结束 5 个步骤。

4 只按键的功能分别是：打开洗衣模式选择菜单键、选择洗衣模式键、洗衣机启动键、洗衣机停止键。

8 只 LED 分别指示的是（亮表示该功能有效）：进水、洗衣、浸泡、脱水、换水、洗衣结束、电动机工作、报警。

4 位数码管指示的功能：显示洗衣模式（当洗衣模式选择菜单键按下时）、显示选定的模式（当选择洗衣模式键按下时）。工作时，显示洗衣剩余时间，以秒为单位倒计时。

电动机要求有正反转功能，洗衣时交替正、反转。当处于洗衣状态时，由 12V 供电，电动机低速运行；当处于脱水甩干状态时，由 24V 供电，电动机高速运行。

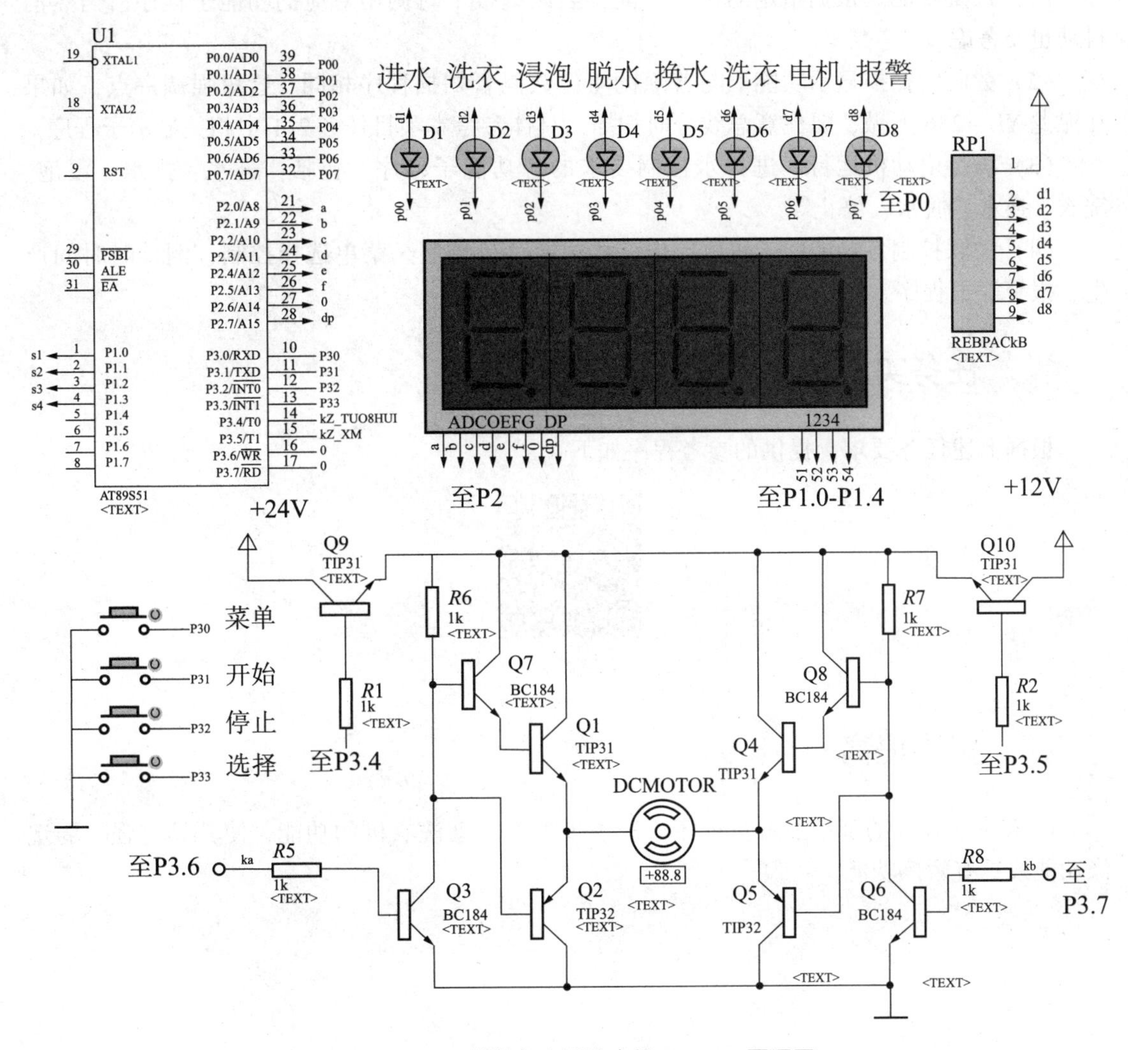

图2－5－1　模拟全自动洗衣机 Proteus 原理图

任务分析

要顺利完成本任务，首先要完成硬件电路的搭建，以图2－5－1为例，电动机驱动电路能完成正反转，且有高低速切换功能。该驱动电路的理解读者可以参考本项目任务2.4，这里的高低速切换功能就是在原驱动电路的基础上增加了Q9、Q10两个三极管，控制端分别接至单片机的P3.4与P3.5，当其中有一端为高电平时三极管导通，就把相应的电压加上去了。电动机正反转控制端分别接至单片机的P3.6与P3.7。

4只按钮分别接至单片机的P3.0～P3.3；8只发光二极管按图2－5－1所示的顺序阴极接至单片机的P0口，阳极通过1k×8的排阻接至5V电源（高电平）；4位共阳数码管数据位接至单片机的P2口，4位扫描位分别接至单片机的P1.0～P1.3口。

其次，对于控制程序的设计思路，可以分为以下几个程序模块：

（1）按键功能。根据指定的按键功能，当该键按下时调用对应的功能子程序，当然消抖动也要考虑。

（2）数码管扫描显示功能。与普通的4位数码管扫描程序相同。这里强调一点，如果在亚龙YL－236上做，要注意总线分时扫描，具体参考本项目任务2.1中相关显示子程序。

（3）满足电动机运行、进排水控制要求的各功能子程序。包括：进水、排水、浸泡、洗衣、换水、脱水、停止等。

（4）关联控制各功能的子程序。包括：功能菜单控制、菜单选择控制、倒计时时间产生、报警等子程序。

任务实施

根据上述任务要求，提供的参考程序如下

拓展提高

1. 在本次任务的基础上编写程序，进一步提高自动洗衣机的功能，使其具有强、弱洗涤功能或具有暂停功能。

项目3

LED点阵显示温度计制作

【预期目标】

1. 学会用AT89S52单片机驱动8×8 LED点阵显示。
2. 通过不同形式的温度传感器进行数据采集：自带数模转换的传感器（DS18B20）和不带数模转换的传感器(LM35)。
3. 能综合进行LED点阵显示温度计的硬件连接和程序设计。

【思政导入】

本项目主要介绍利用典型的温度传感器检测环境温度，通过单片机编程并在LED点阵屏上显示实时温度，核心是LED点阵屏的扫描显示控制方法。教学过程中，扩展介绍各种传感器的应用，是现代工业实现自动化控制、智能控制的主要源头器件；LED点阵屏在各行各业得到广泛应用，精彩绝伦的北京冬奥会开幕式，全部国产的LED点阵屏及人工智能控制系统惊艳呈现，其视觉冲击力进一步凝聚了学生的爱国热情，为成长在这个伟大的时代而自豪。

任务1　LED汉字点阵屏显示实现

任务描述

现代社会已进入信息时代，信息传播占有越来越重要的地位，同时人们对视觉媒体的要求也越来越高，要求传播媒体反映的信息迅速、现实（实时性）、醒目（色彩丰富、栩栩如生），画面超大型化，具有震撼力，近几年，随着微电子技术、自动化技术、计算机技术的迅速发展，半导体制作工艺日趋成熟，导致LED显示点尺寸越来越小，解析度越来越高，并可将显示光的三基色（红、绿、蓝）集成化为一体，达到全彩色效果，使得LED显示屏的应用范围日益扩大。

任务分析

LED点阵显示屏是通过PC机将要显示的汉字字模提取出来，并发送给单片机，然后显示在点阵屏上，主要适用于室内外汉字显示。

八十年代以来出现了组合型LED点阵显示器，以发光二极管为像素，它由高亮度发光二极管芯阵列组合后，用环氧树脂和塑模封装而成。LED点阵显示器单块使用时，既可代替数码管显示数字，也可显示各种中西文字及符号，如5×7点阵显示器用于显示西文字母；5×8点阵显示器用于显示中西文；8×8点阵用于显示中文文字，也可用于图形显示。

1. 任务目的

（1）了解计算机中点阵的显示原理，熟悉动态扫描的基本方法和要求。

（2）了解点阵屏的工作原理、扫描方式、设计要求，并能够编写驱动程序。

2. 实训设备

①MCU01 主机模块；
②MCU02 电源模块；
③MCU04 显示模块；
④SL－USBISP－A 在线下载器；
⑤电子连接线若干。

3. 硬件电路连线（如图3－1－1所示）

（1）把“单片机系统”区域中的P1端口用8芯排芯连接到“点阵模块”区域中的

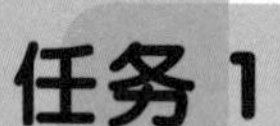

“DR1 ~ DR8”端口上。

（2）把“单片机系统”区域中的 P3 端口用 8 芯排芯连接到“点阵模块”区域中的“DC1 ~ DC8”端口上。

知识储备

1. LED 器件的应用基础

LED 器件种类繁多。早期 LED 产品是单个的发光灯，随着数字化设备的出现，LED 数码管和字符管得到了广泛的应用。

LED 发光灯可以分为单色发光灯、双色发光灯、三色发光灯、面发光灯、闪烁发光灯、电压型发光灯等多种类型。按照发光灯亮度又可以分为普通亮度发光灯、高亮度发光灯等。

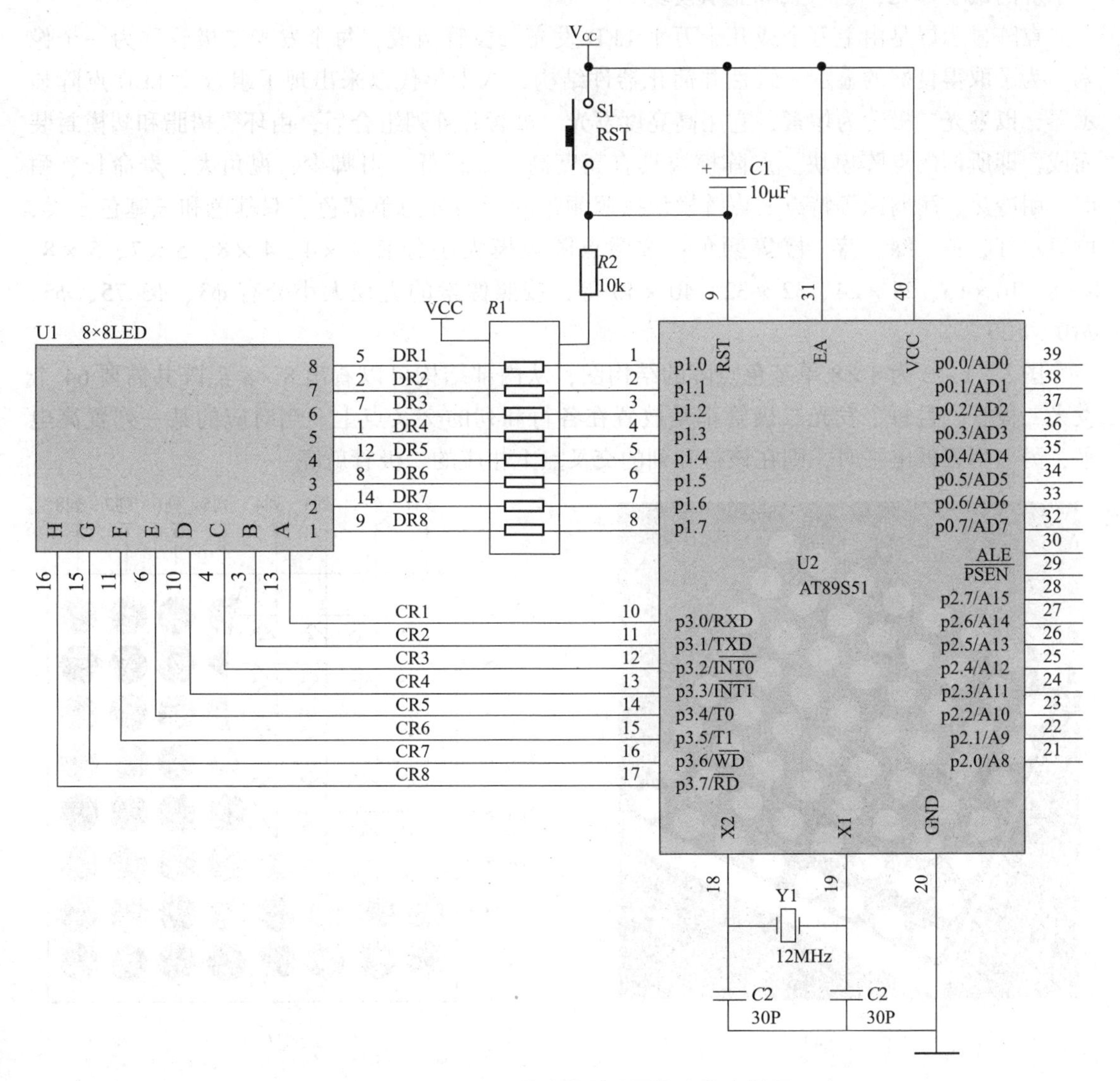

图 3－1－1 LED 点阵屏显示硬件电路连线图

LED 发光灯的由 PN 结、阳极引脚、阴极引脚和环氧树脂封装外壳组成。其核心部分是具有复合发光功能的 PN 结。环氧树脂封装外壳除具有保护芯片的作用外，还具有透光、聚光的能力，以增强显示效果。

LED 器件通常用砷化镓（GaAs）、磷化镓（GaP）等半导体材料制成。当向 LED 器件施加正向电压时，器件内部的电子与空穴直接复合而产生能量，以光的形式释放出来，使半导体发光。因此 LED 的驱动问题就是如何使它的 PN 结处于正偏状态，而且为了控制它的发光强度，还要解决正向电流的调节问题。具体的驱动方法可以分为直流驱动、恒流驱动、脉冲驱动和扫描驱动等。

2. LED 点阵模块

显示单元（Display Unit）是由电路及安装结构确定的并具有显示功能的器件组成 LED 显示屏的最小单元，也叫点阵显示模块。

点阵显示屏是由上万个或几十万个 LED 发光二极管组成，每个发光二极管称为一个像素。为了取得良好的显示一致性并简化器件结构，八十年代以来出现了组合型 LED 点阵显示器，以发光二极管为像素，它用高亮度发光二极管芯阵列组合后，由环氧树脂和塑模封装而成，即所谓的点阵模块。点阵模块具有亮度高、功耗低、引脚少、视角大、寿命长、耐湿、耐冷热、耐腐蚀等特点。点阵模块按照颜色的不同分为单基色、双基色和三基色三类，可显示红、黄、绿、蓝、橙等颜色；按照点阵规模大小分有 4×4、4×8、5×7、5×8、8×8、16×16、24×24、32×32、40×40 等；按照像素的直径大小分有 $\phi3$、$\phi3.75$、$\phi5$、$\phi10$、$\phi20$ 等。

图 3-1-2 为 8×8 单基色点阵的结构图，从内部结构可以看出 8×8 点阵共需要 64 个发光二极管，且每个发光二极管都是放置在各行和列的交叉点上。当对应的某一列置高电平，另一列置低电平时，则在该行和列的交叉点上相应的二极管就亮。

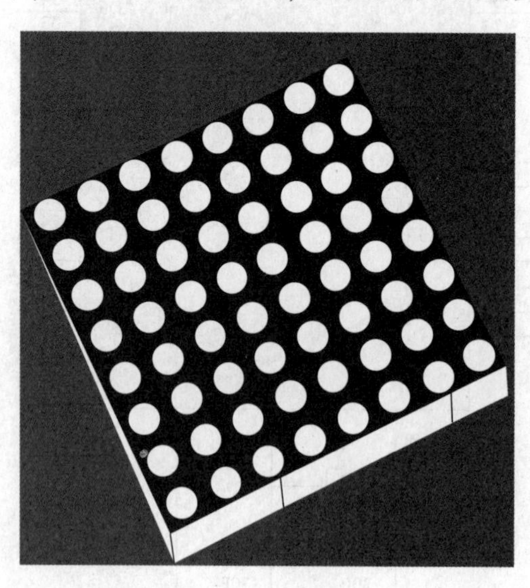

(a)

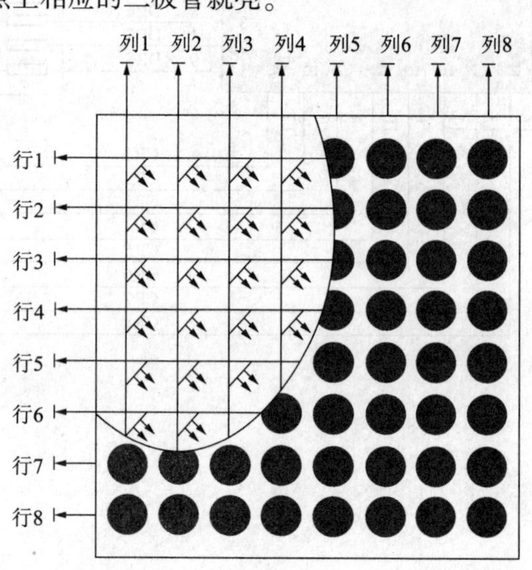

(b)

图 3-1-2　8×8 点阵结构

(a) 外部结构；(b) 内部结构

LED显示屏就是由若干个点阵模块组成的，它通过一定的控制方式，就可以显示文字、文本、图形、图像、动画等各种信息，以及电视、录像信号。LED点阵显示屏按照显示的内容可以分为图文显示屏、图像显示屏和视频显示屏。与图像显示屏相比，图文显示屏的特点就在于无论是单色还是彩色显示屏都没有颜色上的灰度差别，因此图文显示屏也就体现不出色彩的丰富性；而视频显示屏不仅能够显示运动、清晰和全彩色的图像，还能够播放电视和计算机信号。虽然这三者有一些区别，但它们最基础的显示控制原理都是相似的。

3. LED点阵测量方法

要用能把LED点阵点亮的万用表测量，大多数的数字万用表可以点亮LED点阵，只是非常暗淡；有些用两只1.5V电池的指针万用表可以把LED点阵点得很亮；只用一个1.5V电池的指针万用表不能点亮LED点阵。其实最简单的方法是用5V电源，串个1k电阻，就可以判断清楚LED点阵，如图3-1-3所示。也可以用数字表中的二极管挡，直接测PN结压降，通常正向时，PN结压降会有显示（此时LED点阵可能会被点亮）；反向时，PN结压降基本测不出来。

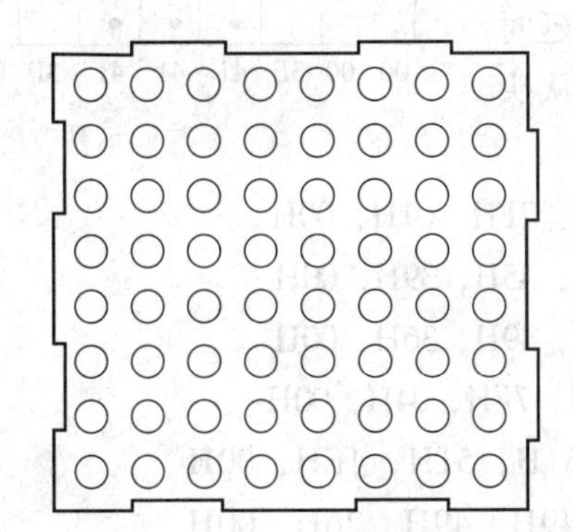

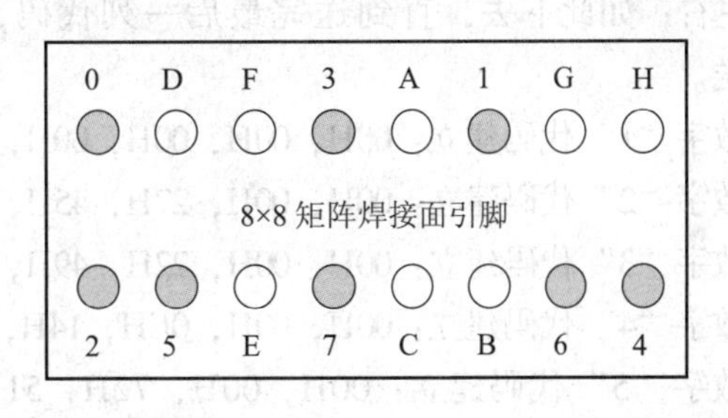

图3-1-3 点阵LED管脚示意图

4. 点阵LED扫描法介绍

点阵LED一般采用扫描式显示，根据实际运用分为三种方式：①点扫描；②行扫描；③列扫描。

若使用第一种方式，其扫描频率必须大于16×64=1 024Hz，周期小于1ms即可符合视觉暂留要求；若使用第二和第三种方式，则频率必须大于16×8=128Hz，周期小于7.8ms即可符合视觉暂留要求。此外一次驱动一列或一行（8只LED）时需外加驱动电路提高电流，否则LED亮度会不足。

任务实施

利用8×8点阵显示0~9的数字。

1. 硬件系统连线

（1）将电源模块上的5V电源引到所用模块的5V电源输入端，确保主机模块上的EA选择开关在“1”的位置。

（2）将在线下载器的IDC10插头插到主机模块的在线下载接口上，连接下载器到电脑上。确认连接无误后接通电源。

（3）将主机模块P0.0～P0.7口接到显示模块的数据总线DB0～DB7上。

P2.0——ROW0　　P2.1——ROW1　　P2.2——COL0

P2.3——COL1　　P2.4——COL2　　P2.5——COL3

2. 程序设计内容

1）数字0～9点阵显示代码的形成

如图3－1－4所示，假设显示数字“0”，因此，形成的列代码为00H，00H，3EH，41H，41H，3EH，00H，00H；只要把这些代码分别送到相应的列线上面，即可实现数字“0”的显示。送显示代码过程如下所示：送第一列线代码到P3端口，同时置第一行线为“0”，其他行线为“1”，延时2ms左右；送第二列线代码到P3端口，同时置第二行线为“0”，其他行线为“1”，延时2ms左右；如此下去，直到送完最后一列代码，又从头开始送。

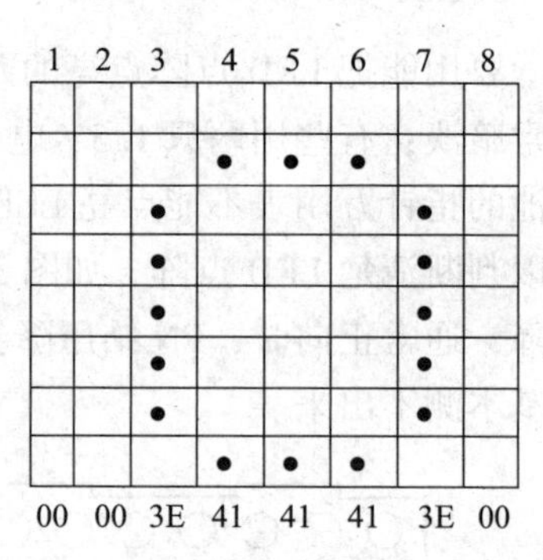

图3－1－4　点阵显示数字“0”

数字“1”代码建立：00H，00H，00H，00H，21H，7FH，01H，00H

数字“2”代码建立：00H，00H，27H，45H，45H，45H，39H，00H

数字“3”代码建立：00H，00H，22H，49H，49H，49H，36H，00H

数字“4”代码建立：00H，00H，0CH，14H，24H，7FH，04H，00H

数字“5”代码建立：00H，00H，72H，51H，51H，51H，4EH，00H

数字“6”代码建立：00H，00H，3EH，49H，49H，49H，26H，00H

数字“7”代码建立：00H，00H，40H，40H，40H，4FH，70H，00H

数字“8”代码建立：00H，00H，36H，49H，49H，49H，36H，00H

数字“9”代码建立：00H，00H，32H，49H，49H，49H，3EH，00H

3. C语言源程序

```
#include <AT89X52.H>
unsigned char code tab[]={0xfe,0xfd,0xfb,0xf7,0xef,0xdf,0xbf,0x7f};
unsigned char code digittab[10][8]={  {0x00,0x00,0x3e,0x41,0x41,0x41,
0x3e,0x00},  //0
{0x00,0x00,0x00,0x00,0x21,0x7f,0x01,0x00},  //1
{0x00,0x00,0x27,0x45,0x45,0x45,0x39,0x00},  //2
{0x00,0x00,0x22,0x49,0x49,0x49,0x36,0x00},  //3
{0x00,0x00,0x0c,0x14,0x24,0x7f,0x04,0x00},  //4
{0x00,0x00,0x72,0x51,0x51,0x51,0x4e,0x00},  //5
{0x00,0x00,0x3e,0x49,0x49,0x49,0x26,0x00},  //6
{0x00,0x00,0x40,0x40,0x40,0x4f,0x70,0x00},  //7
```

```
{0x00,0x00,0x36,0x49,0x49,0x49,0x36,0x00}, //8
{0x00,0x00,0x32,0x49,0x49,0x49,0x3e,0x00}  //9
                                        };
unsigned int timecount;
unsigned char cnta;
unsigned char cntb;
void main(void)
{
  TMOD = 0x01;
  TH0 = (65536 -3000) /256;
  TL0 = (65536 -3000)% 256;
  TR0 =1;
  ET0 =1;
  EA =1;
  while(1)
    {;
    }
}
void t0(void) interrupt 1 using 0
{
  TH0 = (65536 -3000) /256;
  TL0 = (65536 -3000)% 256;
  P3 = tab[cnta];
  P1 = digittab[cntb][cnta];
  cnta ++;
  if(cnta ==8)
    {
      cnta =0;
    }
  timecount ++;
  if(timecount ==333)
    {
      timecount =0;
      cntb ++;
      if(cntb ==10)
        {
          cntb =0;
        }
    }
}
```

归纳总结

点阵显示的主程序流程图和显示流程图见图3－1－5和图3－1－6。

同一切能够显示图像的设备一样，LED点阵显示屏也需要一定的数据刷新率。实践证明，只有不低于50帧/秒，人眼才感觉不到闪烁。所以，由人的视觉暂留效应决定，设计要求每秒最低扫描LED屏50次。

另外，LED具有一定的响应时间和余晖效应，如果给它的电平持续时间很短，例如1μs将不能充分将其点亮，一般要求电平持续时间是1ms。当LED点亮后撤掉电平，它不会立即熄灭。这样从左到右扫描完一帧，看起来就是同时亮的。

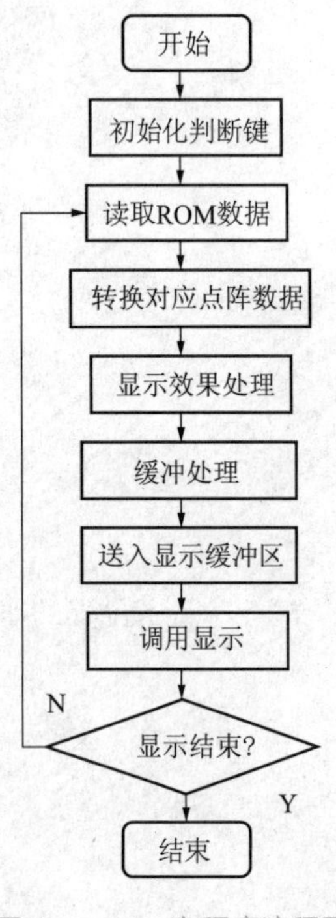

图3－1－5　主程序流程图

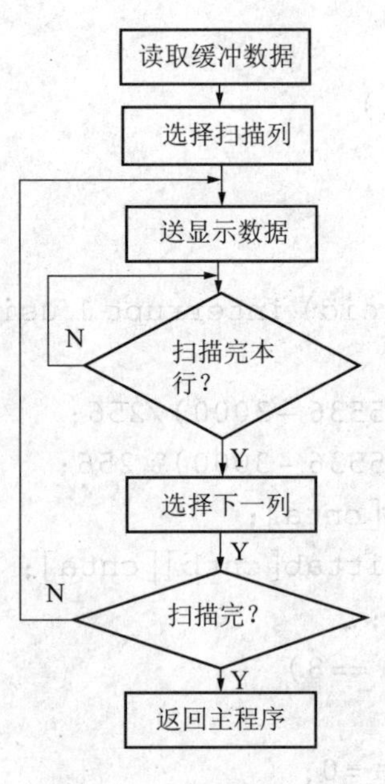

图3－1－6　显示流程图

拓展提高

在8×8LED点阵上显示柱形，首先让其从左到右平滑移动三次，其次从右到左平滑移动三次，再次从上到下平滑移动三次，最后从下到上平滑移动三次，如此循环下去。

1. 程序设计内容

8×8点阵共需要64个发光二极管组成，且每个发光二极管是放置在行线和列线的交叉点上，当对应的某一列置高电平，某一行置低电平，则相应的二极管就亮。因此要实现一根柱形的亮法，则应使对应的一列为一根竖柱，或者对应的一行为一根横柱。实现柱亮的方法如下所述：

一根竖柱：对应的列置1，而行则采用扫描的方法来实现。

一根横柱：对应的行置0，而列则采用扫描的方法来实现。

2. 硬件系统连线

（1）用电子连线将电源模块上的5V电源引到所用模块的5V电源输入端。确保主机模块上的EA选择开关在1的位置。

（2）将在线下载器的IDC10插头插到主机模块的在线下载接口上，连接下载器到电脑上。确认连接无误后接通电源。

（3）将主机模块P0.0～P0.7口接到显示模块的数据总线DB0～DB7上。

P2.0——ROW0　　P2.1——ROW1　　P2.2——COL0

P2.3——COL1　　P2.4——COL2　　P2.5——COL3

3. C语言源程序

```
#include <AT89X52.H>
unsigned char code taba[]={0xfe,0xfd,0xfb,0xf7,0xef,0xdf,0xbf,0x7f};
unsigned char code tabb[]={0x01,0x02,0x04,0x08,0x10,0x20,0x40,0x80};
void delay(void)
{
  unsigned char i,j;
  for(i=10;i>0;i--)
  for(j=248;j>0;j--);
}
void delay1(void)
{
  unsigned char i,j,k;
  for(k=10;k>0;k--)
  for(i=20;i>0;i--)
  for(j=248;j>0;j--);
}
void main(void)
{
  unsigned char i,j;
  while(1)
    {
      for(j=0;j<3;j++)  //从左到右3次
        {
          for(i=0;i<8;i++)
            {
              P3=taba[i];
```

```
            P1 =0xff;
            delay1();
          }
      }
  for(j =0;j <3;j ++)  //从右到左3 次
      {
      for(i =0;i <8;i ++)
        {
          P3 =taba[7 -i];
          P1 =0xff;
          delay1();
        }
    }
for(j =0;j <3;j ++)  //从上到下3 次
    {
      for(i =0;i <8;i ++)
        {
          P3 =0x00;
          P1 =tabb[7 -i];
          delay1();
        }
    }
for(j =0;j <3;j ++)  //从下到上3 次
    {
      for(i =0;i <8;i ++)
        {
          P3 =0x00;
          P1 =tabb[i];
          delay1();
        }
      }
    }
}
```

任务2 数模及模数转换控制

任务描述

将模拟信号通过 A/D 转换器（ADC0809 芯片）转换成数字信号，传送给单片机；将单片机输出的数字信号传送给 D/A 转换器（DAC0832 芯片），转换成模拟信号。

任务分析

1. 任务目的

（1）熟悉 AD 转换的工作原理，了解 AD 转换器 ADC0809 芯片的工作原理，并能用单片机的 I/O 口根据 ADC 芯片的工作时序编写控制程序。

（2）熟悉 DA 转换器 DAC0832 芯片的工作原理，并能用单片机的 I/O 口根据 DAC 芯片的工作时序编写控制程序。

2. 实训设备

①MCU01 主机模块；
②MCU02 电源模块；
③MCU07ADC/DAC 模块；
④SL－USBISP－A 在线下载器；
⑤电子连接线若干。

知识准备

ADC0809 是带有 8 位 A/D 转换器、8 路多路开关以及与微处理机兼容的控制逻辑的 CMOS 组件。它是逐次逼近式 A/D 转换器，可以和单片机直接接口，其接口电路如图 3－2－1所示。

1. ADC0809 的内部逻辑结构

ADC0809 芯片实物图及内部逻辑结构图如图 3－2－2、图 3－2－3 所示。

（1）组成：ADC0809 由一个 8 路模拟开关、一个地址锁存与译码器、一个 A/D 转换器和一个三态输出锁存器组成。

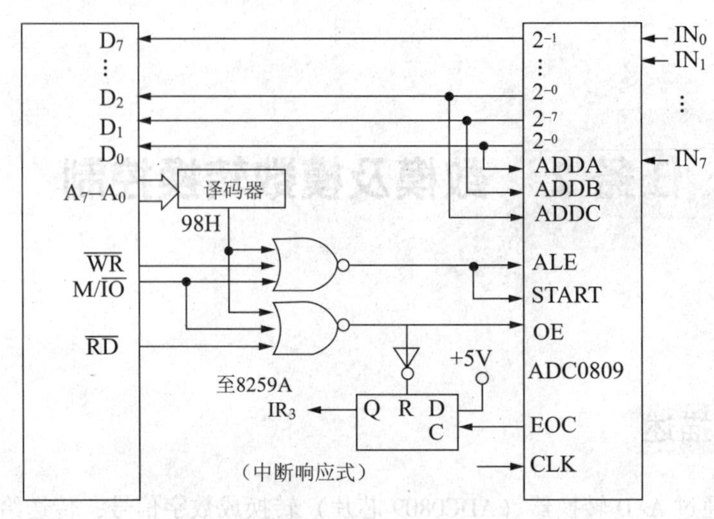

图3-2-1　ADC0809与AT89S52接口电路

（2）控制过程：多路开关可选通8个模拟通道，允许8路模拟量分时输入，共用A/D转换器进行转换。三态输出锁存器用于锁存A/D转换完的数字量，当OE端为高电平时，才可以从三态输出锁存器取走转换完的数据。

图3-2-2　ADC0809芯片实物图

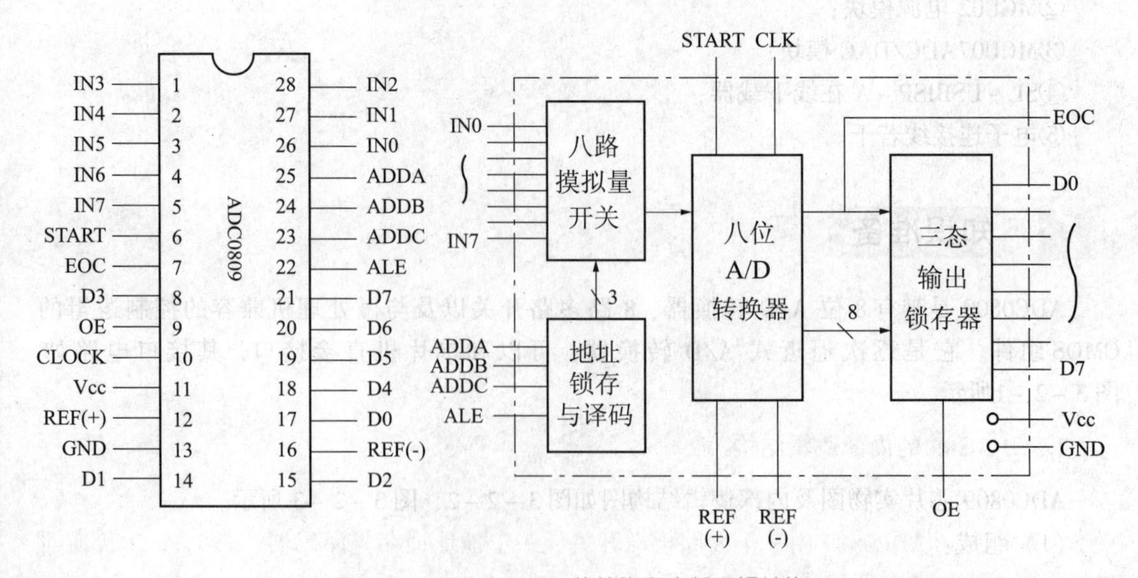

图3-2-3　ADC0809的管脚和内部逻辑结构

2. ADC0809 的地址输入、数据输出、控制及时钟信号线

1）地址输入和4条信号控制线

ALE 为地址锁存允许输入线，高电平有效。当 ALE 线为高电平时，地址锁存与译码器将 A，B，C 三条地址线的地址信号进行锁存，经译码后被选中的通道的模拟量进转换器进行转换。A、B 和 C 为地址输入线，用于选通 IN0 ~ IN7 上的一路模拟量输入。（见表3－2－1）

表3－2－1　地址状态与通道相对应的关系表

选择的通道数	IN0	IN1	IN2	IN3	IN4	IN5	IN6	IN7
C	0	0	0	0	1	1	1	1
B	0	0	1	1	0	0	1	1
A	0	1	0	1	0	1	0	1

2）11条数字量输出及控制线

ST 为转换启动信号：当 ST 上跳沿时，所有内部寄存器清零；下跳沿时，开始进行 A/D 转换，在转换期间，ST 应保持低电平。EOC 为转换结束信号：当 EOC 为高电平时，表明转换结束；否则，表明正在进行 A/D 转换。OE 为输出允许信号，用于控制三态输出锁存器向单片机输出转换得到的数据：OE = 1，输出转换得到的数据；OE = 0，输出数据线呈高阻状态。D7 ~ D0 为数字量输出线。

3）时钟信号线

CLK 为时钟输入信号线。因 ADC0809 的内部没有时钟电路，所需时钟信号必须由外界提供，通常时钟频率为 500kHz。

3. ADC0809 应用说明

（1）ADC0809 内部带有输出锁存器，可以与 AT89S52 单片机直接相连。

（2）初始化时，使 ST 和 OE 信号全为低电平。

（3）送要转换的那一通道的地址到 A、B、C 端口上。

（4）在 ST 端给出一个至少有 100ns 宽的正脉冲信号。

（5）是否转换完毕，根据 EOC 信号来判断。

（6）当 EOC 变为高电平时，这时给 OE 高电平，转换的数据就输出给单片机了。

4. ADC0809 的工作过程

ADC0809 的工作过程是：首先输入3位地址，并使 ALE = 1，将地址存入地址锁存器中。此地址经译码由8路模拟量输入通道之一到比较器。START 上升沿将逐次逼近寄存器复位，下降沿启动 A/D 转换。之后 EOC 输出信号变低，指示转换正在进行，直到 A/D 转换完成，EOC 变为高电平，指示 A/D 转换结束，结果数据已存入锁存器，这个信号可用作中断申请。当 OE 输入高电平时，输出三态门打开，转换结果的数字量输出到数据总线上。

ADC0809 对输入模拟量要求：信号单极性，电压范围是 0 ~ 5V，若信号太小，必须进行放大；输入的模拟量在转换过程中应该保持不变，如若模拟量变化太快，则需在输入前增加采样保持电路。

任务实施

1. 实验任务

从 ADC0809 的通道 IN3 输入 0～5V 之间的模拟量，通过 ADC0809 转换成数字量在数码管上以十进制形式显示出来。ADC0809 的 VREF 接 +5V 电压。

2. 电路原理图（见图 3-2-4）

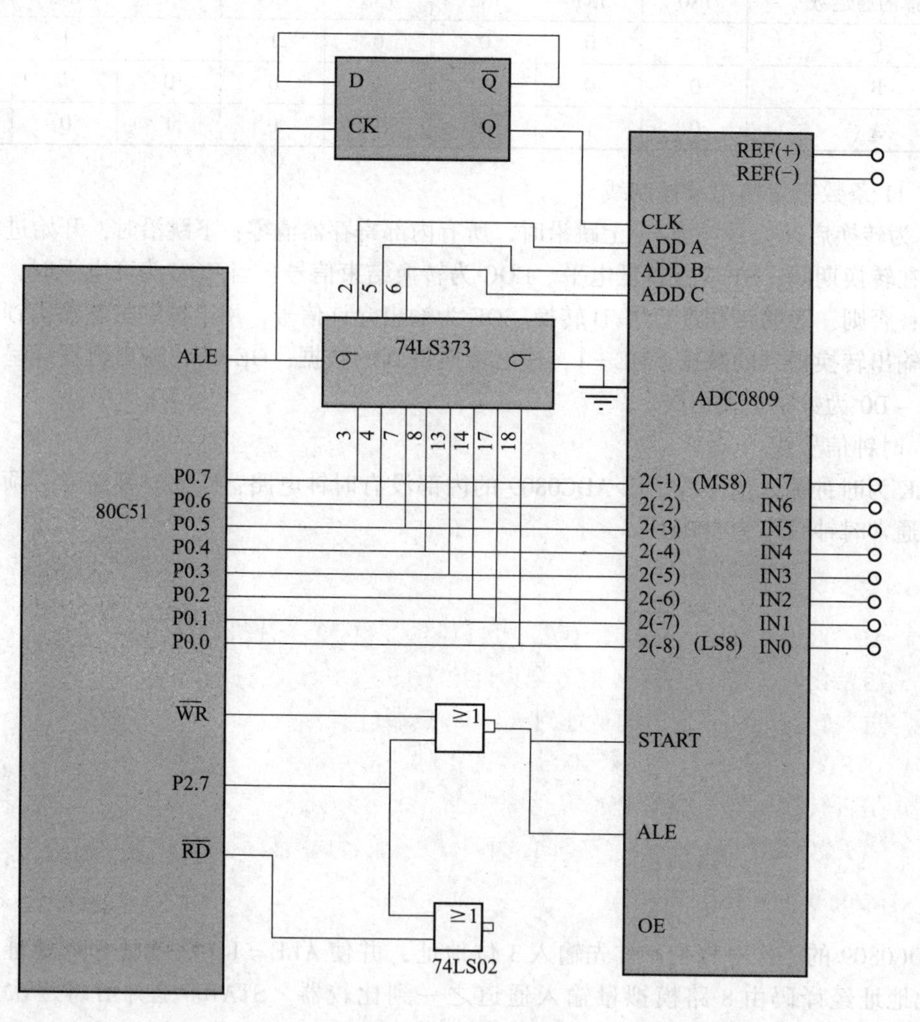

图 3-2-4　ADC0809 连接图

单片机系统板上硬件连线

（1）把“单片机系统板”区域中 P1 端口的 P1.0～P1.7 用 8 芯排线连接到“动态数码显示”区域中的 A、B、C、D、E、F、G、H 端口上，作为数码管的笔段驱动。

（2）把“单片机系统板”区域中 P2 端口的 P2.0～P2.7 用 8 芯排线连接到“动态数码显示”区域中的 S1、S2、S3、S4、S5、S6、S7、S8 端口上，作为数码管的位段选择。

（3）把“单片机系统板”区域中 P0 端口的 P0.0～P0.7 用 8 芯排线连接到“模数转换

模块”区域中的D0、D1、D2、D3、D4、D5、D6、D7端口上，A/D转换完毕的数据输入到单片机的P0端口。

（4）把“模数转换模块”区域中的VREF端子用导线连接到“电源模块”区域中的VCC端子上。

（5）把“模数转换模块”区域中的A2、A1、A0端子用导线连接到“单片机系统”区域中的P3.4、P3.5、P3.6端子上。

（6）把“模数转换模块”区域中的ST端子用导线连接到“单片机系统”区域中的P3.0端子上。

（7）把“模数转换模块”区域中的OE端子用导线连接到“单片机系统”区域中的P3.1端子上。

（8）把“模数转换模块”区域中的EOC端子用导线连接到“单片机系统”区域中的P3.2端子上。

（9）把“模数转换模块”区域中的CLK端子用导线连接到“分频模块”区域中的P3.4端子上。

（10）把“分频模块”区域中的CK IN端子用导线连接到“单片机系统”区域中的ALE端子上。

（11）把“模数转换模块”区域中的IN3端子用导线连接到“三路可调压模块”区域中的VR1端子上。

3. 程序设计

（1）进行A/D转换时，采用查询EOC的标志信号来检测A/D转换是否完毕，若完毕则把数据通过P0端口读入，经过数据处理之后在数码管上显示。

（2）进行A/D转换之前，要启动转换的方法：ABC=110，选择第三通道。当执行ST=0，ST=1，ST=0时产生启动转换的正脉冲信号（ST接P3.0口）。

C语言源程序

```
#include <AT89S52.h>
unsigned char code dispbitcode[] = {0xfe,0xfd,0xfb,0xf7,
  0xef,0xdf,0xbf,0x7f};
unsigned char code dispcode[] = {0x3f,0x06,0x5b,0x4f,0x66,
0x6d,0x7d,0x07,0x7f,0x6f,0x00};
unsigned char dispbuf[8] = {10,10,10,10,10,0,0,0};
unsigned char dispcount;
sbit ST = P3^0;
sbit OE = P3^1;
sbit EOC = P3^2;
unsigned char channel = xbc;//IN3
unsigned char getdata;
void main(void)
{
TMOD = 0x01;
```

```
TH0 =(65536 -4000)/256;
TL0 =(65536 -4000)% 256;
TR0 =1;
ET0 =1;
EA =1;
P3 = channel;
while(1)
{
ST =0;
ST =1;
ST =0;
while(EOC ==0);
OE =1;
getdata = P0;
OE =0;
dispbuf[2] =getdata/100;
getdata =getdata% 10;
dispbuf[1] =getdata/10;
dispbuf[0] =getdata% 10;
}
}
void t0(void) interrupt 1 using 0
{
TH0 =(65536 -4000)/256;
TL0 =(65536 -4000)% 256;
P1 =dispcode[dispbuf[dispcount]];
P2 =dispbitcode[dispcount];
dispcount ++;
if(dispcount ==8)
{
dispcount =0;
}
```

归纳总结

ADC0809 由一个 8 路模拟开关、一个地址锁存与译码器、一个 A/D 转换器和一个三态输出锁存器组成。多路开关可选通 8 个模拟通道，允许 8 路模拟量分时输入，共用 A/D 转换器进行转换。三态输出锁存器用于锁存 A/D 转换完的数字量，当 OE 端为高电平时，才可以从三态输出锁存器取走转换完的数据。

拓展提高

```
ADC0809 输入电压转成 LED 灯显示程序
/*****************************************
AD 转换程序
P0 口显示
P1 口接 AD
*****************************************/
#include <at89x52.h>
#define uint unsigned int
#define uchar unsigned char
#define alestart  P2_0
#define oe  P2_1
#define eoc  P2_2
#define cp  P2_3
#define px  P2_6
#define dm  P2_7
#define clk  P3_6
uchar code seg_data[] = {0xc0,0xf9,0xa4,0xb0,0x99,0x92,0x82,0xf8,0x80,
0x90};
uchar code seg_scan[] = {0xfe,0xfd,0xfb,0xf7,0xef,0xdf,0xbf,0x7f};
uchar zh_data[] = {0,0,0,0,0,0,0,0};
void delay(uint z)
  {uint x,y;
    for(y=0;y<z;y++)
      for(x=0;x<120;x++);
    }
void bh(uchar m)
  {zh_data[0] =m/100;
  zh_data[1] =(m/10)%10;
  zh_data[2] =m%10;
  }
void seg_disp(uint m)
{P0 =seg_scan[m];
px =0;
clk =0;
clk =1;
```

```
px =1;
P0 =seg_data[zh_data[m]];
dm =0;
clk =0;
clk =1;
dm =1;
delay(1);
P0 =0xff;
px =0;
dm =0;
clk =0;
clk =1;
px =1;
dm =1;
  }
uchar adcc()
  {uint i,j;
  uchar k;
  alestart =0;
  delay(1);
  alestart =1;
  delay(1);
  alestart =0;
for(j =0;j <35;j ++)
  for(i =0;i <3;i ++)
  seg_disp(i);
while(! eoc)
  for(i =0;i <3;i ++)
  seg_disp(i);
  oe =1;
  oe =1;
  oe =1;
  k = P1;
  oe =0;
  return k;
}
void main()
{uint i,j;
  uchar adc_data;
  TMOD =0x02;
```

```
  TH0 =0xcd;
  TL0 =0xcd;
  IE =0x82;
  alestart =1;
  oe =1;
  eoc =1;
  TR0 =1;
  while(1)

    {adc_data =adcc();
    bh(adc_data);
    for(j =0;j <35;j ++)
      for(i =0;i <3;i ++)
      seg_disp(i);
          }
  }
void time0() interrupt 1
  {cp = ~cp;
  }
```

任务3　LM35温度传感器信号采集实现

任务描述

本任务为调式温度传感器LM35与单片机AT89C52的温度测量系统。该系统的温度测量范围为0℃~99℃，可以精确到一位小数，适用于工业场合及日常生活中。

任务分析

LM35系列是一种电压输出型的集成温度传感器，它们的输出电压与摄氏温度线性成比例，因而LM35优于用开尔文标准的线性温度传感器，LM35无须外部校准或微调就可提供±1/4℃的精度，在-55℃~+150℃温度范围内为±3/4℃，LM35的额定工作温度范围为-55℃~+150℃；LM35C可工作在-40℃~+110℃之间。

1. 任务目的

了解 LM35 精密温度传感器的工作原理，掌握其使用方法。并能通过 ADC 芯片进行一个温度采集系统的设计。

2. 实训设备

①MCU01 主机模块；
②MCU02 电源模块；
③MCU04 显示模块；
④MCU07ADC/DAC 模块；
⑤MCU13 温度传感器模块 ；
⑥SL－USBISP－A 在线下载器；
⑦电子连接线若干。

知识准备

本任务介绍了一种温度传感器选用 LM35、单片机选用 AT89C52 的温度测量系统。该系统的温度测量范围为 0℃～99℃，可以精确到一位小数，可适用于工业场合及日常生活中。

1. LM35

集成温度传感器 LM35 的灵敏度为 10mV/℃，即温度为 10℃时，输出电压为 10mV。常温下测温精度为 ±0.5℃以内。在规定的电压范围以内，芯片从电源吸收的电流几乎是不变的（约 50μA），所以芯片自身几乎没有散热的问题。自身发热对测量精度影响也只在 0.1℃以内。这么小的电流也使得该芯片在某些场合中特别适合，比如在电池供电的场合中。

采用 4V 以上单电源供电时，测量温度范围为 2℃～150℃；而采用双电源供电时，测量温度范围可为负值，金属壳封装为－55℃～＋150℃，T092 封装为－40℃～＋110℃，无须进行调整。

目前有两种后缀的 LM35 可以提供使用。LM35DZ 输入为 0℃～100℃，而 LM35CZ 测温范围可覆盖－40℃～110℃，且精度更高，两种芯片的精度都比 LM335 高，不过价格也稍高。

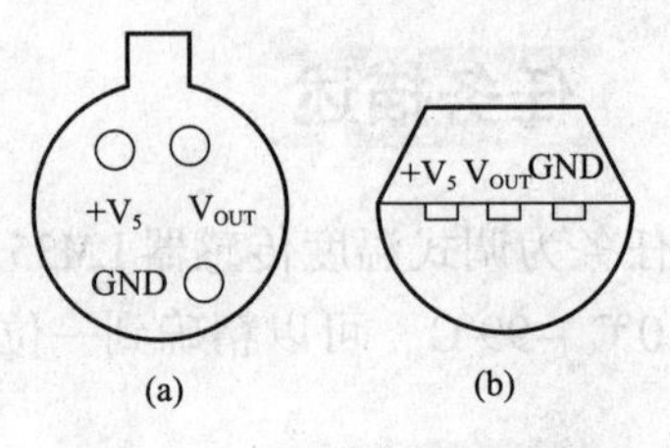

图 3－3－1　LM35 引脚俯视图及封装（TO－46、TO－92）

（a）TO－46 金属圆壳封装；（b）TO－92 塑料封装

2. 封装及引脚

LM35 系列适合用密封的 TO－46 晶体管封装，而 LM35C 适合塑料 TO－92 晶体管封装（参见图 3－3－1）。

3. LM35 的特点（见表 3－3－1）

表3－3－1 LM35的特点

序号	LM35性能特点
1	直接用摄氏温度校准
2	线性＋10.0mV/℃
3	保证0.5℃精度（在＋25℃时）
4	－55℃～＋150℃额定范围
5	直接输出电压信号
6	内部已精密微调
7	电源电压宽（4～30V）
8	小于60μA的工作电流
9	较低自热，在静止空气中0.1℃
10	只有±1/4℃的非线性值
11	低阻抗输出，1mA负载时0.1Ω

4. LM35系统结构

本测温系统由温度传感器电路、信号放大电路、A/D转换电路、单片机系统、温度显示系统构成。其基本工作原理为：温度传感器电路将测量到的温度信号转换成电压信号输出到信号放大电路，与温度值对应的电压信号经放大后输出至A/D转换电路，把电压信号转换成数字量送给单片机系统，单片机系统根据显示需要对数字量进行处理，再送温度显示系统进行显示。LM35系统连接图见图3－3－2所示。

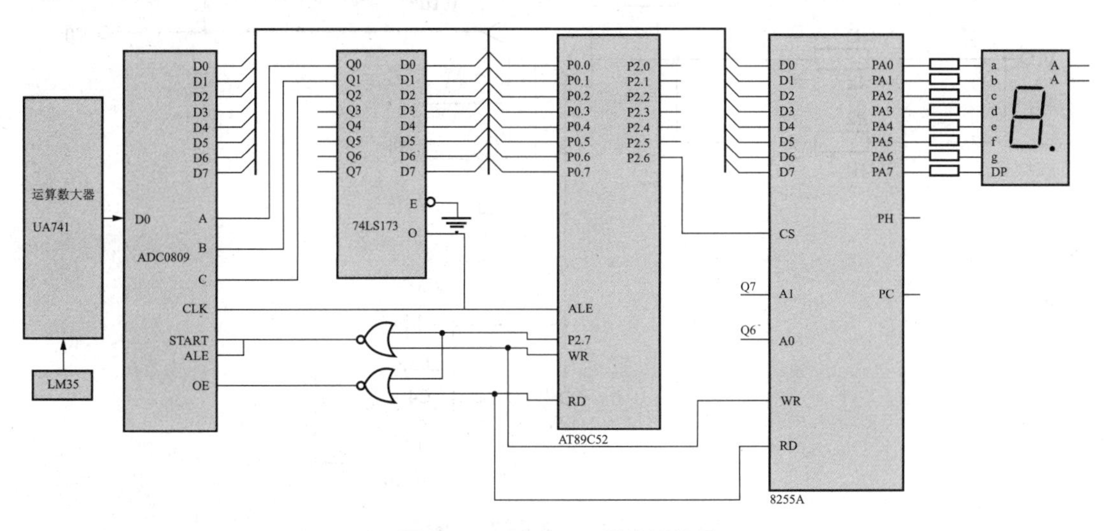

图3－3－2 LM35系统连接图

5. 温度传感器电路

温度传感器采用的是 NS 公司生产的 LM35，它具有很高的工作精度和较宽的线性工作范围，它的输出电压与摄氏温度线性成比例，且无须外部校准或微调，可以提供 ±1/4℃的常用的室温精度。

LM35 的输出电压与摄氏温度的线性关系：0℃时输出为 0 V，每升高 1℃，输出电压增加 10 mV。其电源供应模式有单电源与正负双电源两种：正负双电源的供电模式可提供负温度的测量，单电源模式在 25℃下电流约为 50mA，非常省电。本系统采用的是单电源模式。

6. 信号放大电路

由于温度传感器 LM35 输出的电压范围为 0 ~ 0. 99 V，虽然该电压范围在 A/D 转换器的输入允许电压范围内，但该电压信号较弱，如果不进行放大直接进行 A/D 转换则会导致转换成的数字量太小、精度低。系统中选用通用型放大器 uA741 对 LM35 输出的电压信号进行幅度放大，还可对其进行阻抗匹配、波形变换、噪声抑制等处理。系统采取同相输入，电压放大倍数为 5 倍，电路图如图 3 – 3 – 3 所示。

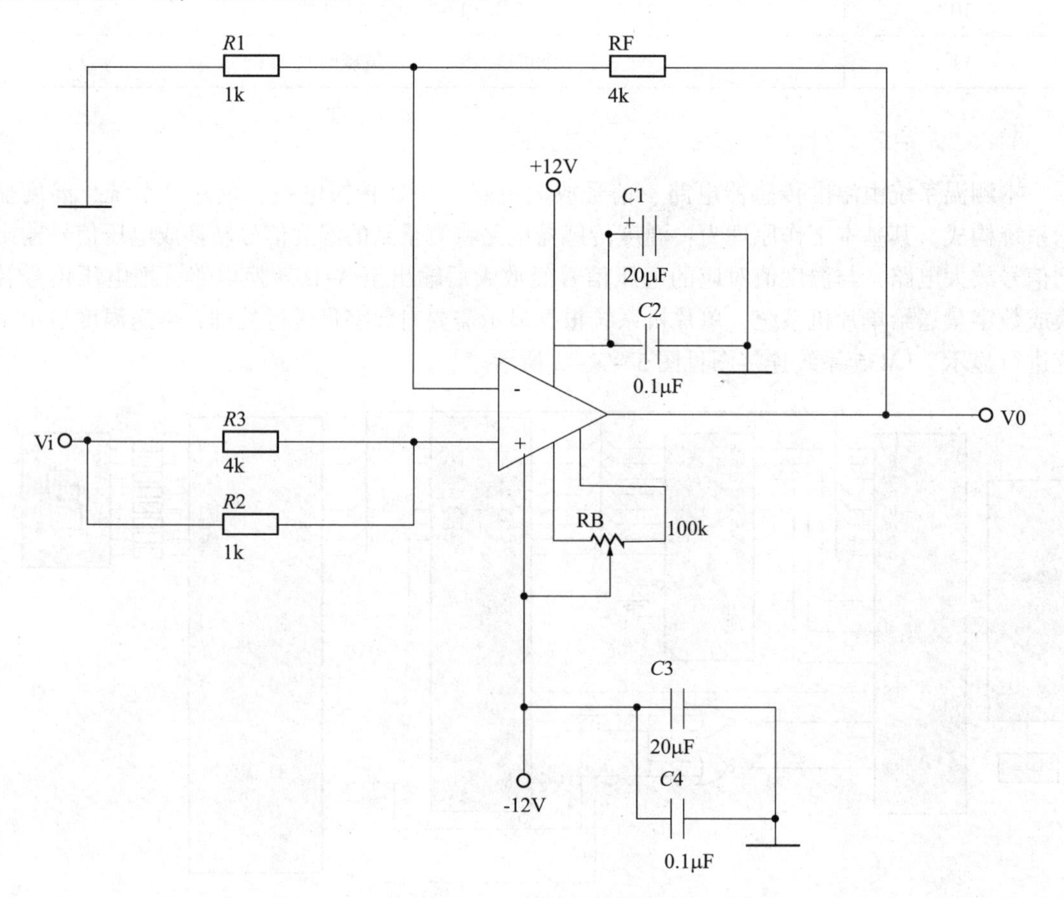

图 3 – 3 – 3　信号放大电路

7. A/D 转换电路

A/D 转换电路选用 8 位 AD 转换器 ADC0809。ADC0809 是 CMOS 单片型逐次逼近式 A/D 转换器，可处理 8 路模拟量输入，且有三态输出能力。运算放大器的输出电压，送入 ADC0809 的模拟通道 IN0。单片机 AT89C52 控制 ADC0809 开始转换、延时等待 A/D 转换结束以及读出转换好的 8 位数字量，送至单片机进行处理。

8. 单片机系统

单片机选用的是 Atmel 公司的 AT89C52，主要完成对 A/D 转换电路的控制、对转换后的数字量的处理以及对显示模块的控制，并且为 ADC0809 提供工作时钟。同时 AT89C52 外接锁存器 74LS373，对 AT89C52 的 P0 口的地址信号进行锁存。74LS373 的 Q2、Q1、Q0 接 ADC0809 的 C、B、A，实现对模拟通道的选择。AT89C52 的晶振选择 3MHz，则其 ALE 引脚的输出频率为 0.5MHz，小于 ADC0809 的时钟频率最高值 640kHz，正好为其提供工作时钟。

9. 温度显示系统

该温度显示系统较为简单，由可编程并行输入输出芯片 8255A 的 A、B、C 端口外接 3 个 8 段 LED 显示器来实现。AT89C52 的 P2.6 为 8255 提供片选信号，74LS373 的 Q7、Q6 接 8255 的 A1、A0，可得到 8255 的 A、B、C 及控制口的地址为 BF3FH、BF7FH、BFBFH、BFFFH。AT89C52 处理好的温度数据输出至 8255，并由 AT89C52 对 8255 编程控制其 A、B、C 端口输出高电平或低电平，以便从 8 段 LED 显示器显示实际温度。8 段 LED 显示器选用共阳极，8255 的 A、B、C 端口与 8 段 LED 显示器之间接限流电阻，PA、PB、PC 口的接法类似。

任务实施

系统的软件部分采用模块化结构，主要由 A/D 转换模块、单片机内部数据处理模块、温度显示模块等三部分构成，便于修改和维护。

1. A/D 转换模块

根据测量系统要求不同以及单片机的忙闲程度，通常可采用 3 种软件编程方式：程序查询方式、延时方式和中断方式，本系统采用延时方式。延时程序实际上是无条件传送 I/O 方式，当向 A/D 转换器发出启动命令后，即进行软件延时，延时时间稍大于进行一次 A/D 转换所需要的时间，之后打开 A/D 转换器的输出缓冲器读数即为转换好的数字量。A/D 转换时间为 64 个时钟周期，因为系统中 ADC0809 的工作时钟为 500kHz，故 A/D 转换时间为 128μs，延时时间可大致选择 160μs。

为了使采样数据更稳定可靠，系统还采用了取 8 次采样平均值的方法以消除干扰。

2. 单片机内部数据处理模块

系统通过 ADC0809 转换的数字量是与实际温度成正比的数字量，但系统最后显示的是实际温度值，因此需要对数据进行处理再通过 8255 输出到 LED 显示。

设所测温度值为 T，A/D 转换后的数字量为 x，则有：

$$V_{OUT}=0.01\times T$$

V_{OUT}为 LM35 的输出电压，即运放 uA741 的输入电压，uA741 的输出电压用 V_1 表示。因为 uA741 的放大倍数为 5，则有：

$$V_1=5\times V_{OUT}=0.05\times T$$

根据系统设置，温度传感器输出电压 0 ~ 5V 对应于转换后的数字量 0 ~ 255，则有：$0.05T/5=x/255$

可以近似写为：$0.05T/5=x/256$

这样除以 256 可通过把被除数右移 8 位来实现，编程较简单。由此可以得出 x 和 T 的关系：

$$T=100\times x/256$$

3. 温度显示模块

单片机处理好的温度数据通过 8255 的 3 个端口输出到 3 个 LED 上显示，8255 的 A、B、C 口的工作方式均设置为方式 0，为输出口。编程时只需分别从 40H、41H、42H 单元取数据送 A、B、C 口输出即可。

4. 由 LM35 组成的温度/电压变送器

LM35 系列的温度变送器能将量程范围内的温度值线性地转换为对应的电压值，图 3－3－4 是 LM35 系列的温度变送器与单片机的 A/D 转换连接电路原理图，图中温度范围是 －50.0℃ ~ 150.0℃，输出电压范围是 0.0 ~ 2.0V。

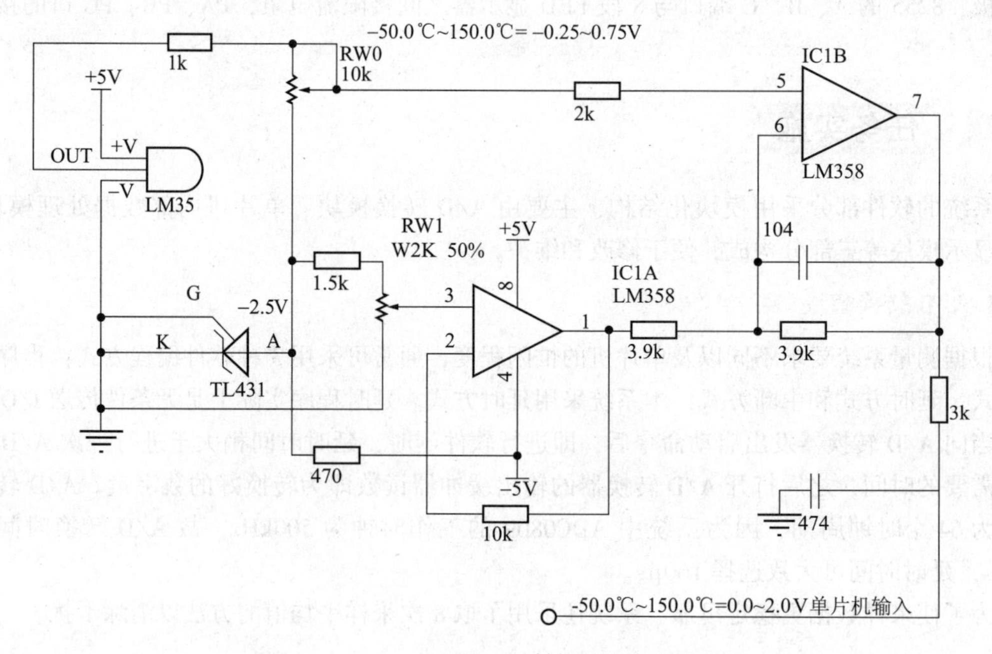

图 3－3－4　LM35 和 A/D 转换连接电路原理图

归纳总结

该测温系统经过多次测试，工作稳定可靠，有体积小、集成度高、灵敏度高、响应时间短、抗干扰能力强等特点。此外该系统成本低廉，器件均为常规元件，如稍加改动，该系统可以很方便地扩展为集温度测量、控制为一体的产品，具有一定工程应用价值。如对该系统进一步扩展，还可以实现利用 USB 协议标准与 PC 机进行数据通信，能够把监测到的温度值保存到 PC 机中。

拓展提高

由 LM35 和 LM131 组成的温度/频率转换电路其转换的范围是：输入端温度范围是 2.0℃ ~ 150.0℃，输出频率范围是 20 ~ 15 001Hz。该电路由 LM35 作为温度变送器，将温度信号变为电压信号，然后由电压频率变换器 LM131 将 LM35 送过来的电压信号变换为频率值。该电路可以直接与单片机相连，该电路的输出端连接了一个光电耦合器件 4N28，通过 4N28 的隔离措施，可以减少转换通道及电源对后级单片机的干扰。温度/频率转换电路如图 3 －3 －5 所示。

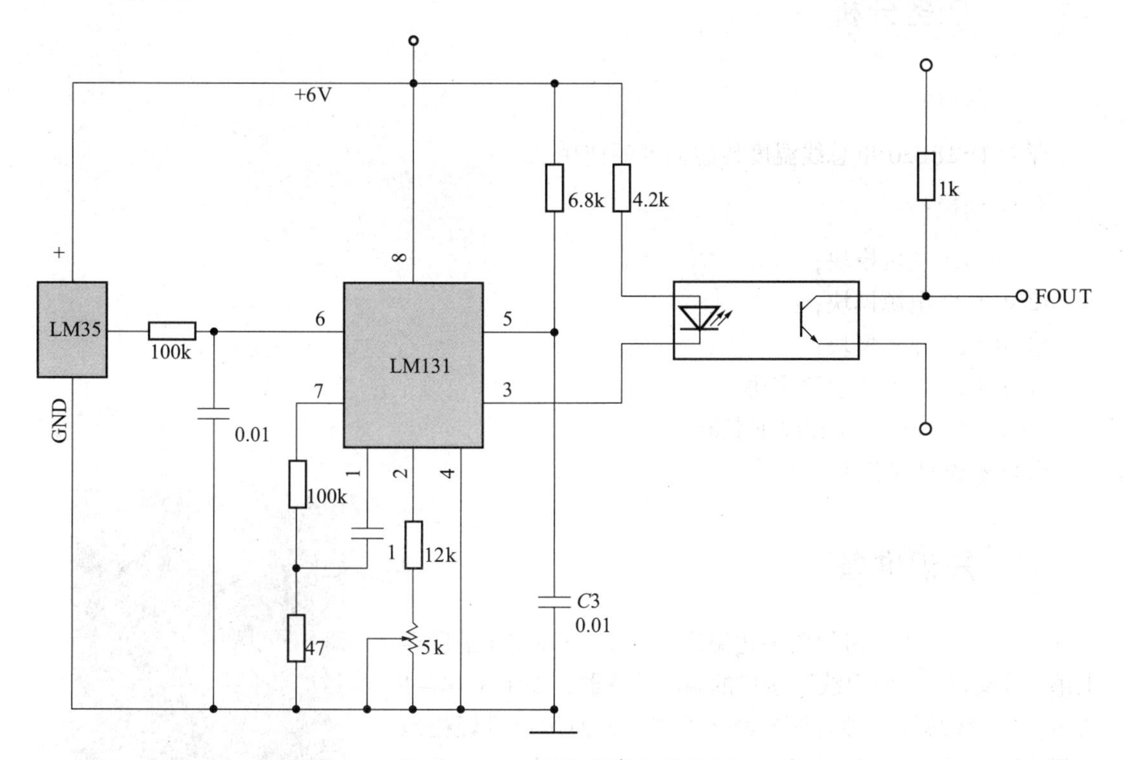

图 3 －3 －5　温度/频率转换电路

LM35 是一种高精度线性集成温度传感器，它测量范围宽，很容易将温度转换为电压、电流、频率等参数，与 DDZ－nl 型仪表及计算机的兼容性好，因此得到了广泛的应用。

任务 4 DS18B20单总线温度传感器信号采集实现

任务描述

在各类民用控制、工业控制以及航空航天技术领域，温度测量和温度控制得到了广泛使用。在很多工作场合，元器件工作温度指标达不到工业级或普军级温度要求，可以通过设计加温电路的办法得以解决。具有体积小、低功耗、可靠性高、低成本等优点的温度传感器已经越来越受到设计者的关注。

使用 DS18B20 进行单总线控制温度传感器信号采集。

任务分析

1. 任务目的

学习 DS18B20 单总线温度传感器件的使用。

2. 实训设备

①MCU01 主机模块；
②MCU02 电源模块；
③MCU04 显示模块；
④MCU13 温度传感器模块；
⑤SL - USBISP - A 在线下载器；
⑥电子连接线若干。

知识准备

Dallas 半导体公司的数字化温度传感器 DS18B20 是世界上第一片支持“一线总线”接口的温度传感器，如图 3 -4 -1 所示。“一线总线”独特而且经济的特点，使用户可轻松地组建传感器网络，为测量系统的构建引入全新概念。

图 3 -4 -1 温度传感器 DS18B20 实物图

1. DS18B20 的内部结构

DS18B20 内部结构主要由四部分组成：64 位光刻 ROM、温度传感器、非挥发的温度报警触发器 TH 和 TL、配置寄存器。DS18B20 的管脚排列如图 3-4-2 所示。

DQ 为数字信号输入/输出端；GND 为电源地；VDD 为外接供电电源输入端（在寄生电源接线方式时接地）。

DS18B20 中的温度传感器可完成对温度的测量，以 12 位转化为例：用 16 位符号扩展的二进制补码读数形式提供，以 0.0625℃/LSB 形式表达，其中 S 为符号位。（如表 3-4-1 所示）

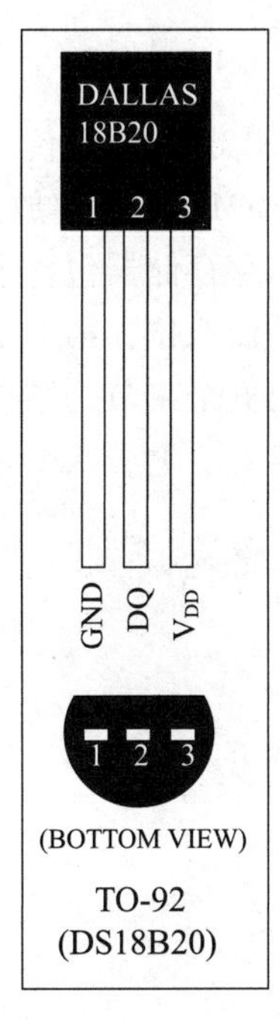

图 3-4-2　DS18B20 的管脚排列和封装

表 3-4-1　16 位符号扩展的二进制补码读数形式

	bit 7	bit 6	bit 5	bit 4	bit 3	bit 2	bit 1	bit 0
LS Byte	2^3	2^2	2^1	2^0	2^{-1}	2^{-2}	2^{-3}	2^{-4}
	bit 15	bit 14	bit 13	bit 12	bit 11	bit 10	bit 9	bit 8
MS Byte	S	S	S	S	S	S	S	S

这是 12 位转化后得到的 12 位数据，存储在 DS18B20 的两个 8 比特的 RAM 中，二进制中的前面 5 位是符号位，如果测得的温度大于 0℃，这 5 位为 0，只要将测到的数值乘以 0.0625 即可得到实际温度；如果温度小于 0℃，这 5 位为 1，测到的数值需要取反加 1 再乘以 0.0625 即可得到实际温度。

温度、二进制和十六进制对照表如表 3-4-2 所示。例如 +125℃ 的数字输出为 07D0H，+25.0625℃ 的数字输出为 0191H，-25.0625℃ 的数字输出为 FF6FH，-55℃ 的数字输出为 FC90H。

表 3-4-2　温度、二进制和十六进制对照表

TEMPERATURE	DIGITAL OUTPUT (Binary)	DIGITAL OUTPUT (Hex)
+125℃	0000 0111 1101 0000	07D0h
+85℃	0000 0101 0101 0000	0550h
+25.0625℃	0000 0001 1001 0001	0191h
+10.125℃	0000 0000 1010 0010	00A2h
+0.5℃	0000 0000 0000 1000	0008h
+0℃	0000 0000 0000 0000	0000h
-0.5℃	1111 1111 1111 1000	FFF8h
-10.125℃	1111 1111 0101 1110	FF5Eh
-25.0625℃	1111 1110 0110 1111	FE6Fh
-55℃	1111 1100 1001 0000	FC90h
* The power-on reset value of the temperature register is +85℃		

2. DS18B20 温度传感器的存储器

DS18B20 温度传感器的内部存储器包括一个高速暂存 RAM 和一个非易失性的可电擦除的 E^2RAM，后者存放高温度和低温度触发器 TH、TL 及结构寄存器。

暂存存储器包含了 8 个连续字节，前两个字节是测得的温度信息，第一个字节的内容是温度的低八位，第二个字节是温度的高八位。第三个和第四个字节是 TH、TL 的易失性拷贝，第五个字节是结构寄存器的易失性拷贝，这三个字节的内容在每一次上电复位时被刷新。第六、七、八个字节用于内部计算。第九个字节是冗余检验字节。（见表 3 -4 -3）

表 3 -4 -3　DS18B20 暂存寄存器分布

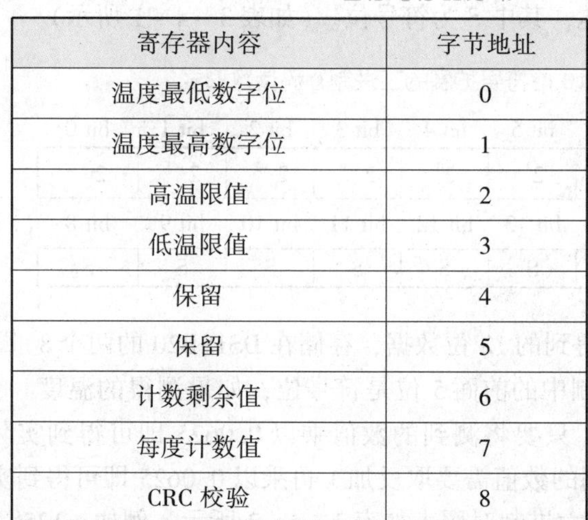

寄存器内容	字节地址
温度最低数字位	0
温度最高数字位	1
高温限值	2
低温限值	3
保留	4
保留	5
计数剩余值	6
每度计数值	7
CRC 校验	8

该字节各位的意义如下：

TM R1 R0 1 1 1 1 1

低五位一直都是 1 ，TM 是测试模式位，用于设置 DS18B20 在工作模式还是在测试模式。在 DS18B20 出厂时该位被置为 0，用户不要去改动。R1 和 R0 用来设置分辨率，如表 3 -4 -4所示。（DS18B20 出厂时被设置为 12 位）

表 3 -4 -4　分辨率设置表

R1	R0	分辨率/位	温度最大转换时间/ms
0	0	9	93. 75
0	1	10	187. 5
1	0	11	375
1	1	12	750

根据 DS18B20 的通信协议，主机控制 DS18B20 完成温度转换必须经过三个步骤：每一次读写之前都要对 DS18B20 进行复位，复位成功后发送一条 ROM 指令，最后发送 RAM 指令，这样才能对 DS18B20 进行预定的操作。复位要求主 CPU 将数据先下拉 500μs，然后释放，DS18B20 收到信号后等待 16 ~60μs 左右，后发出 60 ~240μs 的存在低脉冲，主 CPU 收到此信号表示复位成功，其指令、约定代码和功能参见表 3 -4 -5。

表3-4-5 指令、约定代码和功能对照表

指 令	约定代码	功 能
读 ROM	33H	读 DS18B20HOM 中的编码（即读 64 位地址）
符合 ROM	55H	发出此命令之后，接着发出 64 位 ROM 编码，访问单线总线上与该编码相对应的 DS18B20 使之作出响应，为下一步对该 DS18B20 的读写做准备。
搜索 ROM	OFOH	用于确定挂接在同一总线上 DS18B20 的个数和识别 64 位 ROM 地址。为操作各器件做好准备。
跳过 ROM	OCCH	忽略 64 位 ROM 地址。直接向 DS18B20 发湿度变换命令，适用于单片工作。
告警搜索命令	OECH	执行后，只有温度赶过设定值上限或下限的片子才做出响应。
温度变换	44H	启动 DS18B20 进行温度转换。转换时间最长为 500ms（典型为 200ms）。结果存入内部 9 字节 BAS 中
读暂存器	OBEH	读内部 RAM 中 9 字节的内容
写暂存器	4EH	发出向内部 RAM 的第 3、4 字节写上、下湿度数据命令，紧跟该命令之后，是传送两字节的数据
复制暂存器	48H	将 RAM 中第 3、4 节内容复制到 EMRAM 中。
重调 EPRAM	0B8H	将 EMRAM 中内容恢复到 RAM 中的第 3、4 字节。
读供电方式	0B4H	读 DS18B20 的供电模式。寄生俱电时 DS18B20 发送“0”。外接电源供电 DS18B20 发送“1”

3. DS18B20 使用中注意事项

DS18B20 虽然具有测温系统简单、测温精度高、连接方便、占用口线少等优点，但在实际应用中也应注意以下几方面的问题：

（1）较小的硬件开销需要相对复杂的软件进行补偿，由于 DS18B20 与微处理器间采用串行数据传送，因此，在对 DS18B20 进行读写编程时，必须严格地保证读写时序，否则将无法读取测温结果。在使用 PL/M、C 等高级语言进行系统程序设计时，对 DS18B20 操作部分最好采用汇编语言实现。

（2）在 DS18B20 的有关资料中均未提及单总线上所挂 DS18B20 数量问题，容易使人误认为可以挂任意多个 DS18B20，在实际应用中并非如此。当单总线上所挂 DS18B20 超过 8 个时，就需要解决微处理器的总线驱动问题，这一点在进行多点测温系统设计时要加以注意。

（3）连接 DS18B20 的总线电缆是有长度限制的。试验中，当采用普通信号电缆传输长度超过 50m 时，读取的测温数据将发生错误。当将总线电缆改为双绞线带屏蔽电缆时，正常通信距离可达 150m，当采用每米绞合次数更多的双绞线带屏蔽电缆时，正常通信距离进一步加长。这种情况主要是由总线分布电容使信号波形产生畸变造成的。因此，在用 DS1820 进行长距离测温系统设计时要充分考虑总线分布电容和阻抗匹配问题。

（4）在 DS18B20 测温程序设计中，向 DS18B20 发出温度转换命令后，程序总要等待 DS18B20 的返回信号，一旦某个 DS18B20 接触不好或断线，当程序读该 DS18B20 时，将没有返回信号，程序进入死循环。这一点在进行 DS18B20 硬件连接和软件设计时也要给予一定的重视。

测温电缆线建议采用屏蔽4芯双绞线，其中一对线接地线与信号线，另一组接VCC和地线，屏蔽层在源端单点接地。

任务实施

（1）初始化。
（2）ROM操作命令。
（3）存储器操作命令。
（4）处理数据。
DS18B20温度传感器C51程序：

```
/*****************************************************
* DS18B20 温度传感器                              *
*        C51                                           *
                                                    *
*****************************************************/
#include <reg51.h">
#include <intrins.h>
#include <DS18B20.h>

/*****************************************************
* us 延时程序                                          *
*****************************************************/
void Delayus(uchar us)
{
   while(us--); //12M,一次6μs,加进入退出14μs(8M晶振,一次9μs)
}

/*****************************************************
* DS18B20 初始化                                   *
*****************************************************/
bit Ds18b20_Init(void) //存在返0,否则返1
{
bit temp = 1;
uchar outtime = ReDetectTime; //超时时间
while(outtime-- && temp)
{
 Delayus(10); //(250)1514μs
 ReleaseDQ();
```

```
  Delay2us();
  PullDownDQ();
  Delayus(100); //614μs(480 -960)
  ReleaseDQ();
  Delayus(10); //73μs( >60)
  temp = dq;
  Delayus(70); //μs
}
return temp;
}
/*******************************************************
* 写 bit2DS18B20                                        *
*******************************************************/
void Ds18b20_WriteBit(bit bitdata)
{
if(bitdata)
{
  PullDownDQ();
  Delay2us();    //2μs( >1μs)
  ReleaseDQ(); //(上述1 -15)
  Delayus(12); //86μs(45 - x,总时间 >60)
}else
{
  PullDownDQ();
  Delayus(12); //86μs(60 -120)
}
ReleaseDQ();
Delay2us();    //2μs( >1μs)
}
/*******************************************************
* 写 Byte DS18B20                                       *
*******************************************************/
void Ds18b20_WriteByte(uchar chrdata)
{
uchar ii;
for(ii = 0; ii < 8; ii ++)
{
  Ds18b20_WriteBit(chrdata & 0x01);
  chrdata 》= 1;
```

```
}
}
/*****************************************************
* 写 DS18B20                                     *
*****************************************************/
//void Ds18b20_Write(uchar *p_readdata, uchar bytes)
//{
// while(bytes--)
// {
//   Ds18b20_WriteByte(*p_readdata);
//   p_readdata++;
// }
//}

/*****************************************************
* 从 Ds18b20 读位                              *
*****************************************************/
bit Ds18b20_ReadBit(void)
{
bit bitdata;
PullDownDQ();
Delay2us();   //2μs( >1μs)
ReleaseDQ();
Delay8us();   //8μs( <15μs)
bitdata = dq;
Delayus(7); //86μs(上述总时间要 >60μs)
return bitdata;
}

/*****************************************************
* 从 Ds18b20 读字节                                 *
*****************************************************/
uchar Ds18b20_ReadByte(void)
{
uchar ii,chardata;
for(ii = 0; ii < 8; ii++)
{
  chardata >>= 1;
  if(Ds18b20_ReadBit()) chardata |= 0x80;
```

```
}
return chardata;
}

/*****************************************************
* 读 DS18B20 ROM                                    *
*****************************************************/
bit Ds18b20_ReadRom(uchar *p_readdata) //成功返0,失败返1
{
uchar ii = 8;
if(Ds18b20_Init()) return 1;
Ds18b20_WriteByte(ReadROM);
while(ii--)
{
  *p_readdata = Ds18b20_ReadByte();
  p_readdata++;
}
return 0;
}

/*****************************************************
* 读 DS18B20 EE                                     *
*****************************************************/
bit Ds18b20_ReadEE(uchar *p_readdata) //成功返0,失败返1
{
uchar ii = 2;
if(Ds18b20_Init()) return 1;
Ds18b20_WriteByte(SkipROM);
Ds18b20_WriteByte(ReadScr);
while(ii--)
{
  *p_readdata = Ds18b20_ReadByte();
  p_readdata++;
}
return 0;
}

/*****************************************************
* 温度采集计算                                        *
```

```
*********************************************************/
bit TempCal(float *p_wendu) //成功返0,失败返1 (温度范围 -55℃~ +128℃)
{
uchar temp[9],ii;
uint tmp;
float tmpwendu;
TR1 = 0;
TR0 = 0;
//读暂存器和CRC值
if(Ds18b20_ReadEE(temp))
{
TR1 = 1;
TR0 = 1;
return 1;
}
//
      //CRC校验
//
//此处应加入CRC校验等
//
//
//————————————————————

//使温度值写入相应的wendu[i]数组中
for(ii = i; ii > 0; ii --)
{
  p_wendu ++;
}
i ++;
if(i > 4) i = 0;
//
//
//温度正负数处理


//


//温度计算
tmp = temp[1];//
```

```
tmp < < = 8;//
tmp |= temp[0];   //组成温度的两字节合并
tmpwendu = tmp;
*p_wendu = tmpwendu /16;
//

//开始温度转换
if(Ds18b20_Init())
{
  TR1 = 1;
  TR0 = 1;
  return 1;
}
Ds18b20_WriteByte(SkipROM);
Ds18b20_WriteByte(Convert);
ReleaseDQ(); //寄生电源时要拉高 DQ
//
TR1 = 1;
TR0 = 1;
return 0;
}
//////////DS18B20.h
/*****************************************************
* I/O 口定义                                          *
*****************************************************/
sbit dq = P1^3;
sbit dv = P1^4; //DS18B20 强上拉电源

/*****************************************************
* 命令字定义                                          *
*****************************************************/
#define uchar unsigned char
#define uint unsigned int

#define ReleaseDQ()   dq = 1;   //上拉释放总线
#define PullDownDQ() dq = 0;   //下拉总线
#define Delay2us()   _nop_();_nop_(); //延时2μs,每 nop 1μs
#define Delay8us()   _nop_();_nop_();_nop_();_nop_();_nop_();_nop_();
```

```
_nop_();_nop_();
//设置重复检测次次数,超出次数则超时
#define    ReDetectTime    20

//ds18b20 命令
#define     SkipROM      0xCC
#define     MatchROM     0x55
#define     ReadROM      0x33
#define     SearchROM    0xF0
#define     AlarmSearch  0xEC
#define     Convert      0x44
#define     WriteScr     0x4E
#define     ReadScr      0xBE
#define     CopyScr      0x48
#define     RecallEE     0xB8
#define     ReadPower    0xB4

/*******************************************************
* 函数                                                  *
*******************************************************/
void Delayus(uchar us);
//void Dog(void);
bit Ds18b20_Init(void); //DS18B20 初始化,存在返0,否则返1
void Ds18b20_WriteBit(bit bitdata);   //写 bit2DS18B20
void Ds18b20_WriteByte(uchar chrdata); //写 Byte DS18B20
void Ds18b20_Write(uchar *p_readdata, uchar bytes); //写 DS18B20
bit Ds18b20_ReadBit(void);   //读 bit From DS18B20
uchar Ds18b20_ReadByte(void); //读 Byte DS18B20
bit Ds18b20_ReadRom(uchar *p_readdata); //读 DS18B20 ROM:成功返 0,失败
返1
bit Ds18b20_ReadEE(uchar *p_readdata); //读 DS18B20 EE :成功返0,失败返1
bit TempCal(float *p_wendu); //成功返0,失败返1(温度范围 -55℃~ +128℃)
```

归纳总结

DS18B20 是 Dallas 公司生产的一线式数字温度传感器，具有 3 引脚 TO—92 小体积封装形式；温度测量范同为 -55℃ ~ +125℃，可编程为 9 ~ 12 位 A/D 转换精度，测温分辨率可达 0.0625℃，被测温度用符号扩展的 16 位数字量方式串行输出；其工作电源既可在远端引

入，也可采用寄生电源方式产生；多个 DS18B20 可以并联到 3 或 2 根线上，CPU 只需一根端口线就能与诸多 DS18B20 通信，占用微处理器的端口较少，可节省大量的引线和逻辑电路。以上特点使 DS18B20 非常适合于远距离多温度检测系统中。

拓展提高

DS18B20 的读写时序和测温原理与 DS1820 相同，只是得到的温度值的位数因分辨率不同而不同，且温度转换时的延时时间由 2s 减为 750ms。DS18B20 测温原理如图 3-4-3 所示。图中低温度系数晶振的振荡频率受温度影响很小，用于产生固定频率的脉冲信号送给计数器 1。高温度系数晶振随温度变化其振荡频率明显改变，所产生的信号作为计数器 2 的脉冲输入。计数器 1 和温度寄存器被预置在 -55℃ 所对应的一个基数值。计数器 1 对低温度系数晶振产生的脉冲信号进行减法计数，当计数器 1 的预置值减到 0 时，温度寄存器的值将加 1，计数器 1 的预置值将重新被装入，计数器 1 重新开始对低温度系数晶振产生的脉冲信号进行计数，如此循环直到计数器 2 计数到 0 时，停止温度寄存器值的累加，此时温度寄存器中的数值即为所测温度。图 3-4-3 中的斜率累加器用于补偿和修正测温过程中的非线性误差，其输出用于修正计数器 1 的预置值。

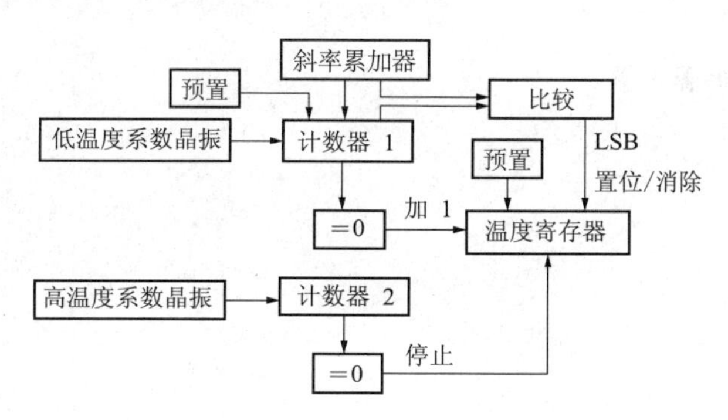

图 3-4-3 DS18B20 测温原理框图

```
//DS18B20 温度传感器 C 程序
#include <REG52.H>
#include <math.h>
#include <INTRINS.H>

#define uchar unsigned char
#define uint   unsigned int;
/*****************************************************************************/
sbit seg1 = P2^0;
sbit seg2 = P2^1;
sbit seg3 = P2^2;
sbit DQ = P1^7;//DS18B20 端口
```

```
sfr dataled =0x80;//显示数据端口
/*************************************************************************/
uchar temp;
uchar flag_get,count,num,minute,second;
uchar code tab[ ] = {0xc0,0xf9,0xa4,0xb0,0x99,0x92,0x82,0xf8,0x80,
0x90};//7 段数码管段码表共阳
uchar str[3];
/*************************************************************************/
void delay1(uchar MS);
unsigned char ReadTemperature(void);
void Init_DS18B20(void);
unsigned char ReadOneChar(void);
void WriteOneChar(unsigned char dat);
void delay(unsigned int i);
/*********************************************************************/
main()
{

TMOD |=0x01;//定时器设置
TH0 =0xef;
TL0 =0xf0;
IE =0x82;
TR0 =1;
P2 =0x00;
count =0;


while(1)
{
  str[2] =0xc6;//显示 C 符号
  str[0] =tab[temp/10]; //十位温度
  str[1] =tab[temp%10]; //个位温度
if(flag_get ==1) //定时读取当前温度
  {
temp =ReadTemperature();
  flag_get =0;
}
}
```

```
}

void tim(void) interrupt 1 using 1//中断,用于数码管扫描和温度检测间隔
{
TH0 =0xef;//定时器重装值
TL0 =0xf0;
num ++;
if (num ==50)
    {num =0;
  flag_get =1;//标志位有效
    second ++;
      if(second >=60)
      {second =0;
        minute ++;
      }
    }
count ++;
if(count ==1)
    {P2 =0xf7;
    dataled =str[0];} //数码管扫描
if(count ==2)
    {P2 =0xfb;
    dataled =str[1];}
if(count ==3)
    { P2 =0xfd;
      dataled =str[2];
      count =0;}
}
/*******************************************************************************
********/
void delay(unsigned int i)//延时函数
{
while(i --);
}
/*******************************************************************************
**********/
//DS18B20 初始化函数
void Init_DS18B20(void)
{
```

```
unsigned char x =0;
DQ = 1;    //DQ复位
delay(8); //稍做延时
DQ = 0;    //单片机将DQ拉低
delay(80); //精确延时,大于480μs
DQ = 1;    //拉高总线
delay(10);
x = DQ;      //稍做延时后,如果x =0 则初始化成功;x =1 则初始化失败
delay(5);
}

//读一个字节
unsigned char ReadOneChar(void)
{
unsigned char i =0;
unsigned char dat  = 0;
for (i =8;i >0;i --)
{
DQ = 0; // 给脉冲信号
dat > > =1;
DQ = 1; // 给脉冲信号
if(DQ)
  dat |=0x80;
delay(5);
}
return(dat);
}

//写一个字节
void WriteOneChar(unsigned char dat)
{
unsigned char i =0;
for (i =8; i >0; i --)
{
DQ = 0;
DQ = dat&0x01;
delay(5);
DQ = 1;
dat > > =1;
}
```

```
delay(5);
}

//读取温度
unsigned char ReadTemperature(void)
{
unsigned char a=0;
unsigned char b=0;
unsigned char t=0;
//float tt=0;
Init_DS18B20();
WriteOneChar(0xCC); // 跳过读序号列号的操作
WriteOneChar(0x44); // 启动温度转换
delay(200);
Init_DS18B20();
WriteOneChar(0xCC); //跳过读序号列号的操作
WriteOneChar(0xBE); //读取温度寄存器等(共可读9个寄存器)前两个就是温度
a=ReadOneChar();
b=ReadOneChar();

b<<=4;
b+=(a&0xf0)>>4;
t=b;
//tt=t*0.0625;
//t= tt*10+0.5; //放大10倍输出并四舍五入
return(t);
}
```

任务5　LED点阵显示温度计控制实训

任务描述

以AT89S52单片机作为主控系统，利用DS18B20数字温度传感器作为温度传感器件，通过四位共阴极数码管作为显示器件实现单片机控制温度计显示温度。当温度高于设定最高温度或者低于设定的最低温度时，蜂鸣器发出报警声并伴随红灯的闪烁。

任务分析

1. 任务目的

结合 LED 显示、温度控制、A/D 转换，围绕单片机最小系统进行设计编程。温度测量系统电路总体设计方框图如图 3－5－1 所示。

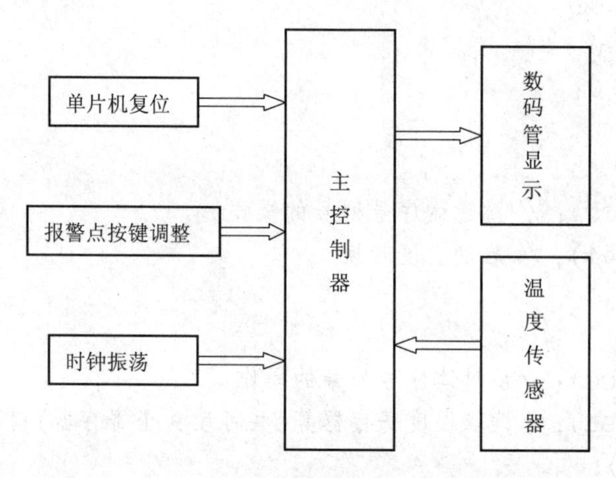

图 3－5－1 总体设计方框图

控制器采用单片机 AT89S51，温度传感器采用 DS18B20，用 4 位 LED 数码管传送数据实现温度显示。

2. 实训设备

①MCU01 主机模块；
②MCU02 电源模块；
③MCU04 显示模块；
④MCU13 温度传感器模块；
⑤SL－USBISP－A 在线下载器；
⑥MCU07ADC/DAC 模块；
⑦电子连接线若干。

任务实施

1. 温度测量系统总体设计方案

1）传感器部分设计方案

在单片机电路设计中，大多都是使用传感器，所以本系统采用一只温度传感器 DS18B20，此传感器会在后面进行介绍。

2）显示部分设计方案

采用数码管显示，此方案的最大优点就是成本较低，缺点是电路相对复杂，需要驱动电

路，在软件上也需要作出处理。但是此方案完全可以满足本报警系统的功能和要求，软件处理上也不是特别的复杂，驱动电路也相对简单。

显示部分的整体框图如图 3 - 5 - 2 所示，主要由单片机主控系统控制 74HC573 锁存器来驱动数码管显示，软件部分主要采用动态扫描的算法。

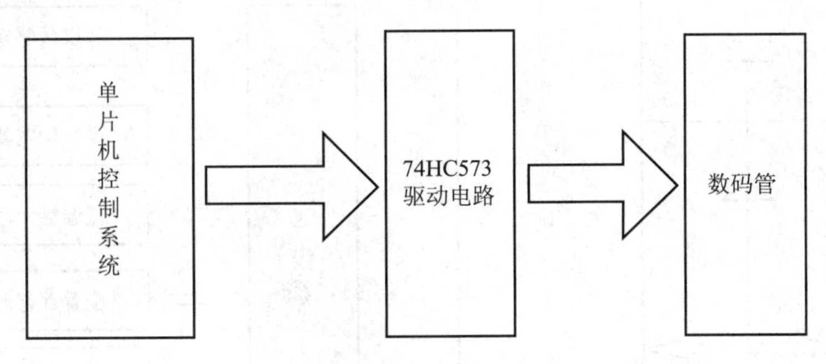

图 3 - 5 - 2　显示部分框图

3）键盘输入部分设计方案

采用独立按键的方式，优点是电路较为简单，软件程序也相对简单；缺点是按键占用 I/O 口多，占用单片机的资源较多。

2. 温度测量系统硬件部分

1）温度传感器 DS18B20

DS18B20 温度传感器是美国 Dallas 半导体公司最新推出的一种改进型智能温度传感器，与传统的热敏电阻等测温元件相比，它能直接读出被测温度，并且可根据实际要求通过简单的编程实现 9 ~ 12 位的数字值读数方式。

TO - 92 封装的 DS18B20 的引脚排列见图 3 - 5 - 3（底视图），DS18B20 的内部结构见图 3 - 5 - 4，其引脚功能描述见表 3 - 5 - 1。

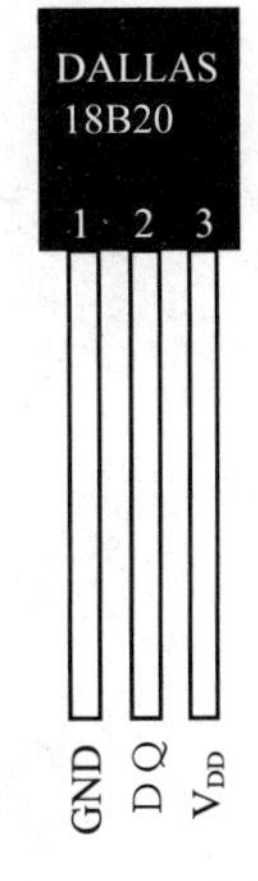

图 3 - 5 - 3　DS18B20 引脚图

表 3 - 5 - 1　DS18B20 详细引脚功能描述

序号	名称	引脚功能描述
1	GND	地信号
2	DQ	数据输入/输出引脚。开漏单总线接口引脚。当被用着在寄生电源下，也可以向器件提供电源
3	VDD	可选择的 VDD 引脚。当工作于寄生电源时此引脚必须接地

DS18B20 温度传感器的内部存储器还包括一个高速暂存 RAM 和一个非易失性的可电擦除的 E2RAM。高速暂存 RAM 的结构为 8 字节的存储器，结构如图 3 - 5 - 5 所示。前两个字节包含测得的温度信息，第 3 和第 4 个字节为 TH 和 TL 的拷贝，是易失的，每次上电复位时被刷新；第 5 个字节，为配置寄存器，它的内容用于确定温度转换分辨率。DS18B20 工作时寄存器的分辨率转换为相应精度的温度数值。该字节各位的定义如图 3 - 5 - 6 所示。低 5 位一直为 1，TM 是工作模式位，用于设置 DS18B20 在工作模式还是在测试模式，DS18B20 出厂时该位被设置为 0，用户不要去改动，R1 和 R0 决定温度转换的精度位数，来设置分辨率。

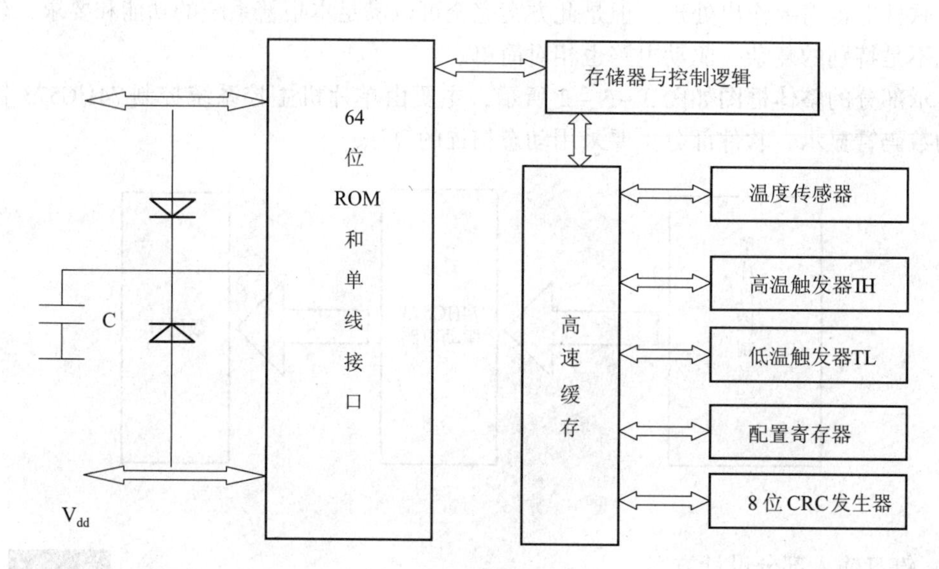

图 3－5－4　DS18B20 内部结构

温度　LSB
温度　MSB
TH 用户字节 1
TL 用户字节 2
配置寄存器
保留
保留
保留
CRC

图 3－5－5　DS18B20 高速暂存 RAM 的字节定义

TM	R1	R0	1	1	1	1	1

图 3－5－6　DS18B20 字节定义

DS18B20 温度转换的时间比较长，而且分辨率越高，所需要的温度数据转换时间越长（见表 3－5－2）。因此，在实际应用中要将分辨率和转换时间权衡考虑。

表 3－5－2　DS18B20 温度转换时间表

R1	R0	分辨率/位	温度最大转换时间/ms
0	0	9	93.75
0	1	10	187.5
1	0	11	375
1	1	12	750

高速暂存 RAM 的第 6、7、8 个字节保留未用，表现为全为逻辑 1。第 9 个字节读出前面所有 8 个字节的 CRC 码，可用来检验数据，从而保证通信数据的正确性。

当 DS18B20 接收到温度转换命令后，开始启动转换。转换完成后的温度值就以 16 位带符号扩展的二进制补码形式存储在高速暂存存储器的第 1、2 个字节。单片机可以通过单线接口读出该数据，读数据时低位在先，高位在后，数据格式以 0.0625℃/LSB 形式表示。

当符号位 S=0 时，表示测得的温度值为正值，可以直接将二进制位转换为十进制；当符号位 S=1 时，表示测得的温度值为负值，要先将补码变成原码，再计算十进制数值。表 3-5-3 是一部分温度值对应的二进制温度数据。

表 3-5-3 一部分温度对应值表

温度/℃	二进制表示	十六进制表示
+125	0000 0111 1101 0000	07D0H
+85	0000 0101 0101 0000	0550H
+25.0625	0000 0001 1001 0000	0191H
+10.125	0000 0000 1010 0010	00A2H
+0.5	0000 0000 0000 0010	0008H
0	0000 0000 0000 1000	0000H
-0.5	1111 1111 1111 0000	FFF8H
-10.125	1111 1111 0101 1110	FF5EH
-25.0625	1111 1110 0110 1111	FE6FH
-55	1111 1100 1001 0000	FC90H

DS18B20 完成温度转换后，就把测得的温度值与 RAM 中的 TH、TL 字节内容作比较。若 T>TH 或 T<TL，则将该器件内的报警标志位置 1，并对主机发出的报警搜索命令作出响应。因此，可用多只 DS18B20 同时测量温度并进行报警搜索。

在 64 位 ROM 的最高有效字节中存储有循环冗余检验码（CRC）。用主机 ROM 的前 56 位来计算 CRC 值，并和存入 DS18B20 的 CRC 值作比较，以判断主机收到的 ROM 数据是否正确。

减法计数器 1 对低温度系数晶振产生的脉冲信号进行减法计数，当减法计数器 1 的预置值减到 0 时，温度寄存器的值将加 1，减法计数器 1 的预置将重新被装入，减法计数器 1 重新开始对低温度系数晶振产生的脉冲信号进行计数，如此循环直到减法计数器计数到 0 时，停止温度寄存器的累加，此时温度寄存器中的数值就是所测温度值。其输出用于修正减法计数器的预置值，只要计数器门仍未关闭就重复上述过程，直到温度寄存器值大致被测温度值。

另外，由于 DS18B20 单线通信功能是分时完成的，它有严格的时隙概念，因此读写时序很重要。系统对 DS18B20 的各种操作按协议进行。操作协议为：初始化 DS18B20（发复位脉冲）→发 ROM 功能命令→发存储器操作命令→处理数据。

2）DS18B20 温度传感器与单片机的接口电路

DS18B20 可以采用两种方式供电，一种是采用电源供电方式，此时 DS18B20 的 1 脚接地，2 脚作为信号线，3 脚接电源；另一种是寄生电源供电方式，如图 3-5-7 所示单片机端口接单线总线，为保证在有效的 DS18B20 时钟周期内提供足够的电流，可用一个 MOSFET 管来完成对总线的上拉。

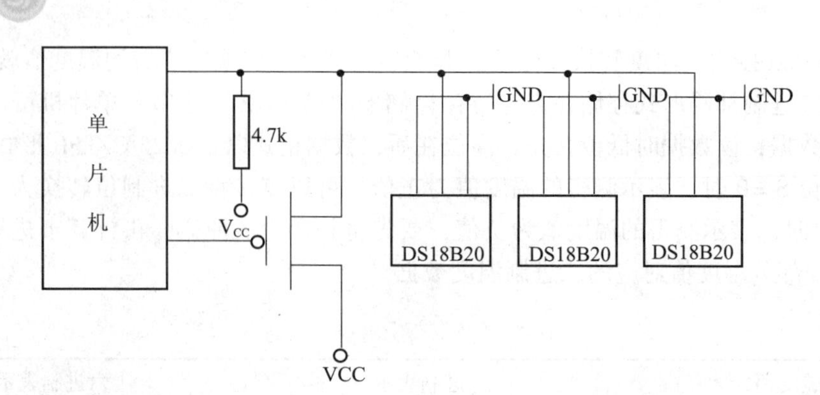

图3-5-7　DS18B20与单片机的接口电路

当DS18B20处于写存储器操作和温度A/D转换操作时，总线上必须有强的上拉，上拉开启时间最大为10μs。采用寄生电源供电方式时VDD端接地。

3）DS18B20温度传感器的时序

由于单线制只有一根线，因此发送接口必须是三态的。由于DS18B20是在一根I/O线上读写数据，因此，对读写的数据位有着严格的时序要求。DS18B20有严格的通信协议来保证各位数据传输的正确性和完整性。该协议定义了几种信号的时序：初始化时序、读时序、写时序。所有时序都是将主机作为主设备，单总线器件作为从设备。而每一次命令和数据的传输都是从主机主动启动写时序开始，如果要求单总线器件回送数据，在进行写命令后，主机需启动读时序完成数据接收。数据和命令的传输都是低位在先。

（1）DS18B20的复位时序（如图3-5-8所示）。

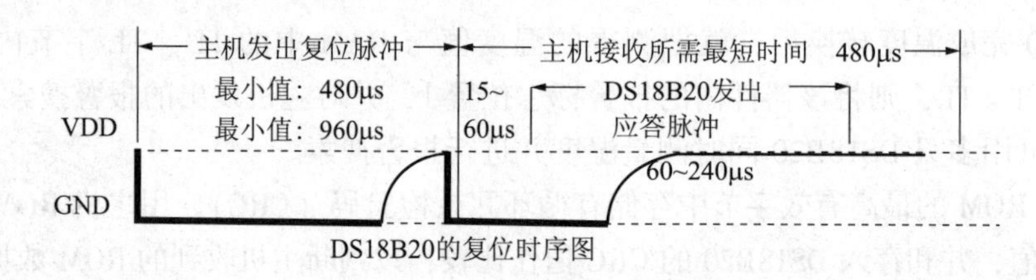

图3-5-8　DS18B20复位时序

（2）DS18B20的读时序：DS18B20的读时序分为读0时序和读1时序两个过程（如图3-5-9所示）。DS18B20的读时序是从主机把单总线拉低之后，在15s之内就得释放单总线，以让DS18B20把数据传输到单总线上。DS18B20要完成一个读时序过程，至少需要60μs。

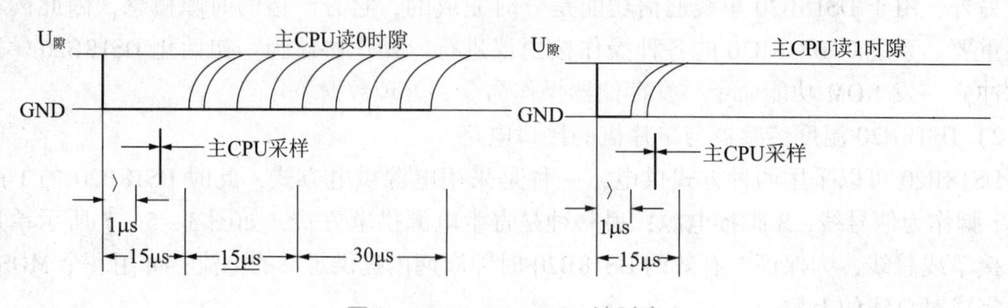

图3-5-9　DS18B20读时序

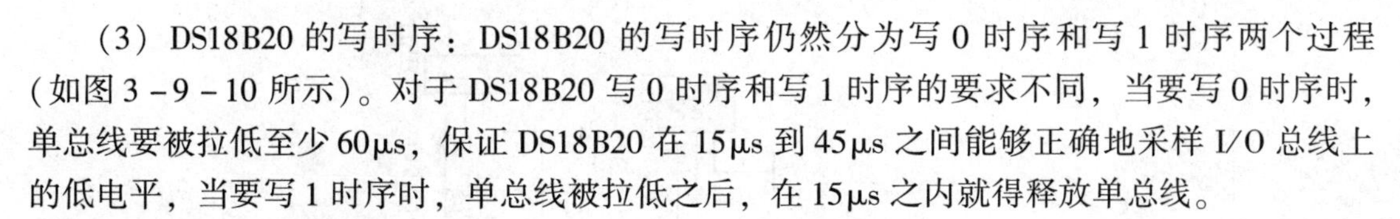

（3）DS18B20 的写时序：DS18B20 的写时序仍然分为写 0 时序和写 1 时序两个过程（如图 3－9－10 所示）。对于 DS18B20 写 0 时序和写 1 时序的要求不同，当要写 0 时序时，单总线要被拉低至少 60μs，保证 DS18B20 在 15μs 到 45μs 之间能够正确地采样 I/O 总线上的低电平，当要写 1 时序时，单总线被拉低之后，在 15μs 之内就得释放单总线。

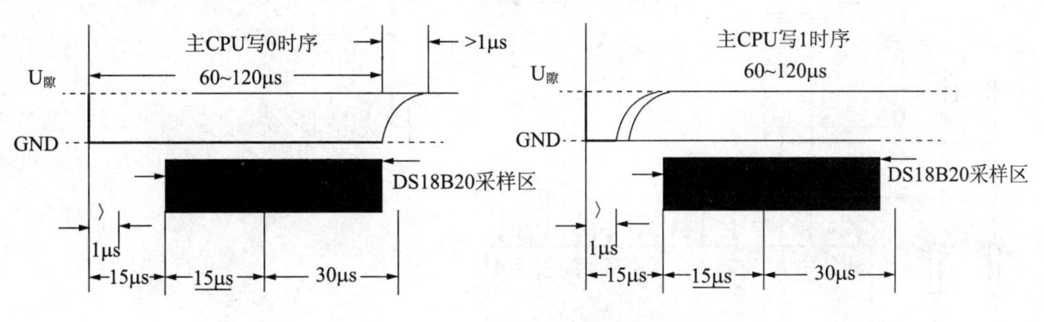

图 3－5－10　DS18B20 写时序

4）显示部分电路设计

74HC573 和 74LS373 原理一样，有 8 个数据锁存器。主要用于数码管、按键等的控制。74HC573 的真值表见表 3－5－4。

表 3－5－4　74HC573 真值表

Dn	LE	OE	On
H	H	L	H
L	H	L	L
X	L	L	Q_0
X	X	H	Z

5）报警上、下限调整电路实现

本报警系统中有三个独立的按键可以分别调整温度计的上、下限报警温度设置，电路中的蜂鸣器可以在被测温度不在上、下限范围内时，发出报警鸣叫声音，同时红色 LED 闪烁，实现报警功能。

复位的实现是通过单片机的复位电路实现上电复位加手动复位的，使用比较方便。在程序跑飞时，可以手动复位，这样不重启单片机电源，就可以实现复位。

6）基于 51 单片机的温度测量系统整体

利用数字温度传感器 DS18B20 作为温度传感器件，采用价格低廉性能稳定的 MCS－51 系列的单片机作为主控芯片，用四位一体共阴极的数码管作为显示器件，蜂鸣器及 LED 作为报警电路器件构成了整个系统整体。（如图 3－5－11 所示）

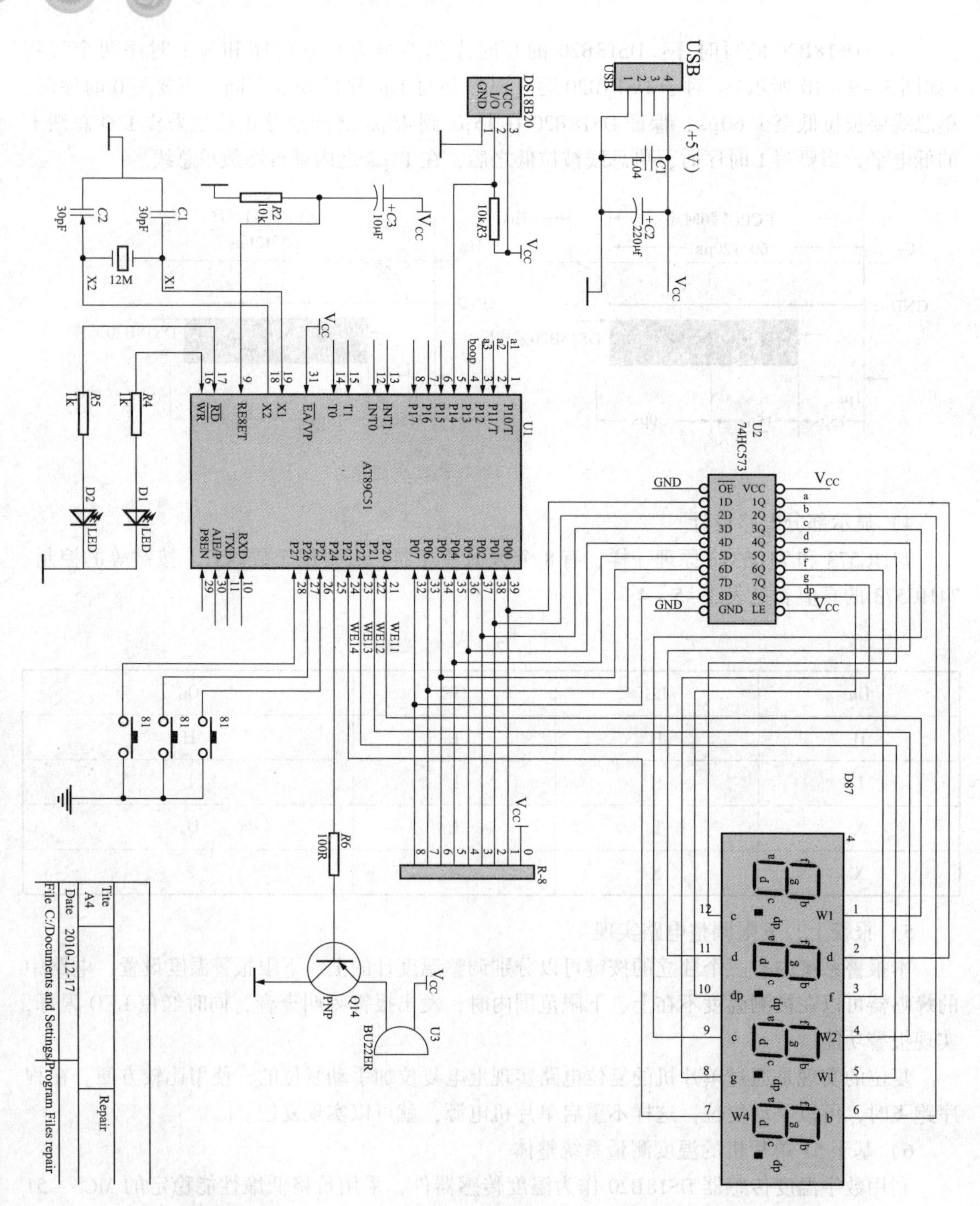

图3-5-11　基于51单片机的温度测量系统硬件连接图

基于51单片机的温度测量系统程序：

归纳总结

1. 主程序流程图（见图3－5－12）

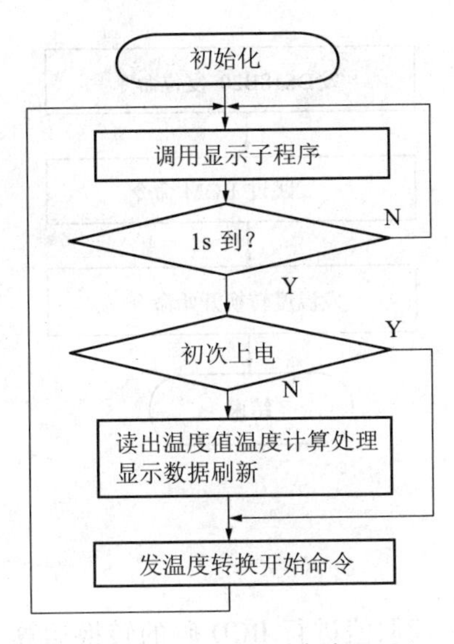

图3－5－12 主程序流程图

2. 读出温度子程序

读出温度子程序的主要功能是读出 RAM 中的9字节，在读出时需进行 CRC 校验，校验有错时不进行温度数据的改写。读温度流程图见图3－5－13。

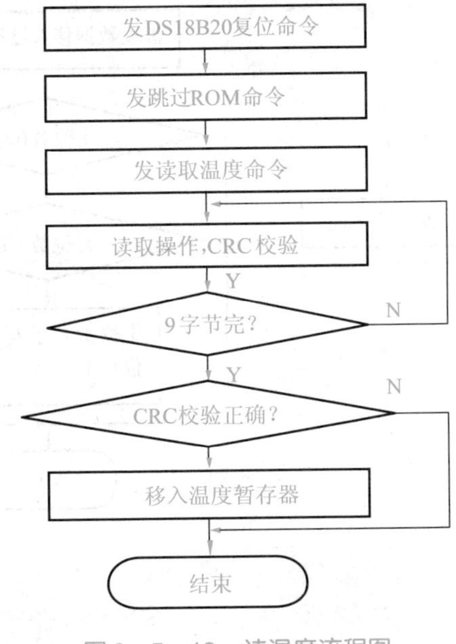

图3－5－13 读温度流程图

3. 温度转换命令子程序

温度转换命令子程序主要是发温度转换开始命令，当采用 12 位分辨率时转换时间，约为 750ms，在本程序设计中采用 1s 显示程序延时法等待转换的完成。温度转换流程图见图 3－5－14。

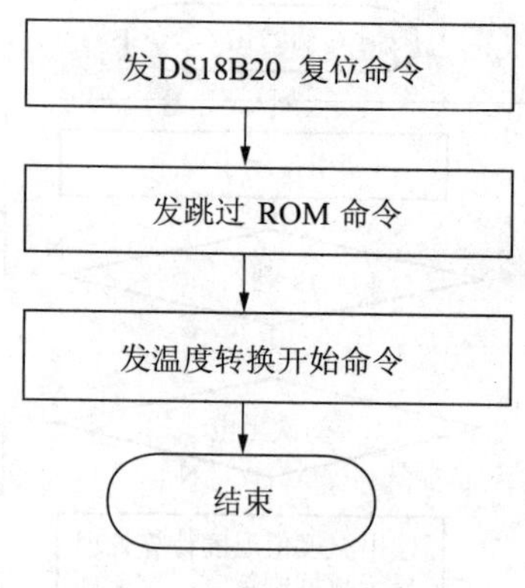

图 3－5－14　温度转换流程图

4. 计算温度子程序

计算温度子程序将 RAM 中读取值进行 BCD 码的转换运算，并进行温度值正负的判定。计算温度子程序的流程图见图 3－5－15。

5. 显示数据刷新子程序

显示数据刷新子程序主要是对显示缓冲器中的显示数据进行刷新操作，当最高显示位为 0 时将符号显示位移入下一位。显示数据刷新子程序流程图见图 3－5－16。

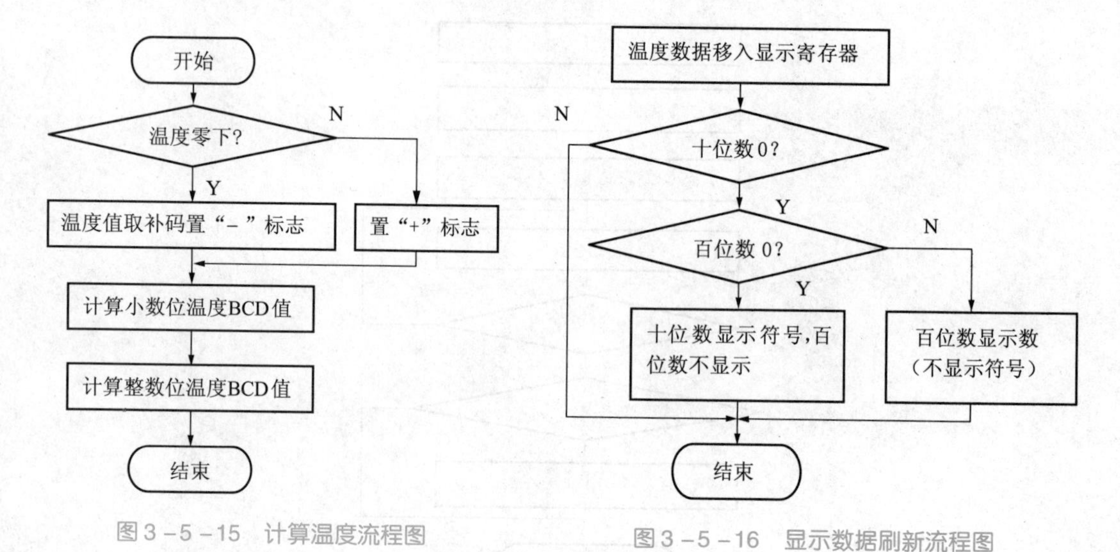

图 3－5－15　计算温度流程图

图 3－5－16　显示数据刷新流程图

项目4 自动分拣投料机控制

【预期目标】

1. 了解步进电机的应用和分类，掌握步进电机的工作原理及驱动器的使用，会编程并调试开环状态下步进电机的驱动，实现步进电机的正、反转动。
2. 了解接近开关及传感器的使用，会选择接近开关及相关传感器。掌握LJ12A3-4-Z/BX接近开关的技术应用。
3. 会对机械手动作进行调试及灵敏度控制，工位检测控制，掌握机械手动作和控制的方法和特点。
4. 会编程并调试自动分拣投料机控制系统。

【思政导入】

本项目主要介绍通过单片机为核心，控制并实现物料自动分拣选择，并配置在规定位置的一次自动控制过程，其核心是机械手实现指定操作的编程控制。教学过程中，介绍智能制造的操作主角就是机械手，即通常所说的工业机器人。引导学生在本项目学习过程中，建立智能制造的思维概念，即智能制造贯穿于设计、生产、管理、服务等制造活动的各个环节，具有自感知、自学习、自决策、自执行、自适应等功能，是一种新型生产方式。加快发展智能制造技术，是培育我国经济增长新动能的必由之路，是抢占未来经济和科技发展制高点的重要路径，是建立我国制造业竞争新优势，实现制造强国的战略选择。

任务1 步进电动机开环控制

任务描述

1. 编程并调试开环状态下步进电动机的驱动，并实现步进电动机正反转启停控制。三个按键 an1、an2、an3 分别接至 51 单片机的 P3.5、P3.6 及 P3.7 口，分别控制步进电动机的正转、反转与停止。当电动机停止时，接在 P0 口的 1 位数码管显示 0；电动机正转时，数码管显示 1；电动机反转时显示 2。将该程序导入 Keil C 并编译生成 hex 文件，在 Proteus 中作原理图仿真。

控制脉冲采用四相八拍，即正转脉冲序列：$A \to AB \to B \to BC \to C \to CD \to D \to DA$；单片机与步进电动机之间加装 ULN2003 达林顿反相器驱动芯片，励磁脉冲驱动线 $A \sim D$ 分别接至单片机的 P1.0 ~ P1.3 口。

2. 在亚龙 YL－236 单片机实训考核装置上仿真调试。如没有该设备，也可以用其他实验箱、实验板做。

任务分析

步进电动机作为执行元件，是机电一体化的关键产品之一，广泛应用在各种自动化控制系统中，并随着微电子和计算机技术的发展，步进电动机的需求量与日俱增，在各个国民经济领域都有应用。

1. 任务目的

本次任务主要是实现对步进电动机的开环控制，开环控制是指控制装置与被控对象之间只有顺向作用而没有反向联系的控制过程，按这种方式组成的系统称为开环控制系统，其特点是系统的输出量不会对系统的控制作用发生影响，不具备自动修正的能力。反之闭环控制是将输出量直接或间接反馈到输入端形成闭环参与控制的控制方式。

为了能完成本次任务，首先在掌握步进电动机工作原理的基础上，需根据设计目标的要求选择符合项目控制要求的步进电动机；其次是认真学习步进电动机，在此基础上了解步进电动机的驱动器，掌握其与单片机接口的硬件连接，为程序设计做硬件准备；再次是根据已设计好的硬件接口电路设计程序并仿真调试。

如图 4－1－1，本次任务的 Proteus 仿真部分即利用元件库中选取的 LED 数码管、步进电动机、ULN2003 驱动芯片与单片机作接线原理图，然后仿真结果为步进电动机停止，LED

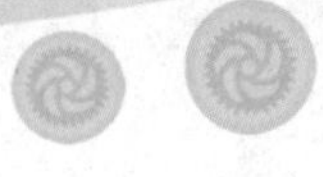

数码管显示 0；步进电动机正转，LED 数码管显示 1；步进电动机反转，LED 数码管显示 2。

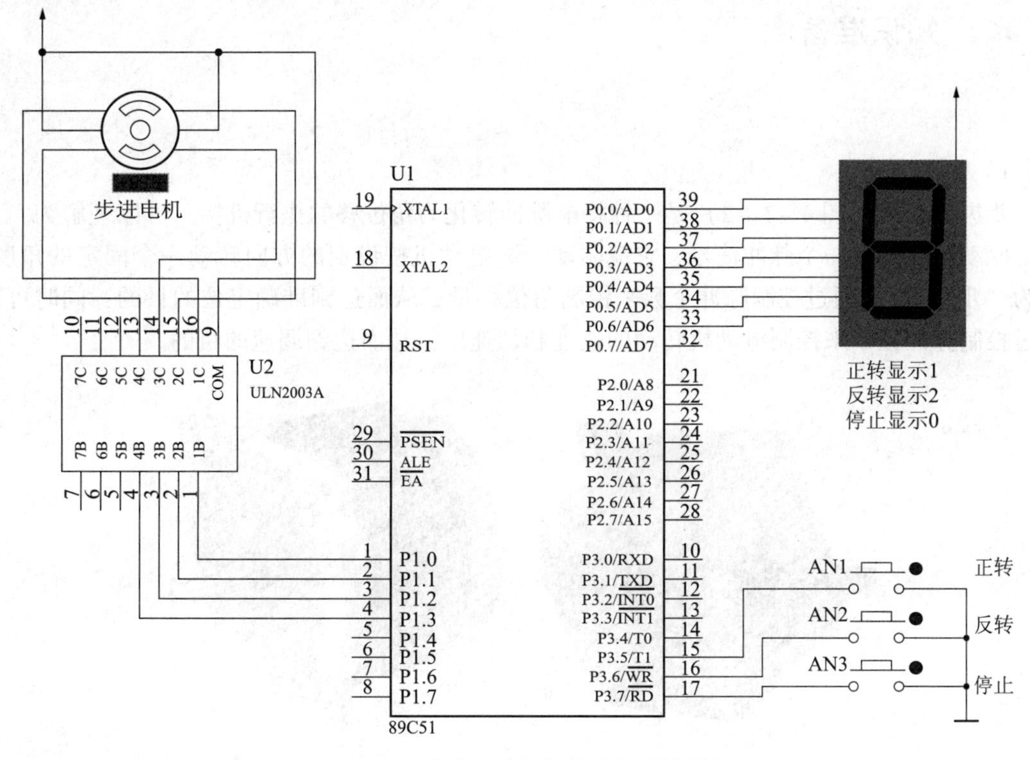

图 4-1-1　步进电动机与单片机接线原理图

2. 实训设备

本次任务可在亚龙 YL-236 型单片机控制功能实训台上完成，所用到的模块包括：

①MCU01 主机模块；

②MCU02 电源模块；

③MCU03 仿真器模块；

④MCU09 步进电动机控制模块；

⑤SL-USBISP-A 在线下载器；

⑥MCU06 指令模块；

⑦连接导线若干。

MCU09 步进电动机控制模块，采用的是两相永磁式感应子式步进电动机，步距角为 1.8°，工作电流 1.5A，电阻 1.1R，电感 2.2mH，静力矩 2.1kg/cm，定位力矩 180g/cm。步进电动机驱动器采用 SJ-230M2，该驱动器采用原装进口模块制作，恒流驱动，具有强抗干扰性、高频性能好、起动频率高、电流可调、细分驱动、运行平稳、噪声小、控制信号与内部信号光电隔离、可靠性好的特点，适配驱动电流 3.0A 以下的 42、57 系列二相混合式步进电动机。

知识准备

1. 步进电动机及其分类

1）步进电动机

步进电动机（图4－1－2）是一种将电脉冲转化为角位移的执行机构。可以理解为：当步进驱动器接收到一个脉冲信号，它就驱动步进电动机按设定的方向转动一个固定的角度，称为“步距角”。通过控制脉冲个数来控制角位移量，从而达到准确定位的目的；同时可以通过控制脉冲频率来控制电动机转动的速度和加速度，从而达到调速的目的。

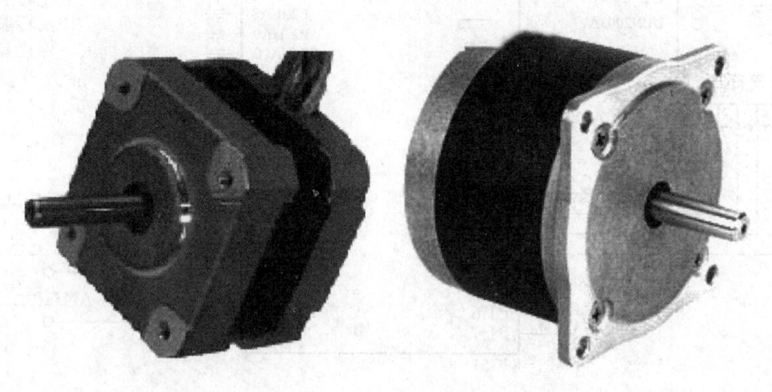

图4－1－2　步进电动机

2）步进电动机分类

步进电动机分三种：永磁式（PM）、反应式（VR）和混合式（HB）。

（1）永磁式步进电动机一般为两相，转矩和体积较小，步距角一般为7.5°或15°。

（2）反应式步进电动机一般为三相，可实现大转矩输出，步距角一般为1.5°，但噪声和振动都很大。在欧美等发达国家80年代已被淘汰。

（3）混合式步进是指混合了永磁式和反应式的优点。它又分为两相和五相：两相步距角一般为1.8°，而五相步距角一般为0.72°。这种步进电动机的应用最为广泛。

3）步进电动机的一些基本参数

（1）电动机固有步距角。

它表示控制系统每发一个步进脉冲信号，电动机所转动的角度。电动机出厂时给出了一个步距角的值，如86BYG250A型电动机给出的值为0.9°/1.8°（表示半步工作时为0.9°、整步工作时为1.8°），这个步距角可以称之为“电动机固有步距角”，它不一定是电动机实际工作时的真正步距角，真正的步距角和驱动器有关。

（2）步进电动机的相数。

电动机内部的线圈组数，目前常用的有二相、三相、四相、五相步进电动机。电动机相数不同，其步距角也不同，一般二相电动机的步距角为0.9°/1.8°、三相的为0.75°/1.5°、五相的为0.36°/0.72°。在没有细分驱动器时，用户主要靠选择不同相数的步进电动机来满足自己步距角的要求。如果使用细分驱动器，则“相数”将变得没有意义，用户只需在驱

动器上改变细分数，就可以改变步距角。

(3) 保持转矩 (HOLDING TORQUE)。

保持转矩指步进电动机通电但没有转动时，定子锁住转子的力矩。它是步进电动机最重要的参数之一，通常步进电动机在低速时的力矩接近保持转矩。由于步进电动机的输出力矩随速度的增大而不断衰减，输出功率也随速度的增大而变化，所以保持转矩就成了衡量步进电动机最重要的参数之一。比如，当人们说 2N · m 的步进电动机，在没有特殊说明的情况下是指保持转矩为 2N · m 的步进电动机。

(4) DETENT TORQUE。

DETENT TORQUE 是指步进电动机没有通电的情况下，定子锁住转子的力矩。DETENT TORQUE 在国内没有统一的翻译方式，容易使大家产生误解。由于反应式步进电动机的转子不是永磁材料，所以它没有 DETENT TORQUE。

2. 步进电动机驱动器

工业上，控制步进电动机一般使用专门的步进电动机驱动器来进行。

1) 步进电动机驱动器优点

(1) 操控简单。

使用驱动器来控制步进电动机只需要送入 CP 脉冲就可以使电动机运动，送入几个脉冲，电动机就转动几个角度。脉冲信号 CP 一般由单片机产生，一般脉冲信号的占空比为 0.3 ~ 0.4 左右。

(2) 功率放大。

单片机送出的信号功率过于弱小，不能直接驱动步进电动机。通过步进电动机及驱动器，增大输出功率方可驱动步进电动机。

(3) 步进细分。

在步进电动机步距角不能满足使用的条件下，可采用细分驱动器来驱动步进电动机，细分驱动器的原理是通过改变相邻 (A、B) 电流的大小，以改变合成磁场的夹角来控制步进电动机的运转。

2) 细分数及相电流设定

步进电动机的细分技术实质上是一种电子阻尼技术，其主要目的是减弱或消除步进电动机的低频振动，提高电动机的运转精度只是细分技术的一个附带功能。比如对于步进角为 1.8°的两相混合式步进电动机，如果细分驱动器的细分数设置为 4，那么电动机的运转分辨率为每个脉冲 0.45°，电动机的精度能否达到或接近 0.45°，还取决于细分驱动器的细分电流控制精度等其他因素。不同厂家的细分驱动器精度可能差别很大；细分数越大精度越难控制。

本次任务采用的驱动器 SJ－230M2，是用驱动器上的拨盘开关来设定细分数及相电流的，根据面板的标注设定即可；请在控制器频率允许的情况下，尽量选用高细分数；具体设置方法请参考表 4－1－1、表 4－1－2：

表4-1-1 拨盘设置

拨盘开关设定 ON=0，OFF=1		
细分设定（位1、2、3）以0.9°/1.8°电动机为例		
位123	细分数	步距角
000	2/2	0.9°/0.9°
001	4/5	0.45°/0.36°
010	8/10	0.225°/0.18°
011	16/20	0.1125°/0.09°
100	32/40	0.05625°/0.045°
位4、5 请保持在 OFF 位置！		

表4-1-2 相电流设定

电动机相电流设定（位6、7、8）			
位678	电流	位	电流
000	0.5A	100	1.7A
001	1.0A	101	2.0A
010	1.3A	110	2.4A
011	1.5A	111	3.0A

3）控制信号

本驱动器的输入信号共有三路，它们是：步进脉冲信号 CP、方向电平信号 DIR、脱机电平信号 FREE。它们在驱动器内部的连接图这里省略。

（1）步进脉冲信号 CP。

步进脉冲信号 CP 用于控制步进电动机的位置和速度，也就是说：驱动器每接受一个 CP 脉冲就驱动步进电动机旋转一个步距角（细分时为一个细分步距角），CP 脉冲的频率改变则同时使步进电动机的转速改变，控制 CP 脉冲的个数，则可以使步进电动机精确定位。这样就可以很方便的达到步进电动机调速和定位的目的。本驱动器的 CP 信号为低电平有效，要求 CP 信号的驱动电流为 8~15mA，对 CP 的脉冲宽度也有一定的要求，一般不小于 5μs（参见图4-1-3）。

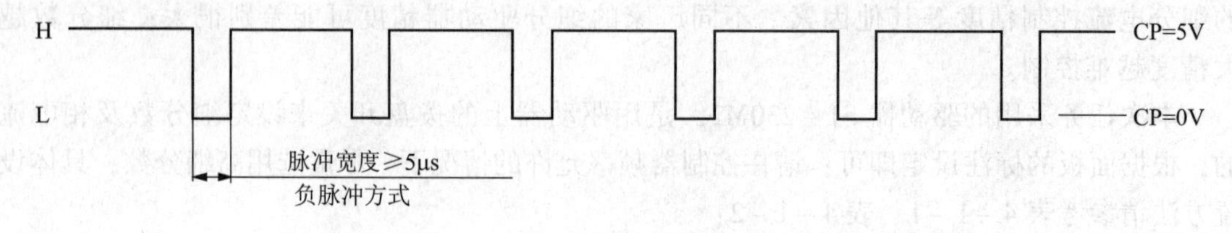

图4-1-3 步进电动机信号 CP 脉冲

图中脉冲信号幅值：“H”为4.0~5.5V，“L”为0~0.5V。脉冲信号工作状态即占空比：50%或50%以下。

（2）方向电平信号 DIR。

方向电平信号 DIR 用于控制步进电动机的旋转方向。此端为高电平时，电动机一个转向；此端为低电平时，电动机为另一个转向。电动机换向必须在电动机停止后再进行，并且换向信号一定要在前一个方向的最后一个 CP 脉冲结束后以及下一个方向的第一个 CP 脉冲前发出（参见下图 4－1－4）。

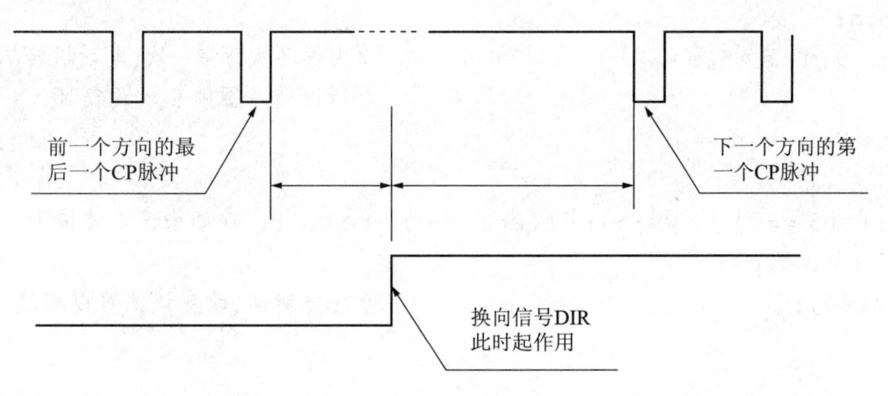

图 4－1－4　方向电平信号 DIR 脉冲

（3）脱机电平信号 FREE。

当驱动器上电后，步进电动机处于锁定状态（未施加 CP 脉冲时）或运行状态（施加 CP 脉冲时），如果用户想手动调整电动机而又不想关闭驱动器电源，可以用到此信号。当此信号起作用时（低电平有效），电动机处于自由无力矩状态；当此信号为高电平或悬空不接时，取消脱机状态。此信号用户可选用，如果不需要此功能，此端不接即可。

任务实施

1. 参考图 4－1－1，在 Proteus 中画出原理图。下面是提供的参考程序与注释。

```
#include <reg51.h>
#define  uchar  unsigned char
#define  uint   unsigned int
#define  quan  5                //运转圈数,可以改变这个值调整
sbit  an1 = P3^5;               //正转按键
sbit  an2 = P3^6;               //反转按键
sbit  an3 = P3^7;               //停止按键
uchar code  zzmc[] = {0x01,0x03,0x02,0x06,0x04,0x0c,0x08,0x09}; //正转脉冲代码
uchar code  fzmc[] = {0x09,0x08,0x0c,0x04,0x06,0x02,0x03,0x01};//反转脉冲代码
uchar code  dm[] = {0xc0,0xf9,0xa4};                  //数码管 0、1、2 段码
void ys(uint x)                  //延时
  {
  uchar j;
  while(x--)
```

```
  for(j =0;j <120;j ++);
}
void  zz (uchar s)                //正转子程序
{
uchar m,n;
  for(m =0;m <s *5;m ++)                       //内循环执行完一次,电动机转72°
    {                                          //所以转一圈须5次内循环
  for(n =0;n <8;n ++)
    {
      if(an3 ==0) {  ys(5); if(an3 ==0) break; }  //如果停止键按下,退出
      P1 =zzmc[n];
      ys(20);                                  //脉宽时间,改变该值可以变速
  }
  }
  }

  void  fz (uchar s)                           //反转子程序
  {
  uchar m,n;
  for(m =0;m <s *5;m ++)
      {
  for(n =0;n <8;n ++)
    {
     if(an3 ==0) {  ys(5); if(an3 ==0) break; }
      P1 =fzmc[n];
      ys(20);
  }
  }
  }

  void main()
  {
  while(1)
  {
  if(an1 ==0)                                  //正转键按下
  {
  ys(5);                                       //消抖动
  if(an1 ==0)
  {
```

```
  P0 = dm[1];                                //数码管显示1
  zz(quan);                                  //执行正转
  if(an3 ==0) {ys(5);if(an3 ==0) break;}     //停止键按下,退出
     }
   }
  else if(an2 ==0)                           //反转键按下
     {
  ys(5);
  if(an2 ==0)                                //消抖动
      {
    P0 = dm[2];                              //数码管显示2
    fz(quan);                                //执行反转
  if(an3 ==0) {ys(5);if(an3 ==0) break;}     //停止键按下,退出
                 }
  }
else{P0 = dm[0];P1 = 0x00;}                  //电动机停转,数码管显示0
}
}
```

Proteus 仿真结果如图 4－1－5 所示。

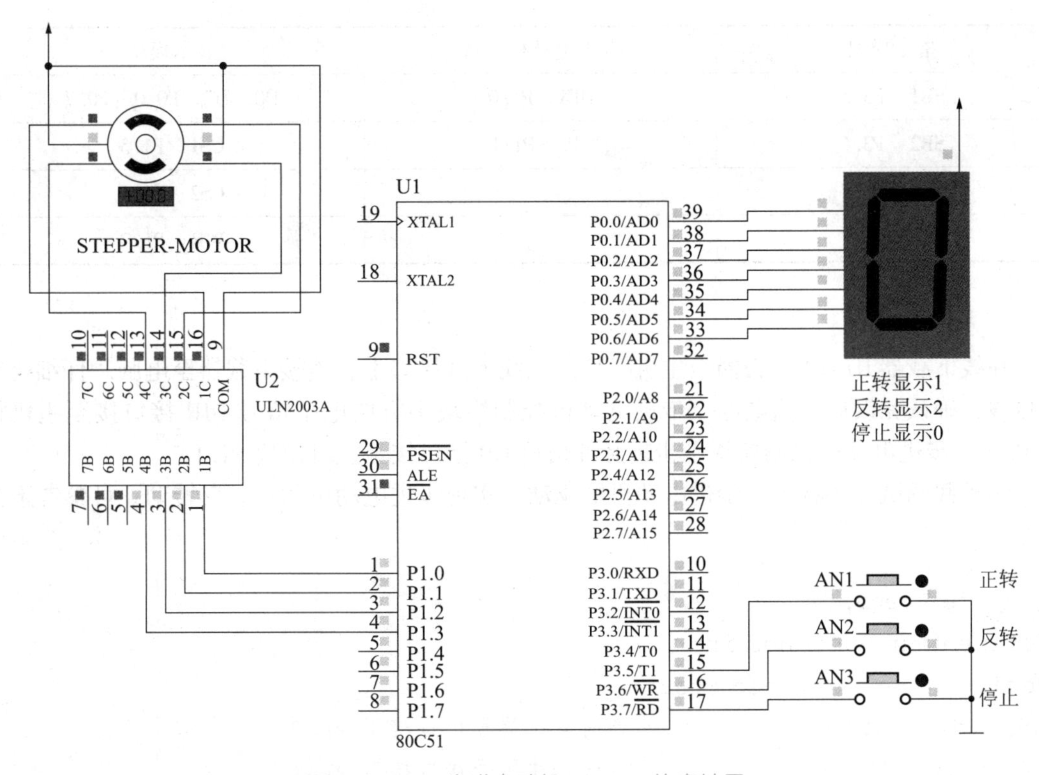

图 4－1－5　步进电动机 Proteus 仿真结果

2. 外部电路图（如图4-1-6所示）

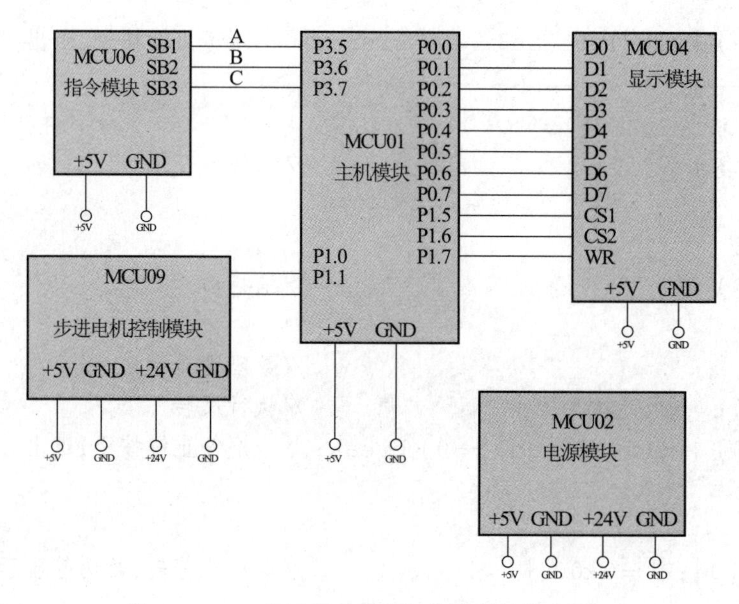

图4-1-6　接近开关及相关传感器外部接线图

电路接线如下表4-1-3所示。

表4-1-3　电路接线

指令模块	步进电动机模块	显示模块
SB1　P3.5	DIR　P1.0	D0~D7　P0.0~P0.7
SB2　P3.6	CP　P1.1	CS1　P1.5
SB3　P3.7		CS2　P1.6
		WR　P1.7

3. 参考程序

在线下载器IDC10插头插至主机模块的在线下载接口上，连接下载器至电脑。仔细检查连接线，确认无误后接通电源。步进电动机控制模块中方向电平信号DIR接口接至主机模块P1.0；步进电动机控制模块中步进脉冲信号CP接口接至主机模块P1.1。

编程并调试开环状态下步进电动机的驱动，实现步进电动机的正、反转动。可参考下列程序。

```
#include "reg52.h"
#define uint unsigned int
#define uchar unsigned char
  sbit dir = P1^0;              //方向电平信号接口接至 P1.0
  sbit cp = P1^1;               //步进脉冲信号接口接至 P1.1
sbit dm = P1^5;                 //数码管断码
```

```
sbit px = P1^6;                    //数码管片选
sbit clk = P1^7;                   //数码管读写允许
sbit  an1 = P3^5;                       //正转按键
sbit  an2 = P3^6;                       //反转按键
sbit  an3 = P3^7;                      //停止按键

uchar code a[] = {0xC0,/* 0 */0xF9 /* 1 */,0xA4 /* 2 */};
uchar ms,k_time;
bit ax;/*****************************************************************

函数名称:延时子程序
函数功能:1ms 延时
入口参数:z
出口参数:无

**************************************************************/
void delayms(uint x)
{
   uchar i;
   while(x --)
   for(i =0;i <123;i ++);  //延时 1ms
}
/**************************************************************

函数名称:三个独立按键子函数
函数功能:通过单片机按键扫描
入口参数:kk
出口参数:无

**************************************************************/
void key()
{
   uchar kk;                  //键码转换为键值的变量
   kk =0;                     //变量初始化
   if(an1 ==0)
   kk =1;                     //按下 AN1 后,将 1 赋给 kk
   else if(an2 ==0)
   kk =2;                     //按下 AN2 后,将 2 赋给 kk
   else if(an3 ==0)
```

```
    kk =3;                    //按下 AN3 后,将 3 赋给 kk
    if(kk! =0)                //判断案件是否按下
    {
      k_time ++;
      if(k_time >5&&ax ==0)
      {
        ax =1;                //按下标志位
        switch(kk)
        {
          case 1:ms =0;break;
          case 2:ms =1;break;
          case 3:ms =2;break;
        }
      }
    }
    else
    {
      k_time =0;
      ax =0;
    }
}
/*****************************************************

函数名称:数码管显示子函数
函数功能:一位数码管的显示
入口参数:无
出口参数:无

*****************************************************/
//显示模块中的数码管显示的数据口接单片机的 P0 口,由单片机直接控制
void led_disp()
{
    P0 =a[ms];                //送数码管扫描字
    dm =0;                    //段选端打开
    clk =0;                   //送触发信号,上升沿
    clk =1;
    dm =1;                    //段选端关闭
    P0 = ~0x01;               //送数码管段码
    px =0;                    //片选端打开
```

```
    clk = 0;
    clk = 1;
    px = 1;                     //片选端关闭
    delayms(1);
    P0 = 0xff;                  //送熄灭符
    dm = px = 0;
    clk = 0;
    clk = 1;
    dm = px = 1;
}

/**********************************************************

函数名称:步进电动机子驱程子程序
函数功能:步进电动机子驱动
入口参数:i
出口参数:无

**********************************************************/
void bj(bit x)  //正反转标志位
{
    uchar i;
    dir = x;                    //正反转赋值
    cp = ~cp;                   //脉冲
    for(i = 0;i < 50;i ++);
}
/**********************************************************

函数名称:中断定义子程序
函数功能:中断定义
入口参数:无
出口参数:无

**********************************************************/
void init()
{
    IE = 0x82;                  //选中定时器0
    TMOD = 0x01;                //打开定时器工作方式1
    TH0 = -2500/256;
```

```
    TL0 = -2500% 256;
    TR0 =1;                       //打开定时器0
}

void main()
{
    init();
    while(1)
    {
      key();
      led_disp();
    }
}
/**********************************************************

函数名称:中断子程序
函数功能:中断
入口参数:无
出口参数:无

**********************************************************/

void time()interrupt 1
{
    TH0 = -2500/256;
    TL0 = -2500% 256;
    if(ms ==1)
    bj(0);                        //步进电动机正转
    else if(ms ==2)
    bj(1);                        //步进电动机反转
    }
```

归纳总结

本次任务的目的是熟悉并掌握步进电动机的工作原理及驱动器的使用（对后面项目的实施非常重要），通过编程并调试开环状态下步进电动机的驱动，实现步进电动机的正、反转动。了解了在非超载的情况下，电动机的转速、停止的位置只取决于脉冲信号的频率和脉冲数，而不受负载变化的影响，要准确定位或控制电动机转动的速度和加速度可以通过控制脉冲个数来

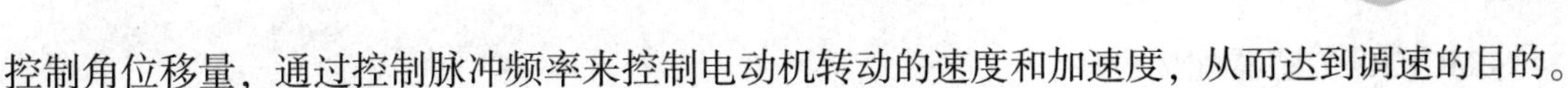

控制角位移量，通过控制脉冲频率来控制电动机转动的速度和加速度，从而达到调速的目的。

拓展提高

步进电动机驱动原理是通过对它每相线圈中的电流的顺序切换来使电动机作步进式旋转。驱动电路由脉冲信号来控制，所以调节脉冲信号的频率便可改变步进电动机的转速。思考设计一个单片机控制步进电动机转速（分6挡）的程序。

任务2　接近开关及相关传感器学习

任务描述

1. 认识各种接近开关及相关传感器。包括接近开关和传感器的种类、原理、应用等。

2. 编程并调试开环状态下步进电动机的驱动，步进电动机正反转启停控制装置。用三个接近开关模拟任务一中的按键，分别控制步进电动机的正转、反转与停止。当电动机停止时，接在P0口的单位数码管显示0；电动机正转时，数码管显示1；电动机反转时显示2。

任务分析

1. 接近开关和传感器

接近开关是种开关型传感器（即无触点开关），它既有行程开关、微动开关的特性，同时具有传感性能，且动作可靠，性能稳定，频率响应快，应用寿命长，抗干扰能力强，并具有防水、防震、耐腐蚀等特点。

传感器是一种检测装置，能感受到被测量的信息，并能将检测感受到的信息，按一定规律变换成为电信号或其他所需形式的信息输出，以满足信息的传输、处理、存储、显示、记录和控制等要求。它是实现自动检测和自动控制的首要环节。

2. 实训设备

本次任务可在亚龙YL－236型单片机控制功能实训台上完成，所用到的模块包括：

①MCU01 主机模块；

②MCU02 电源模块；

③MCU03 仿真器模块；

④MCU10 传感器配接模块；
⑤MCU09 步进电动机控制模块；
⑥SL－USBISP－A 在线下载器；
⑦连接导线若干。

知识准备

1. 接近开关及其分类

1）接近开关

在各类元件中，有一种对接近它的物件有“感知”能力的元件，也称为位移传感器。利用位移传感器对接近物体的敏感特性达到控制开关通或断的目的，这就是接近开关。接近开关是一种不需要与运动部件进行机械接触而可以操作的位置开关，当物体接近开关的感应面到动作距离时，不需要机械接触及施加任何压力即可使开关动作，从而驱动交流或直流电器或给单片机提供控制指令。

2）分类

因为位移传感器可以根据不同的原理和不同的方法做成，而不同的位移传感器对物体的“感知”方法也不同，所以常见的接近开关有以下几种：

图4－2－1　涡流式接近开关

（1）涡流式接近开关。

这种开关也叫电感式接近开关，如图4－2－1所示。它是利用导电物体在接近这个能产生电磁场的接近开关时，使物体内部产生涡流。这个涡流反作用到接近开关，使开关内部电路参数发生变化，由此识别出有无导电物体移近，进而控制开关的通或断。这种接近开关所能检测的物体必须是导电体。

（2）霍尔接近开关。

霍尔元件是一种磁敏元件，如图4－2－2所示。利用霍尔元件做成的开关，叫做霍尔开关。当磁性物体移近霍尔开关时，开关检测面上的霍尔元件因产生霍尔效应而使开关内部电路状态发生变化，由此识别附近有磁性物体存在，进而控制开关的通或断。这种接近开关的检测对象必须是磁性物体。

（3）电容式接近开关。

这种开关的测量通常是构成电容器的一个极板，而另一个极板是开关的外壳，如图4－2－3所示。这个外壳在测量过程中通常是接地或与设备的机壳相连接。当有物体移向接近开关时，不论它是否为导体，由于它的接近，总要使电容的介电常数发生变化，从而使电容量发生变化，使得和测量头相连

图4－2－2　霍尔接近开关

的电路状态也随之发生变化，由此便可控制开关的接通或断开。这种接近开关检测的对象，不仅可以是导体，也可以是绝缘的液体或粉状物等。

（4）热释电式接近开关。

用能感知温度变化的元件做成的开关叫热释电式接近开关，如图4－2－4所示。这种开关是将热释电器件安装在开关的检测面上，当有与环境温度不同的物体接近时，热释电器件的输出发生变化，由此发生可检测出有物体接近。

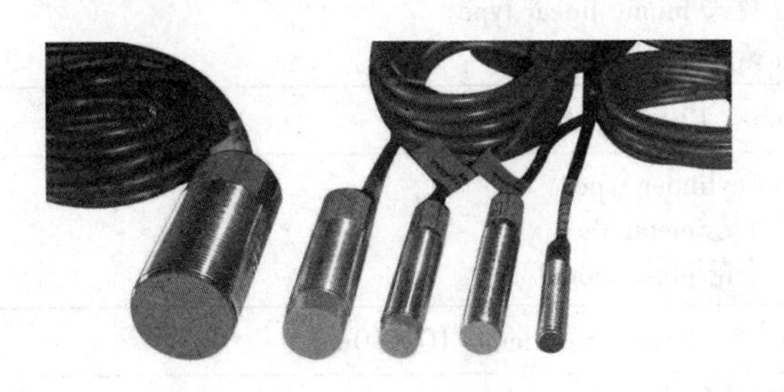

图4－2－3　电容式接近开关

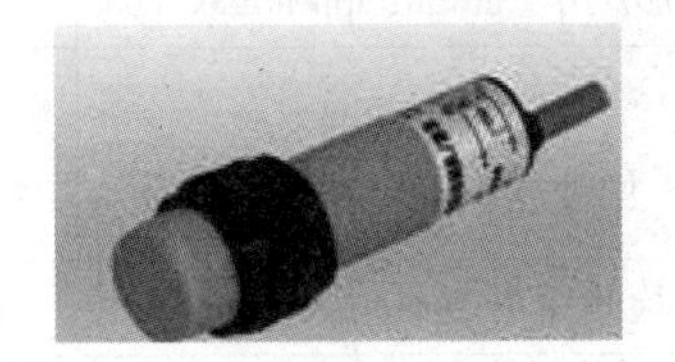

图4－2－4　热释电式接近开关

（5）光电式接近开关。

利用光电效应做成的开关叫光电开关。将发光器件与光电器件按一定方向装在同一个检测头内。当有反光面（被检测物体）接近时，光电器件接收到反射光后便有信号输出，由此便可“感知”有物体接近。

（6）其他型式的接近开关。

当观察者或系统对波源的距离发生改变时，接近到的波的频率会发生偏移，这种现象称为多普勒效应，声呐和雷达就是利用这个效应的原理制成的。利用多普勒效应可制成超声波接近开关、微波接近开关等。当有物体移近时，接近开关接收到的反射信号会产生多普勒频移，由此可以识别出有无物体接近。

3）接近开关的选型和检测

对于不同材质的检测体和不同的检测距离，应选用不同类型的接近开关，以使其在系统中具有高的性能价格比，为此在选型中应遵循以下原则：

①当检测体为金属材料时，应选用高频振荡型接近开关，该类型接近开关对铁镍、A3钢类检测体检测最灵敏。对铝、黄铜和不锈钢类检测体，其检测灵敏度就低；

②对金属和非金属进行远距离检测和控制时，应选用光电型接近开关或超声波型接近开关；

③当检测体为非金属材料时，如：木材、纸张、塑料、玻璃和水等，应选用电容型接近开关；

④检测体为金属时，若对检测灵敏度要求不高时，可选用价格低廉的磁性接近开关或霍尔式接近开关。

4）接近开关型号说明（见表4－2－1）

例如：LJ18A3－8－Z/BX

其中：LJ为编号1；18为编号2；A3为编号3；8为编号4；Z为编号5；B为编号6；X为编号7。

表4-2-1 接近开并型号说明

编号 No.	构成 Composition	代码及含义 Code and definition
1	开关类别 Switch category	LJ：电感式 inductance type LJC：电容式 capacitance type LJM：霍尔式 Hall type LJB：安全防爆式 safety explosion-proof type LJH：舌簧式 mimic linear type LJH：舌簧式 reed type
2	外形尺寸 Outward appearance code	18×18mm 12×12mm 30×30mm
3	外形代号 Outward appearance code	A 圆柱形 cylinder type A3 金属外壳 metal shell A4 塑料外壳 plastic shell
4	检测距离 Detection distance	1：1mm 5：5mm 8：8mm 10：10mm
5	工作电压 Working voltage	Z：6-36VDC Z1：30-65VDC J：90-250VAC J1：345-400VAC
6	输出状态 Output state	B：常开（NO）Normally open（NO） A：常闭（NC）Normally close（NC） C：一开一闭（NO+NC）Normally open + normally close
7	输出形式 Output form	X：三线直流 NPN 负逻辑输出 three-wire DC NPN output Y：三线直流 PNP 正逻辑输出 three-wire DC PNP output D：二线直流输出 two-wire DC output J：交流二线输出其不意 AC two-wire output J1：继电器输出 Relay contact output NP：NPN+PNP 双输出 NPN+PNP double output

5）接近开关外接线图（见图4-2-5）

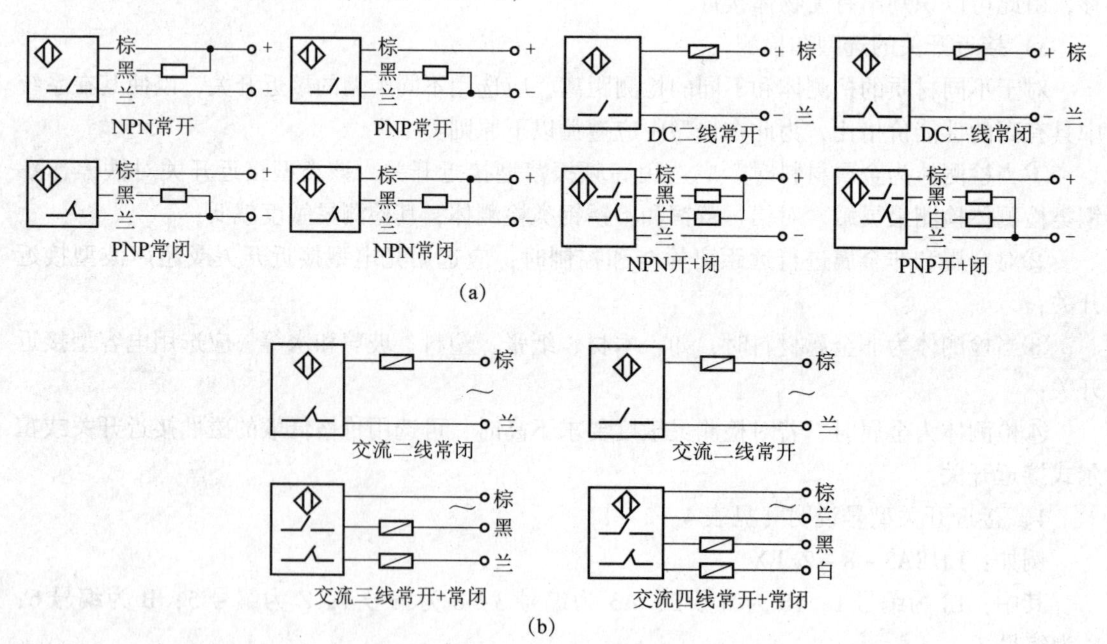

图4-2-5 接近开关外接线图

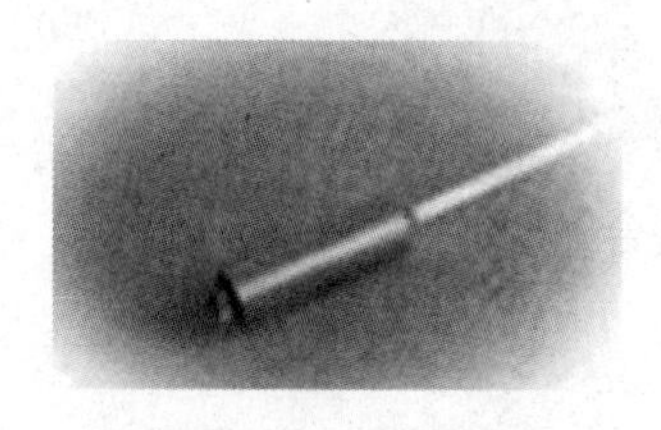

图4－2－6　光纤传感器

2. 光纤传感器及分类

1）光纤传感器

光纤传感器如图4－2－6所示。它是最近几年出现的新技术，可以用来测量多种物理量，比如声场、电场、压力、温度、角速度、加速度等，还可以完成现有测量技术难以完成的测量任务。在狭小的空间里，在强电磁干扰和高电压的环境里，光纤传感器都显示出了独特的能力。

光纤传感器通过光导纤维把输入变量转换成调制的光信号。它的测量原理有两种：一种是被测参数引起光导纤维本身传输特性变化，即改变光导纤维环境如应变、压力、温度等，从而改变光导纤维中光传播的相位和强度，这时测量通过光导纤维的光相位或光强度变化，就可知道被测参数的变化；另一种是以激光器或发光二极管为光源，用光导纤维作为光传输通道，把光信号载送入或载送出敏感元件，再与其他相应敏感元件配合而构成传感器。前者属于物理型传感器，后者属于结构型传感器。这两种传感器在自动测量系统中都有应用。

工业生产中为了检测和处理种类繁多的信息，需要用传感器将被测量转换成便于处理的输出信号形式，并送往有关设备。在这个过程中采用光信号比电信号有很大的优越性。用光纤传输光信号，能量损失极小，而且光纤的化学性质稳定、横截面小，同时又具有防噪声、不受电磁干扰、无电火花、无短路负载和耐高温等优点。因此70年代末光纤通信技术兴起，光纤传感器也获得迅速发展。

2）光纤传感器的分类

光纤传感器按照使用的光纤不同，通常分为多模光纤传感器和单模光纤传感器两大类。光纤芯内折射率分布对传输频带宽度的影响很大。可以传输多种传输模的称为多模光纤，传输频带宽度可达30兆赫至数百兆赫。芯子与包层极细的一种光导纤维（芯子与包层间折射率差值很小）只能传输一种传输模，称为单膜光纤，传输频带宽度高达10吉赫。多模光纤传感器又分为传光型和光强调制型两种，单模光纤传感器则分为偏振调制型和相位调制型两种。

3. 红外传感器及其分类

1）红外传感器

红外传感器如图4－2－7所示。红外技术发展到现在，已经为大家所熟知，这种技术已经在现代科技、国防和工农业等领域获得了广泛的应用。红外传感器其内部发射特殊红外线光波，相当于数据流，也就是数字信号转成红外信号，红外信号转成数字信号，以达到控制信号传输的效果。

图4－2－7　红外传感器

2）红外传感器分类

红外传感系统是用红外线为介质的测量系统，按照功能能够分成五类：

（1）辐射计，用于辐射和光谱测量；

（2）搜索和跟踪系统，用于搜索和跟踪红外目标，确定其空间位置并对它的运动进行跟踪；

（3）热成像系统，可产生整个目标红外辐射的分布图像；
（4）红外测距和通信系统；
（5）混合系统，是指以上各类系统中的两个或者多个的组合。

任务实施

1. 外部电路图（如图4－2－8所示）

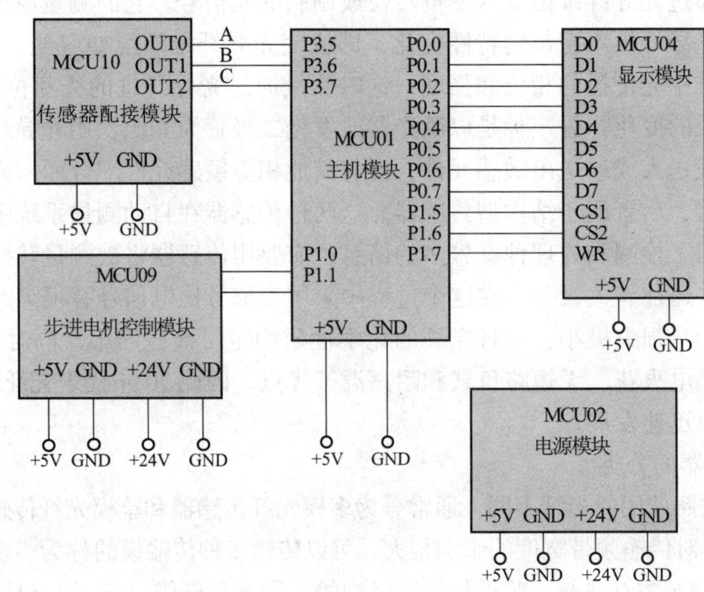

图4－2－8　接近开关及相关传感器外部接线图

2. 电路接线

传感器配接模块	步进电动机模块	显示模块
OUT0→P3.5	DIR→P1.0	D0～D7→P0.0～P0.7
OUT1→P3.6	CP→P1.1	CS1 ——→P1.5
OUT2→P3.7		CS2 ——→P1.6
		WR ——→P1.7

3. 参考程序

```
#include“reg52.h”
#define uint unsigned int
#define uchar unsigned char
sbit dir = P1^0;               //方向电平信号接口接至 P1.0
sbit cp = P1^1;                //步进脉冲信号接口接至 P1.1
  sbit dm = P1^5;              //数码管断码
  sbit px = P1^6;              //数码管片选
```

```
sbit clk = P1^7;              //数码管读写允许
sbit  an1 = P3^5;             //正转开关
sbit  an2 = P3^6;             //反转开关
sbit  an3 = P3^7;             //停止开关

uchar code a[] = {0xC0,/*0*/0xF9/*1*/,0xA4/*2*/};
uchar ms,k_time;
bit ax;/*******************************************************

函数名称:延时子程序
函数功能:1ms 延时
入口参数:z
出口参数:无

*******************************************************/
void delayms(uint x)
{
    uchar i;
    while(x --)
    for(i =0;i <123;i ++);          //延时 1ms
}
/*******************************************************

函数名称:接近开关子程序
函数功能:接近开关判断
入口参数:kk
出口参数:无

*******************************************************/
void key()
{
    uchar kk;                   //键码转换为键值的变量
    kk =0;                      //变量初始化
    if(an1 ==0)
    kk =1;                      //AN1 接近后,将 1 赋给 kk
    else if(an2 ==0)
    kk =2;                      //AN2 接近后,将 2 赋给 kk
    else if(an3 ==0)
    kk =3;                      //AN3 接近后,将 3 赋给 kk
```

```
    switch(kk)
    {
      case 1:ms =0;break;
      case 2:ms =1;break;
      case 3:ms =2;break;
    }
}
/**********************************************************

函数名称:数码管显示子函数
函数功能:一位数码管的显示
入口参数:无
出口参数:无

**********************************************************/
//显示模块中的数码管显示的数据口接单片机的 P0 口,由单片机直接控制
void led_disp()
{
    P0 =a[ms];                //送数码管扫描字
    dm =0;                    //段选端打开
    clk =0;                   //送触发信号,上升沿
    clk =1;
    dm =1;                    //段选端关闭
    P0 = ~0x01;               //送数码管段码
    px =0;                    //片选端打开
    clk =0;
    clk =1;
    px =1;                    //片选端关闭
    delayms(1);
    P0 =0xff;  //送熄灭符
    dm =px =0;
    clk =0;
    clk =1;
    dm =px =1;
}

/**********************************************************

函数名称:步进电动机子驱程子程序
函数功能:步进电动机子驱动
```

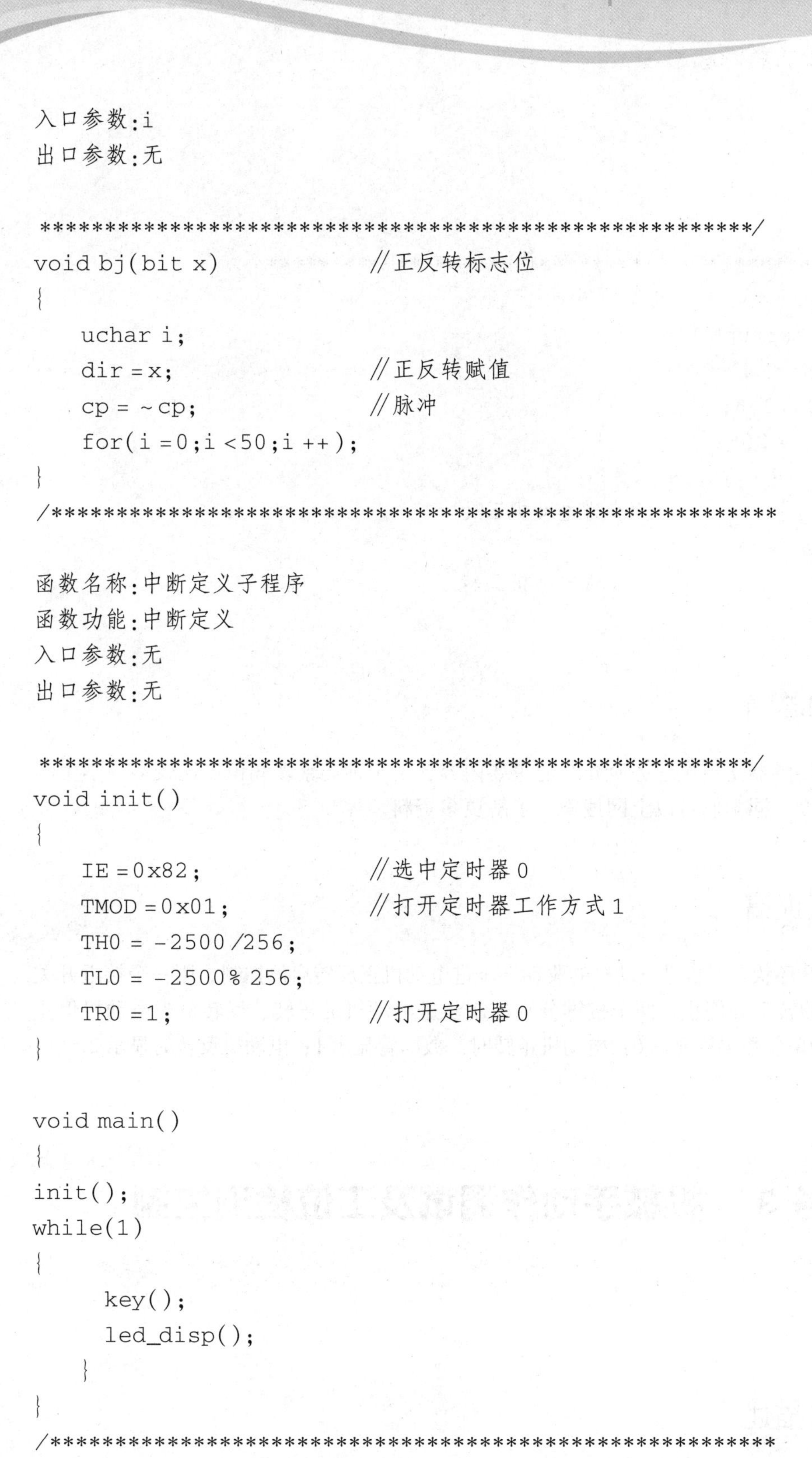

```
入口参数:i
出口参数:无

*********************************************************/
void bj(bit x)                   //正反转标志位
{
    uchar i;
    dir = x;                     //正反转赋值
    cp = ~cp;                    //脉冲
    for(i = 0;i < 50;i ++);
}
/*********************************************************

函数名称:中断定义子程序
函数功能:中断定义
入口参数:无
出口参数:无

*********************************************************/
void init()
{
    IE = 0x82;                   //选中定时器 0
    TMOD = 0x01;                 //打开定时器工作方式 1
    TH0 = -2500/256;
    TL0 = -2500%256;
    TR0 =1;                      //打开定时器 0
}

void main()
{
init();
while(1)
{
      key();
      led_disp();
    }
}
/*********************************************************

函数名称:中断子程序
```

```
函数功能:中断
入口参数:无
出口参数:无

*****************************************************/

void time()interrupt 1
{
    TH0 = -2500/256;
    TL0 = -2500%256;
    if(ms==1)
    bj(0);                    //步进电动机正转
    else if(ms==2)
    bj(1);                    //步进电动机反转
}
```

归纳总结

接近开关和传感器是本次任务所介绍的主要内容，由于种类繁多知识点比较多，学生学习时有一定的难度。同学们可以上网搜索，了解更多资料。

拓展提高

编程并调试开环状态下步进电动机的驱动，步进电动机正反转启停控制。用一个接近开关控制步进电动机的转动和停止，两个按键分别控制步进电动机的正转、反转。当电动机停止时，接在P0口的单位数码管显示0；电动机正转时，数码管显示1；电动机反转时显示2。

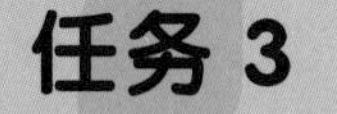

任务3　机械手动作调试及工位检测控制

任务描述

让智能物料搬运装置在启动时进行初始化动作即打开电源控制总开关后，显示如图4-3-2所示状态，机械手位于工位1正上方且上升到位，手爪处于放松状态。分别抓取1

工位，2 工位的物料，放置在 3 工位。

任务分析

1. 机械手就是用机器代替人手，按固定程序抓取、搬运物体或操作工具的自动操作装置，从而把工件由某个地方移向指定的工作位置，或按照工作要求来操纵工件进行加工。

2. 本任务可以在亚龙 YL－236 实训台中的部分模块和智能物料搬运实训装置完成，通过磁性开关判断手爪是否夹紧及是否到达底部，通过行程开关控制手爪的运动轨迹。通过一对电磁阀来控制电动机的正反转实现手爪的左右移动，通过电气阀控制手爪的夹紧、放松、下降的动作。物料搬运装置内部电气图如图 4－3－1 所示。

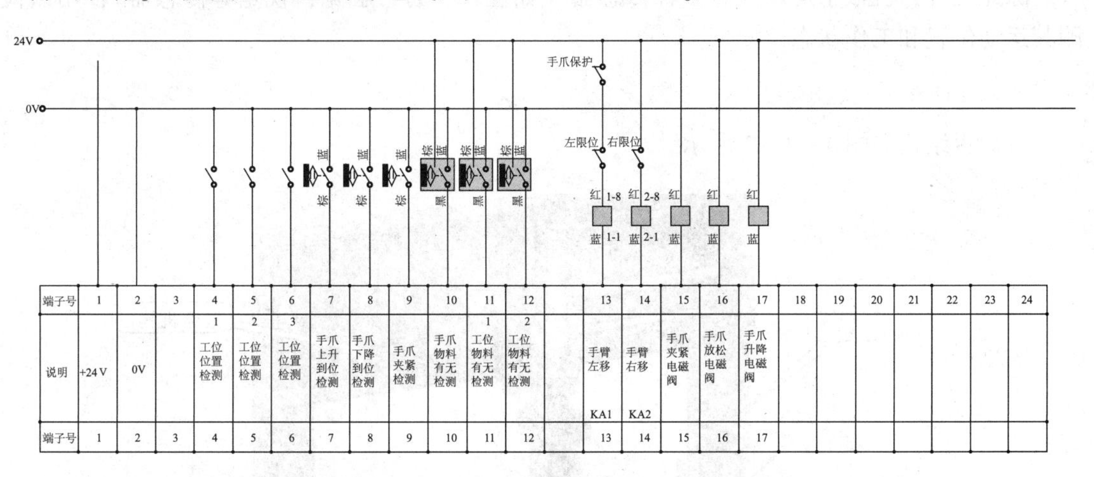

图 4－3－1　智能物料搬运装置接线图

本次任务所用到的 YL－236 实训台中的模块：

①电源模块；

②主机模块；

③智能物料搬运装置；

④传感器配接模块；

⑤继电器模块。

知识准备

1. 机械手的组成

机械手一般由执行机构、驱动系统、控制系统三个部分组成。

1）执行机构

①手腕。手腕是连接手臂与末端执行器的部件，用以调整末端执行器的方位和姿态。

②手臂。手臂是支承手腕和末端执行器的部件。它由动力关节和连杆组成，用来改变末端执行器的位置。

③机座。机座是机械手的基础部件，并承受相应的载荷，机座分为固定式和移动式两类。

2）驱动系统

驱动系统是按照控制系统发出的指令将信号放大，驱动执行机构运动的传动装置。常用的有电气、液压、气动和机械等四种驱动方式。

3）控制系统

控制系统用来控制机械手按规定要求动作，可分为开环控制系统和闭环控制系统。大多数工业机械手采用计算机控制，这类控制系统分为决策级，策略级和执行级三级：决策级的功能是识别环境、建立模型、将工作任务分解为基本动作序列；策略级将基本动作变为关节坐标协调变化的规律，分配给各关节的伺服系统；执行级给出各关节伺服系统的具体指令。

除此之外，机械手可以配置多种传感器（如位置、力，触觉，视觉等传感器），用以检测其运动位置和工作状态。

2. 机械手结构

机械手结构如图 4－3－2 所示。

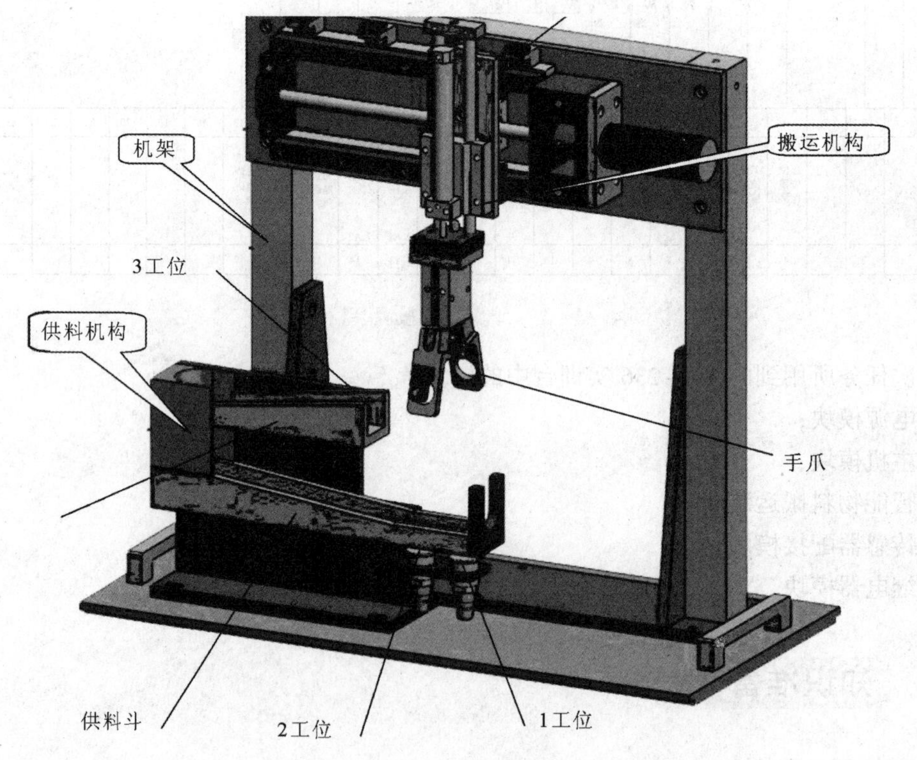

图 4－3－2　机械手结构示意图

3. 机械手的分类

机械手可按坐标形式、控制方式、驱动方式和信号输入方式四种方法分类。

1）按坐标形式分

坐标形式是指执行机构的手臂在运动时所取的参考坐标系的形式。

（1）直角坐标式。

直角坐标机械手的末端执行器在空间位置的改变式通过三个互相垂直的轴线移动来实现的，即沿 X 轴的纵向移动、沿 Y 轴的横向移动及沿 Z 轴的升降。这种机械手位置精度最高，控制无耦合，比较简单，避障性好，但结构较庞大，动作范围小，灵活性差。

（2）关节坐标式。

关节坐标机械手主要是由立柱、大臂和小臂组成，立柱绕 Z 轴旋转，形成腰关节，立柱和大臂形成肩关节，大臂和小臂形成肘关节，大臂和小臂作俯仰运动。这种机械手工作范围大，动作灵活，避障性好，但位置精度低，有平衡问题，控制耦合比较复杂，目前应用越来越多。

（3）极坐标式。

极坐标机械手的运动式由一个直线运动和两个转动组成，即沿手臂方向 X 轴的伸缩，绕 Y 轴的俯仰和绕 Z 轴的回转。这种机械手占地面积小，结构紧凑，位置精度尚可，但避障性差，有平衡问题。

（4）圆柱坐标式。

圆柱坐标机械手是通过两个移动和一个转动来实现末端执行器空间位置的改变，其手臂的运动由在垂直立柱的平面伸缩和沿立柱升降两个直线运动及手臂绕立柱转动复合而成。这种机械手位置精度较高，控制简单，避障性好，但结构也较庞大。

2）按控制方式分

（1）点位控制。

采用点位控制的机械手，其运动为空间点到点之间的直线运动，不涉及两点之间的移动轨迹，只在目标点处控制机械手末端执行器的位置和姿态。这种控制方式简单，适用于上下料、点焊等作业。

（2）连续轨迹控制。

采用连续轨迹控制的机械手，其运动轨迹可以是空间的任意连续曲线。机器人在空间的整个运动过程都要控制，末端执行器在空间任何位置都可以控制姿态。

3）按驱动方式分

（1）电力驱动。

电力驱动式目前采用最多的一种。早期多采用步进电动机驱动，后来发展了直流伺服电动机，现在交流伺服电动机的应用也得到了迅速发展。这类驱动单元可以直接驱动机构运动，也可以通过谐波减速器装置减速后驱动机构运动，结构简单紧凑。

（2）气压驱动。

气压驱动的机械手结构简单，动作迅速，价格低廉，由于空气可压缩性，导致工作速度稳定性差，气源压力一般为 0.7MPa，因此抓取力小，只能抓取质量为几千克到十几千克的物体。

（3）液压驱动。

液压驱动的机械手具有很大的抓起能力，可抓取质量达上百公斤的物体，油压可达 7MPa，液压传动平稳，动作灵敏，但对密封性要求较高，不宜在高温或低温现场工作，需配备一套液压系统。

4）按信号输入方式分

（1）人操作机械手。

一种由操作人员直接进行操作的具有几个自由度的机械手。

（2）示教再现机械手。

这类机械手能够按照记忆装置存储的信息来复现由人示教的动作，其示教动作可自动地重复执行。

（3）固定程序操作机械手。

按预先规定的顺序、条件和位置，逐步地重复执行给定的作业任务的机械手。

（4）可变程序操作机械手。

它与固定程序机械手基本相同，但其工作次序等信息易于修改。

（5）程序控制机械手。

它的作业指令是由计算机程序向机械手提供的，其控制方式与数控机床一样。

（6）智能机械手。

采用传感器来感知工作环境或工作条件的变化，并借助其自身的决策能力，完成相应的工作任务。

4. 机械手的驱动方式

机械手一共具有三个独立的运动关节，连同末端机械手的运动，一共需要三个动力源。机械手常用的驱动方式有液压驱动、气压驱动和电动机驱动三种类型。

任务实施

1. 外部接线图（如图4-3-3所示）

2. 电路接线：

实验接线：

物料搬运装置	传感器配接模块	主机模块	继电器模块	物料搬运
（端子号4）⟶	IN0	OUT0 ⟶	P3.0	
（端子号5）⟶	IN1	OUT1 ⟶	P3.1	
（端子号6）⟶	IN2	OUT2 ⟶	P3.2	
（端子号7）⟶	IN3	OUT3 ⟶	P3.3	
（端子号8）⟶	IN4	OUT4 ⟶	P3.4	
（端子号9）⟶	IN5	OUT5 ⟶	P3.5	
（端子号10）⟶	IN6	OUT6 ⟶	P3.6	
（端子号11）⟶	IN7	OUT7 ⟶	P3.7	
（端子号12）⟶	IN8	OUT8 ⟶	P1.5	
			P1.0 ⟶K1 NO ⟶	（端子号13）
			P1.1 ⟶K2 NO ⟶	（端子号14）
			P1.2 ⟶K3 NO ⟶	（端子号15）

P1.3 ⟶K4 NO ⟶ （端子号 16）

P1.4 ⟶K5 NO ⟶ （端子号 17）

物料搬运装置	传感器配接模块	继电器模块
红端 24V 黑端 0V	COM 24V COM + 5V COM - 0V	COM 24V 地

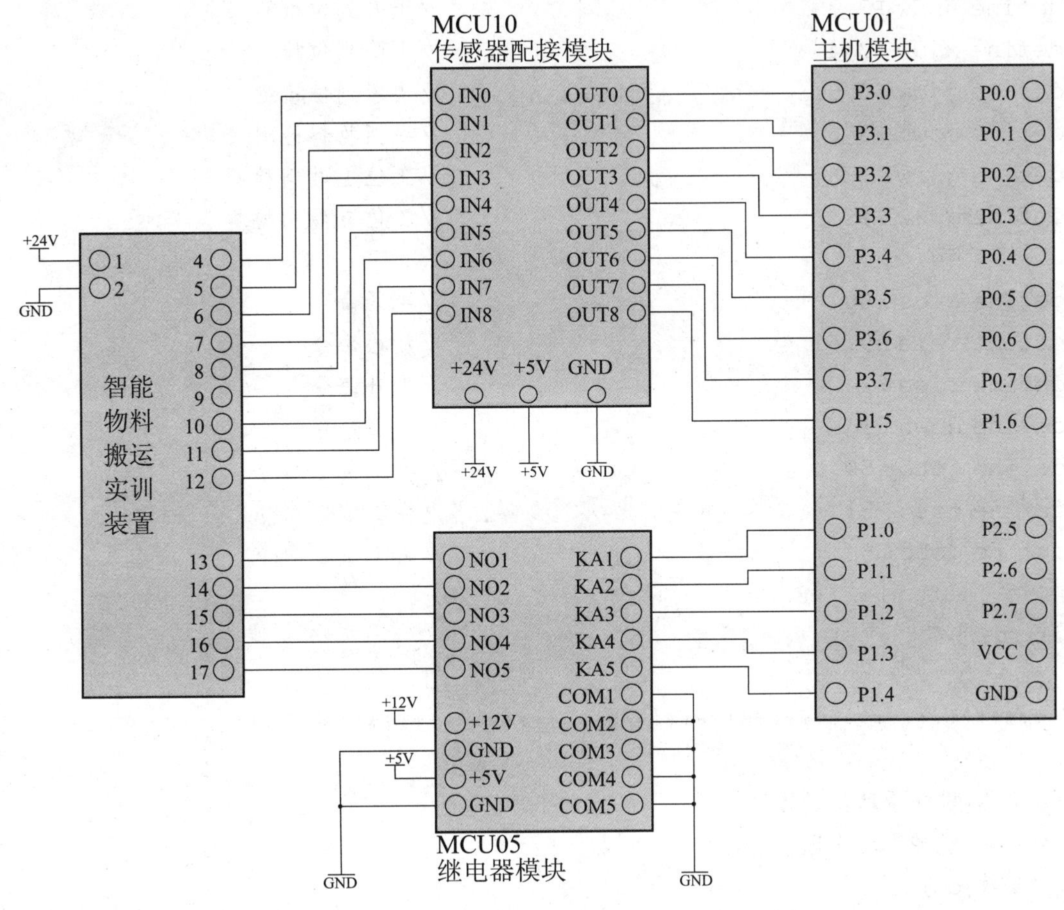

图 4－3－3 机械手动作调试及工位检测控制外部接线图

3. 参考例程

```
#include "at89x52.h"
#define uint unsigned int
#define uchar unsigned char
#define left P1_0 =0,P1_1 =1                  //机械手左移
#define right P1_1 =0,P1_0 =1                 //机械手右移
#define stop P1_1  1,P1_0 =1                  //机械手停止移动
```

```
#define jj P1_2 =0,P1_3 =1                   //机械手夹紧
#define fs P1_3 =0,P1_2 =1                   //机械手放松
#define sj P1_4                              //机械手上升、下降

#define gw1 P3_0                             //工位 1 检测
#define gw2 P3_1                             //工位 2 检测
#define gw3 P3_2                             //工位 3 检测
#define ssdw P3_3                            //上升到位检测
#define xjdw P3_4                            //下降到位检测
#define jjdw P3_5                            //夹紧到位检测
#define szwl P3_6                            //手抓物料检测
#define gw1wl P3_7                           //工位 1 物料检测
#define gw2wl P1_5                           //工位 2 物料检测

#define close 60                             //夹紧命令
#define release 61                           //放松命令
#define rise 62                              //上升命令
#define down 63                              //下降命令
#define goto1 50                             //去工位 1 命令
#define goto2 51                             //去工位 2 命令
#define goto3 52                             //去工位 3 命令

bit fg;

/*****************************************************

函数名称:机械手动作子程序
函数功能:机械手动作选择
入口参数:dat
出口参数:无

*****************************************************/

void dz(uchar dat)
{
   switch(dat)
   {
     case close:jj;while(jjdw);break;          //夹紧
     case release:fs;while(jjdw ==0);break;   //放松
```

```
    case rise:sj =1;while(ssdw);break;       //上升
    case down:sj =0;while(xjdw);break;       //下降
    case goto1:while(gw1)right;stop;break; //去工位1
    case goto3:while(gw3)left;stop;break;  //去工位3
    case goto2:                              //去工位2
      while(gw2)
      {
        if(gw3 ==0)
        fg =1;
        if(gw1 ==0)
        fg =0;
        if(fg)
        right;
        else
        left;
      }stop;
      break;
    default:  break;
  }
}

/*******************************************************

函数名称:机械手工作
函数功能:机械手工作流程
入口参数:无
出口参数:无

*******************************************************/

void yx()
{
   dz(goto1);       //去工位1
   dz(down);        //下降
   dz(close);       //夹紧
   dz(rise);        //上升
   dz(goto3);       //去3 号工位
   dz(release);     //放松
   dz(goto2);       //去2 号工位
   dz(down);        //下降
```

```
    dz(close);       //夹紧
    dz(rise);        //上升
    dz(goto3);       //去3号工位
    dz(release);     //放松
}

void main()
{
    dz(release);     //放松
    dz(goto3);       //去3号工位
    yx();
    while(1)
    {
      ;
    }
}
```

归纳总结

本次任务通过编程对机械手动作进行调试及灵敏度控制、工位检测控制，掌握机械手动作和控制的方法和特点。

拓展提高

让智能物料搬运装置在启动时进行初始化动作，即打开电源控制总开关后，机械手位于工位1正上方且上升到位，手爪处于放松状态。分别抓取1工位，2工位的物料，放置在3工位，将动作过程分成下降、夹紧、上升、左移、右移、松开，用一个按键单步控制运行过程。

任务4 自动分拣投料机控制实训

任务描述

让智能物料搬运装置在启动时进行初始化动作，通过1工位上的物料传感器判断该位置

是否有小球。有则执行动作抓取小球，并在3工位放下小球。通过各个传感器实现对装置运动轨迹的检测，实现简单的循环搬运功能，并用数码管显示抓球的个数。

任务分析

本任务可以在亚龙YL－236实训台中的部分模块和智能物料搬运实训装置完成，通过光电传感器判断工位1物料有无，通过光纤传感器判断手爪中是否有物体，通过磁性开关判断手爪是否夹紧及是否到达底部，通过行程开关控制手爪的运动轨迹。通过一对电磁阀来控制电动机的正反转实现手爪的左右移动，通过电气阀控制手爪的夹紧、放松、下降的动作。显示模块显示抓球的个数。

本次任务所用到的YL－236实训台中的模块：

①电源模块；

②主机模块；

③智能物料搬运装置；

④传感器配接模块；

⑤继电器模块；

⑥显示模块。

知识准备

在工业生产中经常需要对不同的东西进行分类，例如按不同颜色分类、按不同质量分类、按不同材料分类、按不同大小分类等。自动分拣投料机是按照预先设定的程序指令对物品进行分拣，并将分拣出的物品送达指定位置的机械。例如按照颜色不同的分拣机，它能够将黑、白两种不同的颜色的物品分别放到不同的地方，它的原理就是利用“光反射传感器”，我们在滑道下方，放置一个这样的传感器，当黑色物品经过时不反光，单片机系统就知道这个物品是黑色的，于是它控制拨杆向左传动，把黑色物品拨到左边；当白色物品经过时，传感器有反光，单片机系统就知道这是白色物品，于是它控制拨杆向右传动，把黑色物品拨到右边，这样这台分拣机就能够准确地把黑白不同颜色地物品分放在左右两边。系统有效保证了生产过程的连续性，对要求比较高的输送工艺具有很好的实用性。采用在线筛分加工工艺，不仅杜绝了物料对环境或环境对物料的影响，而且有效地降低了加工生产成本，因是密闭输送，不合格的废料可有效回收并再利用。

任务实施

1. 外部电路图（如图4－4－1所示）

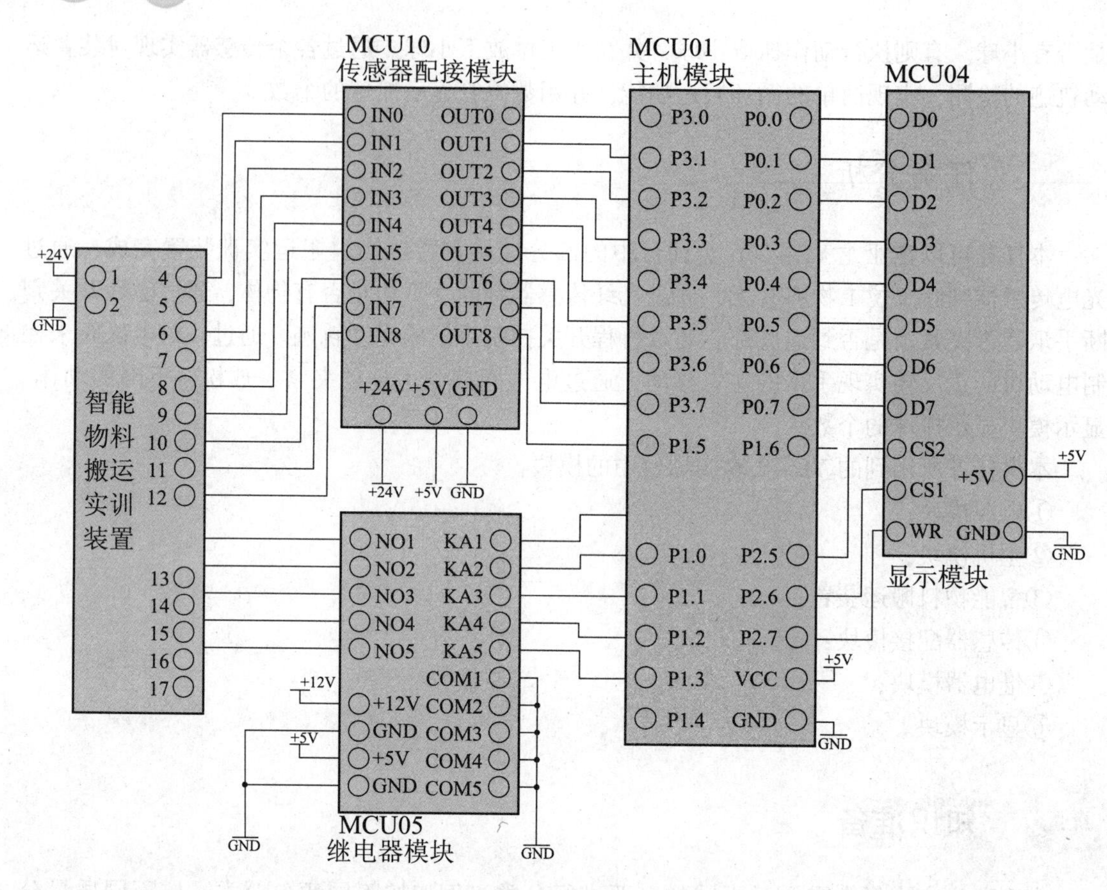

图4-4-1　自动分拣投料机控制实训外部接线图

2. 电路接线

实验接线：

物料搬运装置	传感器配接模块	主机模块	继电器模块	物料搬运
（端子号4）⟶	IN0	OUT0 ⟶	P3. 0	
（端子号5）⟶	IN1	OUT1 ⟶	P3. 1	
（端子号6）⟶	IN2	OUT2 ⟶	P3. 2	
（端子号7）⟶	IN3	OUT3 ⟶	P3. 3	
（端子号8）⟶	IN4	OUT4 ⟶	P3. 4	
（端子号9）⟶	IN5	OUT5 ⟶	P3. 5	
（端子号10）⟶	IN6	OUT6 ⟶	P3. 6	
（端子号11）⟶	IN7	OUT7 ⟶	P3. 7	
（端子号12）⟶	IN8	OUT8 ⟶	P1. 5	
			P1. 0 ⟶K1　NO ⟶	（端子号13）
			P1. 1 ⟶K2　NO ⟶	（端子号14）
			P1. 2 ⟶K3　NO ⟶	（端子号15）
			P1. 3 ⟶K4　NO ⟶	（端子号16）
			P1. 4 ⟶K5　NO ⟶	（端子号17）

物料搬运装置	传感器配接模块	继电器模块	显示模块
红端 24V 黑端 0V	COM 24V　COM + 5V COM - 0V	COM 24V 地	P0.0 ~ P0.7 CS2 P2.5 CS1 P2.6 WR　P2.7

3. 参考例程

归纳总结

本次任务实为项目四中各个知识点的综合应用，通过完成本次任务对单片机的硬件和软件有一个较为全面的了解，为后续的学习提供良好的基础。

拓展提高

1. 如何实现两个工位的循环搬运？
2. 如何设置搬运的优先级？

项目5

化工自动投料反应釜系统控制

【预期目标】

1. 掌握I/O口复用的时序配合。
2. 掌握单片机I/O口的扩展及8255的应用。
3. 掌握机械手、数码管及12864液晶屏复用控制。
4. 能够设计化工自动投料反应釜控制系统。

【思政导入】

本项目是一个综合任务，模拟实现一个化学反应釜系统的工作控制过程，主要集合了显示模块、指令模块、继电器模块、传感器模块、交、直流电机控制模块、智能物料搬运实训装置、温度模块和ADC/DAC等模块。在整个项目任务中，比较好的体现了一个核心以及各个模块之间相互协作和配合的团队精神。在教学过程中，可以将其与平时学习和工作中的合作与分工来类比，如果团队中任何一个成员，没有按照预定进度按质保量完成既定的工作，就会导致整个工作延期甚至失败。同时引导同学正确看待“整体与部分”的关系，由此引申出“家与国”“个人与团队”等关系问题，让学生充分理解并拥护党的领导地位，肩负国家、民族发展重任的必然性，让学生树立全局观念，培养团队意识。

任务1　51单片机的I/O口总线复用学习

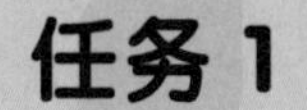

任务描述

一般任何一个系统都少不了键盘和显示这两个部分，键盘为使用者设定功能提供操作平台；显示反映了使用者设定功能的状态。在传统设计中一般把显示模块和键盘模块分开设计，这样结构清晰，软件设计简单，当I/O口不够用的时候通常采用复用或扩展的方法开解决问题。本项目的第一个任务就是让显示模块和键盘模块采用单片机I/O口的复用，要求采用4×4键盘阵控制8段数码管的显示，按下某个键，数码管显示对应的键值。

任务分析

1. 显示模块

本任务采用的是显示模块中的数码管显示模块，数码管为共阳管，该模块共有8位数码管，用两块74HC377进行数据锁存，cs1、cs2及wr3各控制位来进行显示控制。

2. 键盘模块

本任务采用的是指令模块中的4×4键盘阵，行列扫描后得到对应的键码值。

3. 系统框图如图5-1-1所示。

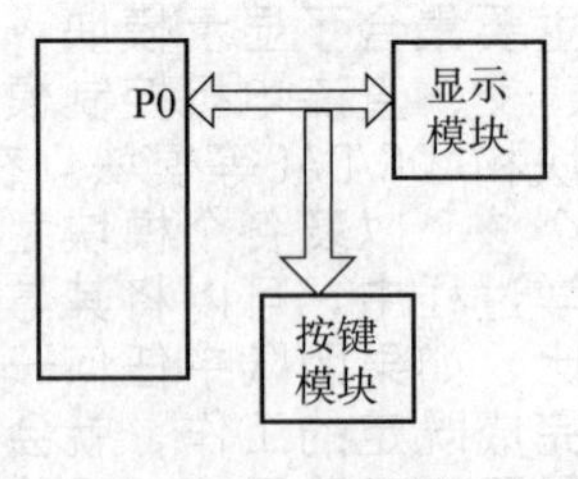

图5-1-1　系统框图

知识准备

在显示模块和键盘阵模块共同使用P0的过程中，八段数码管的显示扫描、4×4键盘阵按键扫描及两者之间的时序配合，如图5-1-2所示。

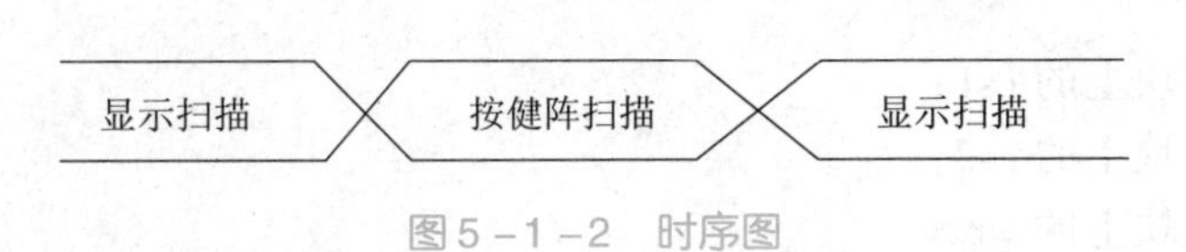

图5-1-2　时序图

任务实施

1. 硬件设计

(1) 模块的选取。

MCU01 主机模块；

MCU02 电源模块；

MCU04 显示模块；

MCU06 指令模块。

(2) 模块的连接，接线原理图如图5-1-3所示。

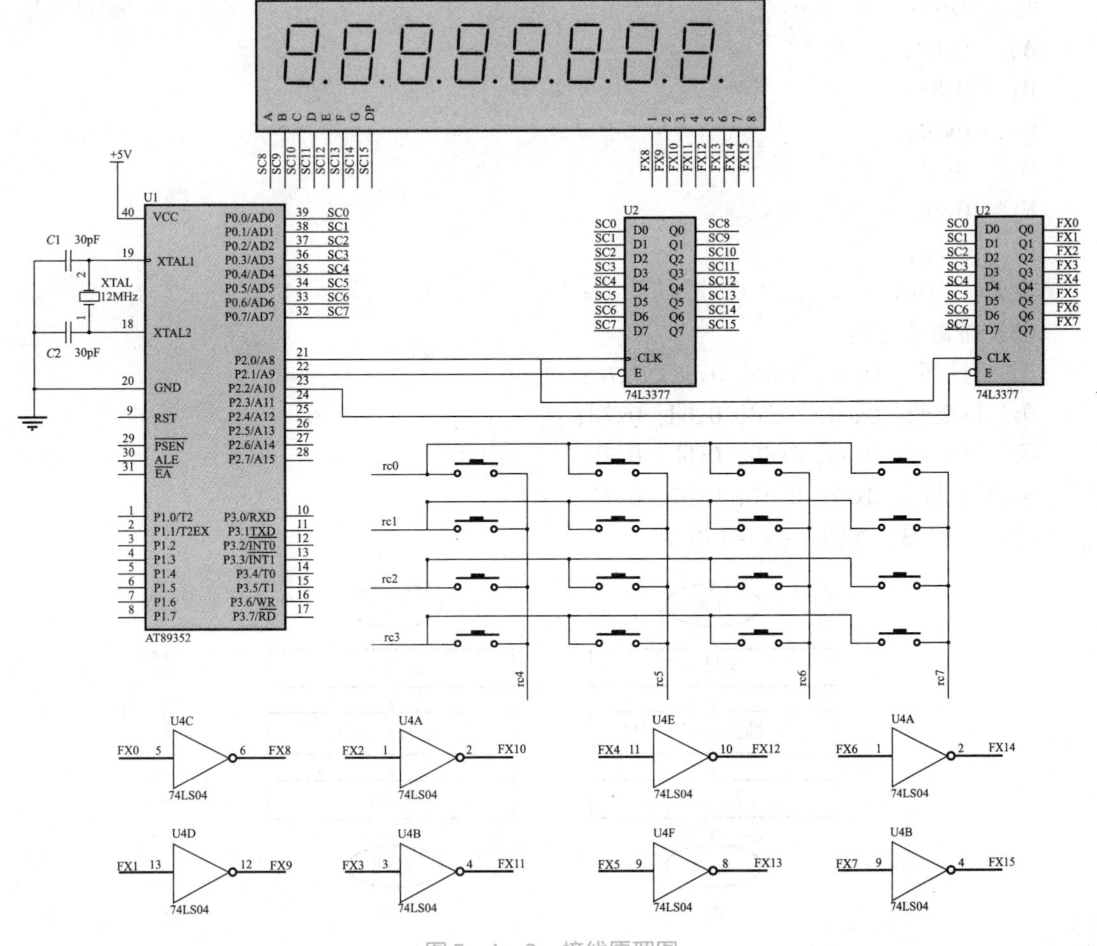

图5-1-3　接线原理图

P0.0～P0.7接显示模块的D0.0～D0.7和指令模块的row0～row3，col0～col3；

P1.0 接显示模块上的 cs1；

P1.1 接显示模块上的 cs2；

P1.2 接显示模块上的 wr。

2. 软件设计

（1）共阳数码管段码。

0：　0xc0；

1：　0xf9；

2：　0xa4；

3：　0xb0；

4：　0x99；

5：　0x92；

6：　0x82；

7：　0xf8；

8：　0x80；

9：　0x90；

A：　0x88；

B：　0x83；

C：　0xc6；

D：　0xa1；

E：　0x86；

F：　0x8e；

熄灭：　0xff。

（2）按键阵键码。

第一行键码：0xee，0xde，0xbe，0x7e；

第二行键码：0xed，0xdd，0xbd，0x7d；

第三行键码：0xeb，0xdb，0xbb，0x7b；

第四行键码：0xe7，0xd7，0xb7，0x77。

（3）流程图，如图 5-1-4 所示。

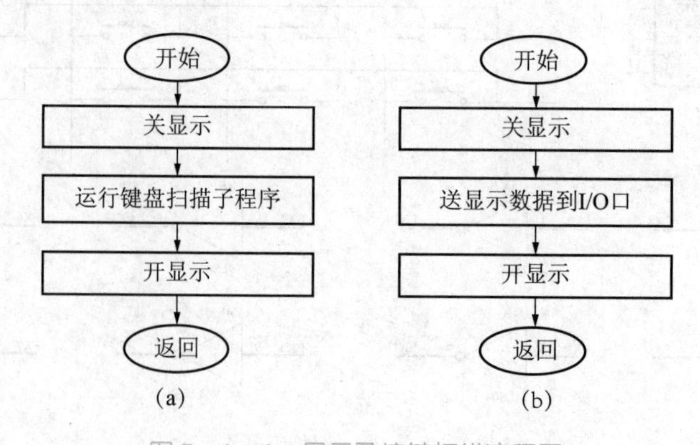

图 5-1-4　显示及按键扫描流程图

（a）按键扫描流程图；（b）显示扫描流程图

(4) 程序及其说明。

```
#include<at89x52.h>
#define uint unsigned int
#define uchar unsigned char
#define cs1 P2_1                                      //段选端控制位
#define cs2 P2_2                                      //片选段控制位
#define wr P2_0                                       //触发脉冲信号控制位
uchar code px[]={0xfe,0xfd,0xfb,0xf7,0xef,0xbf,0xdf,0x7f};   //扫描字
uchar code dx[]={0xc0,0xf9,0xa4,0xb0,0x99,0x92,0x82,0xf8,0x80,0x90,
               //0,1,2,3,4,5,6,7,8,9
               0x88,0x83,0xc6,0xa1,0x86,0x8e,0xff};
               //A,B,C,D,E,F,熄灭
uchar code key_code[]={0xee,0xde,0xbe,0x7e,    //4×4 按键固定键码
                     0xed,0xdd,0xbd,0x7d,
                     0xeb,0xdb,0xbb,0x7b,
                     0xe7,0xd7,0xb7,0x77};
uchar c[8];                                           //显示缓存
uchar kc,kv;                                          //按键键码,键值
/*******************************************************

函数名称:延时子函数
函数功能:延时1ms
入口参数:z
出口参数:无

*******************************************************/
void delay(uint z)
  {
    uint i;
    while(z--)
    {
      for(i=0;i<120;i++);
    }
  }

/*******************************************************

函数名称:显示缓存赋值子函数
函数功能:将所需显示数值放入显示缓存区中
```

```
入口参数:无
出口参数:无

******************************************************/

void cf( )
   {
     uchar i;
     c[0] = kv;                              //只让数码管第一位显示,让其余七
位熄灭
     for(i =1;i <8;i ++)
     c[i] =16;

   }

/*******************************************************

函数名称:数码管显示子函数
函数功能:一位数码管的显示
入口参数:i
出口参数:无

******************************************************/

void disp(uchar i)
   {
     P0 =px[i];                              //送扫描字
     cs2 =0;                                 //片选端打开
     wr =0;                                  //上升沿触发信号
     wr =1;
     cs2 =1;                                 //片选端关闭
     P0 =dx[c[i]];                           //送段码
     cs1 =0;                                 //段选端打开
     wr =0;
     wr =1;
     cs1 =1;                                 //段选端关闭
     delay(1);                               //延时 1ms
     P0 =0xff;                               //消影
     cs1 =0;
     cs2 =0;
```

```
    wr = 0;
    wr = 1;
    cs1 = 1;
    cs2 = 1;
  }

/*******************************************************

函数名称:4 ×4 按键键码转换子程序
函数功能:将 4 ×4 按键所得到的码值转换为对应的键值
入口参数:kc
出口参数:kv

*******************************************************/

void tran( )
  {
    uchar i;
    for(i = 0;i < 16;i ++)                    //与固定键码比对,相同则为键值
      {
        if(kc == key_code[i])
          {
            kv = i;
            break;
          }
      }
}

/*******************************************************

函数名称:4 ×4 按键子程序
函数功能:行为低四位,列为高四位,行列扫描得到对应的键码
入口参数:无
出口参数:kc

*******************************************************/

void key4( )
  {
```

```
    P0 =0x0f;                                  //行扫描
  if(P0! =0x0f)
    {
    delay(10);                                 //延时消抖
    kc = P0;                                   //取行码
    P0 =0xf0;                                  //列扫描
    kc = kc |P0;                               //行码、列码合并得出键码
    tran();                                    //调用转换子函数得出键值
    while(P0! =0xf0);                          //等待按键松开

    delay(10);
    }
}

/*********************************************************

函数名称:主函数
函数功能:数码管对应显示键盘阵按下的某个键值
入口参数:无
出口参数:无

*********************************************************/

void main( )
   {
     while(1)
    {

     key4();                                   //4 ×4 按键扫描

     cf();                                     //显示缓存赋值

        disp(i);                               //数码管显示

       }
   }
```

归纳总结

本任务的单片机外部晶振为11.059 2MHz，机器周期为1μs，也就是说单片机的运行速

度是非常快的。而I/O口的复用就是利用了单片机执行速度快这个特点，在宏观上看，两个模块是同时执行的，实质上在扫描一个模块的时候关闭另一个模块可以实现I/O口复用而不互相影响，最终实现预期功能。

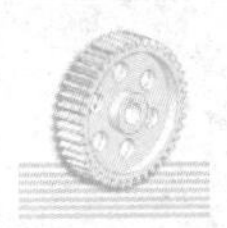

拓展提高

利用P0口进行数码管显示扫描、液晶显示及按键阵扫描。

任务2　51单片机I/O口的扩展及8255应用

任务描述

本任务以8255芯片扩展单片机的基本输入/输出为例，介绍51单片机系统何时进行并端口扩展，以及如何进行并端口扩展。

本任务设定的功能：8255的A端口作为输出端口，连接八段数码管，C端口作为输入端口，连接一个4×4按键阵，单片机随时查看C端按键阵的状态，并将按键键值显示在数码管上。

任务分析

1. 并行扩展的原理

作为一个并行接口，应具备下列功能：

①具有一个或多个数据I/O寄存器和缓冲器（称为I/O端口）；

②每个端口应具有与CPU和外设进行联络控制的功能；

③CPU、端口及外设间能够以交互的方式进行通信；

④端口可有多种工作方式，并能够由用户编程控制。

2. 芯片介绍

1）8255芯片简介

Intel公司生产的可编程并行端口芯片8255已广泛应用于实际工程中，例如8255与A/D、D/A转换器配合构成数据采集系统，通过8255连接的两个或多个系统构成相互之间的通信，系统与外设之间通过8255交换信息等，所有这些系统都将8255作为并行端口。8255是通用的可编程并行端口芯片，功能强，使用灵活，适合一些并行输入/输出设备的使用。

8255 的内部结构如图 5－2－1 所示。

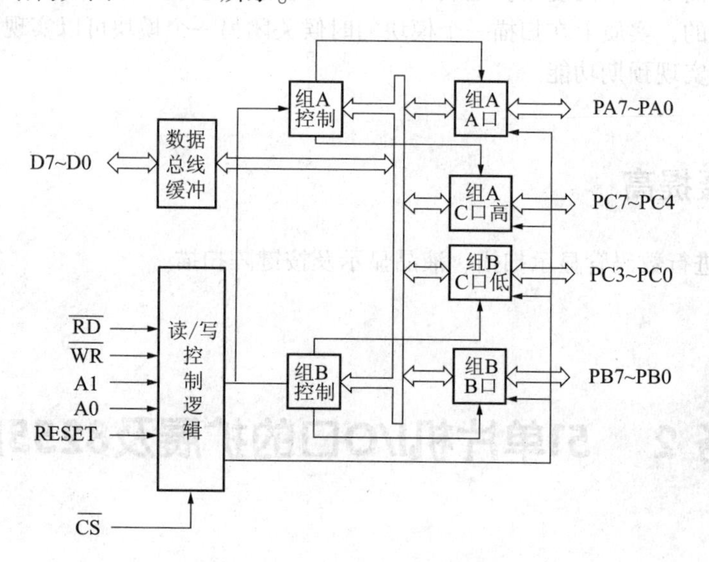

图 5－2－1　8255 的内部结构

8255 有 3 个可编程的并行 I/O 端口：端口 A、端口 B、端口 C，它们都是 8 位的，所以每个 8255 芯片可以提供 24 个 I/O 控制引脚。3 个端口的输入或输出分别由组 A 和组 B 的内部控制寄存器加以设定。其中，端口 C 的高 4 位由组 A 控制，低 4 位由组 B 控制。控制电路包括了命令字寄存器，用来存放工作方式控制字。三个端口的特点各不相同，具体如下：

引脚	名称	名称	引脚
1	PA3	PA4	40
2	PA2	PA5	39
3	PA1	PA6	38
4	PA0	PA7	37
5	PD	WR	36
6	CS	RESET	35
7	GND	D0	34
8	A1	D1	33
9	A0	D2	32
10	PC7	D3	31
11	PC6	D4	30
12	PC5	D5	29
13	PC4	D6	28
14	PC0	D7	27
15	PC1	VCC	26
16	PC2	PC7	25
17	PC3	PC6	24
18	PB0	PB5	23
19	PB1	PB4	22
20	PB2	PB3	21

图 5－2－2　8255 引脚排列

端口 A：包括 8 位数据输出锁存器/缓冲器和一个 8 位的数据输入锁存器，可作为数据输入或输出端口，并可以工作方式中的任何一种工作。

端口 B：包括 8 位的数据输出锁存器/缓冲器和一个 8 位的数据输入缓冲器，可作为数据输入或输出端口，不能工作于工作方式 2。

端口 C：包括 8 位的数据输出锁存器/缓冲器和一个 8 位的数据输入缓冲器，可在方式控制字下分为两个 4 位的端口（C 端口的高和低），每个 4 位的端口都有 4 位的锁存器，用来配合端口 A 与端口 B 锁存输出控制信号和输入状态信号，不能工作在方式 1 和方式 2。

8255 的引脚排列如图 5－2－2 所示。它采用 40 引脚的 DIP 封装或 44 引脚的 PLCC 封装，其引脚定义如表 5－2－1 所示，端口的选择如表 5－2－2所示。

表5-2-1　8255引脚说明

引脚名	引脚号	功能
D0~D7	34~27	三态双向数据总线8255与CPU进行通信的通道，通过它实现8位并行数据的读和写操作，控制字和状态信息也通过数据总线传送
RESET	35	复位输入线，当该输入端处于高电平时，所有内部寄存器（包括控制寄存器）均被清除，所有I/O端口均被置成输入方式
CS	6	片选信号线，当这个输入引脚为低电平时，表示芯片被选中，允许8255与CPU进行通信
RD	5	读信号线，当这个输入引脚为低电平时，允许8255通过数据总线向CPU发送数据或状态信息，即CPU从8255读取信息或数据
WR	36	写信号，当这个输入引脚为低电平时，允许CPU将数据或控制字写入8255
A0，A1	8，9	端口地址总线，8255中有端口A、B、C和一个内部控制字寄存器，共4个端口，由A0、A1输入地址信号来寻址，如表5-2-2所示
PA0~PA7	1~4，37~40	端口A输入输出线，一个8位的数据输出锁存器/缓冲器，一个8位数据输入锁存器
PB0~PB7	18~25	端口B输入输出线，一个8位的I/O锁存器，一个8位输入输出缓冲器
PC0~PC7	10~17	端口C输入输出线，一个8位的数据输出锁存器/缓冲器，一个8位数据输入锁存器
VCC	26	电源（+5V）
GND	7	地

表5-2-2　8255端口选择

A1	A0	选通的端口
0	0	A端口
0	1	B端口
1	0	C端口
1	1	命令控制字

2）8255工作方式

（1）工作方式0。

方式0是一种基本的输入或输出方式，适用于无握手信号的简单的输入/输出的应用场合。在这种方式下，端口按方式选择命令字制定的方式输入或输出，输出时具有端口锁存功能，输入时只有端口A具有锁存功能。端口C的高4位和低4位可以分别确定输入和输出。表5-2-3列出了方式0下的所有可能的组合方式。

表5-2-3　8255方式0的控制寄存器设定

控制寄存器	PA0 ~ PA7	PB0 ~ PB7	PC4 ~ PC7	PC0 ~ PC3
0x80	0	0	0	0
0x81	0	0	0	1
0x82	0	1	0	0
0x83	0	1	0	1
0x88	0	0	1	0
0x89	0	0	1	1
0x8a	0	1	1	0
0x8b	0	1	1	1
0x90	1	0	0	0
0x91	1	0	0	1
0x92	1	1	0	0
0x93	1	1	0	1
0x98	1	0	1	0
0x99	1	0	1	1
0x9a	1	1	1	0
0x9b	1	1	1	1

（2）工作方式1。

方式1使用触发式或交互式的方式来与外围设备通信的方式。可以用端口A和端口B来输入数据，当端口A输入的时候，由PC3、PC4、PC5提供交互控制信号；当由端口B输入的时候，由PC0、PC1、PC2提供交互控制信号，PC6、PC7作为一般的I/O口来控制其中的交互控制信号。当端口A输出时，由PC7、PC6、PC3提供交互的控制信号；当由端口B输出的时候，由PC0、PC1、PC2提供交互的控制信号，PC4和PC5作为一般的I/O口来控制其中的交互控制信号。

（3）工作方式2。

方式2也叫选通的双向I/O方式，仅适用于端口A的PA0 ~ PA7作为双向数据总线，端口C的5个引脚作为A的握手信号和中断请求线，而端口B和C余下的3位仍可工作于方式0或方式1。

因为方式1和方式2的应用场合很少，本任务着重介绍通过8255的工作方式0来完成任务要求。

3）8255工作方式的选择及端口状态的设置

（1）A端口和B端口的基本输入/输出功能。

8255有3种可选的工作方式：方式0、方式1和方式2。具体的工作方式由方式选择控制字来决定，控制字的基本内容如图5-2-3所示。

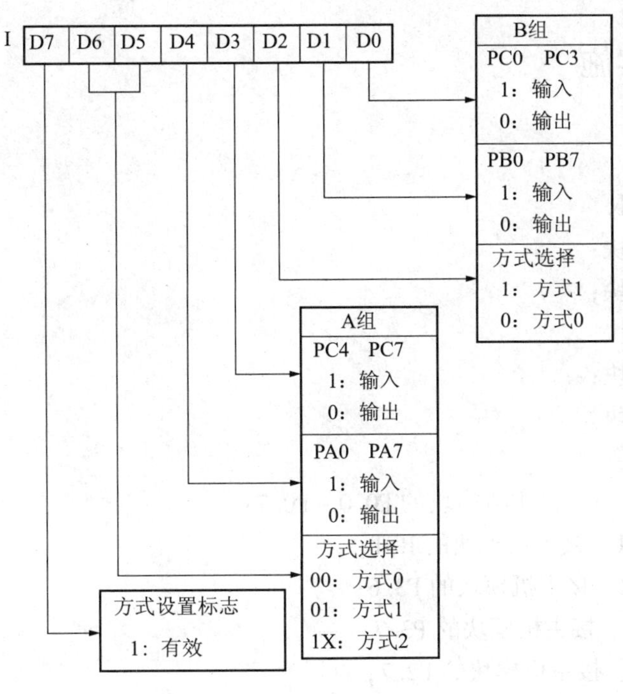

图5－2－3　8255方式选择控制字

（2）C端口的按位置位/复位功能。

8255的C端口是可以进行位操作的，可以按位进行设定或清除，只要使用一个输出控制命令就可以实现按位操作的目的，在一些需要对单独的位进行操作的场合，这是相当便利的。其具体操作方式由C端口的置位/复位命令字控制，格式如图5－2－4所示。

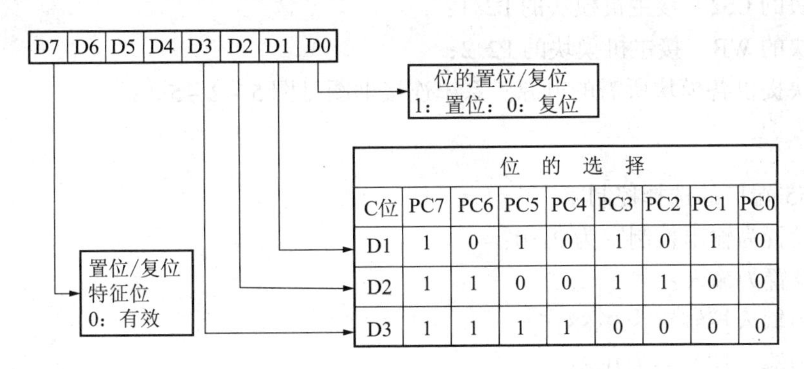

位的选择								
C位	PC7	PC6	PC5	PC4	PC3	PC2	PC1	PC0
D1	1	0	1	0	1	0	1	0
D2	1	1	0	0	1	1	0	0
D3	1	1	1	1	0	0	0	0

图5－2－4　8255的C端口复位/置位命令字

知识准备

数码管扫描显示和按键阵扫描显示，8255扩展对数码管显示模块和按键阵扫描模块的控制。

任务实施

1. 硬件设计

（1）模块的选取。
MCU01 主机模块；
MCU02 电源模块；
MCU04 显示模块；
MCU06 指令模块；
MCU12 扩展模块。
（2）模块的连接。
扩展模块的 D0 ~ D7 接主机模块的 P0.0 ~ P0.7；
扩展模块的 RST　接主机模块的 RST；
扩展模块的 WR　接主机模块的 P3.6；
扩展模块的 RD　接主机模块的 P3.7；
扩展模块的 CS　接主机模块的 P2.7；
扩展模块的 A0，A1　接主机模块的 P2.5，P2.6；
扩展模块的 PA0 ~ PA7　接显示模块的 D0 ~ D7；
扩展模块的 PC0 ~ PC3　接指令模块的 ROW0 ~ ROW3；
扩展模块的 PC4 ~ PC7　接指令模块的 COL0 ~ COL3；
显示模块的 CS1　接主机模块的 P2.0；
显示模块的 CS2　接主机模块的 P2.1；
显示模块的 WR　接主机模块的 P2.2；
电源模块提供各模块所需的电源。系统连接框图见图 5 - 2 - 5。

2. 软件设计

（1）8255 端口的选择控制字。
A 端口设置为输出控制字为 0x80；
C 端口设置为输入；
高四位为输入控制字为 0x88；
低四位为输入控制字为 0x81。
（2）流程图，如图 5 - 2 - 6 所示。

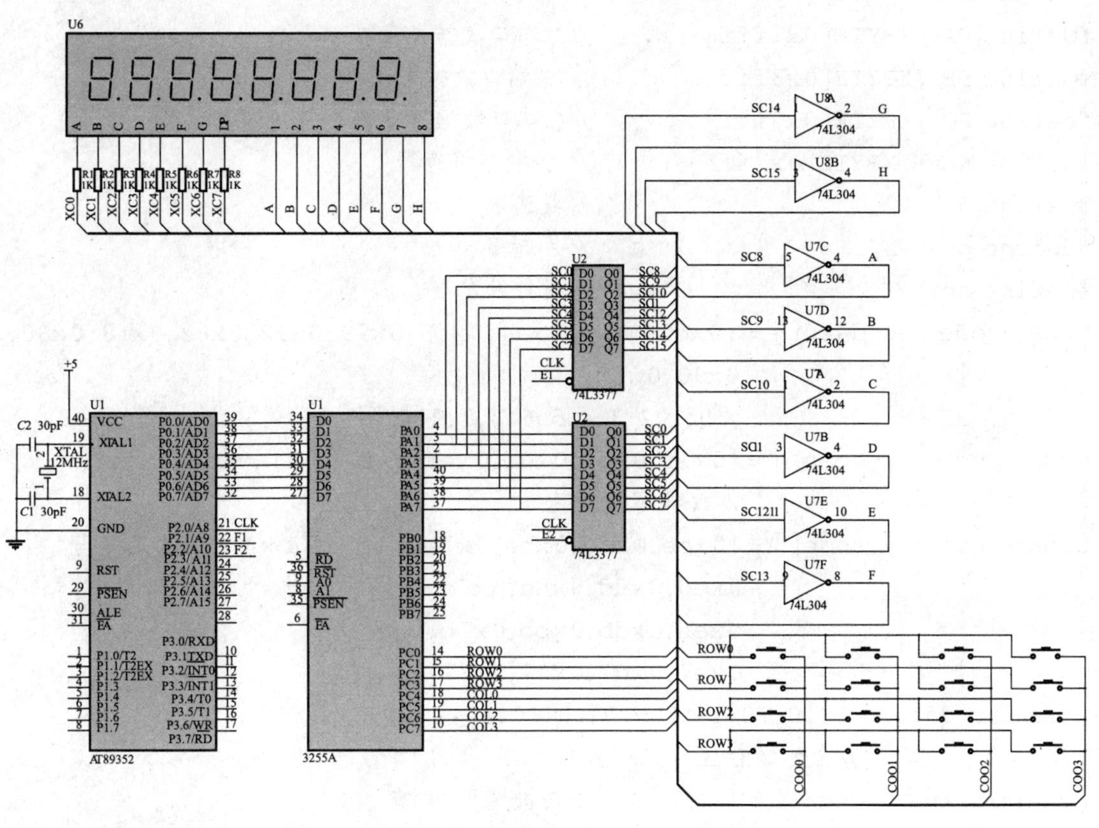

图5-2-5　系统连接框图

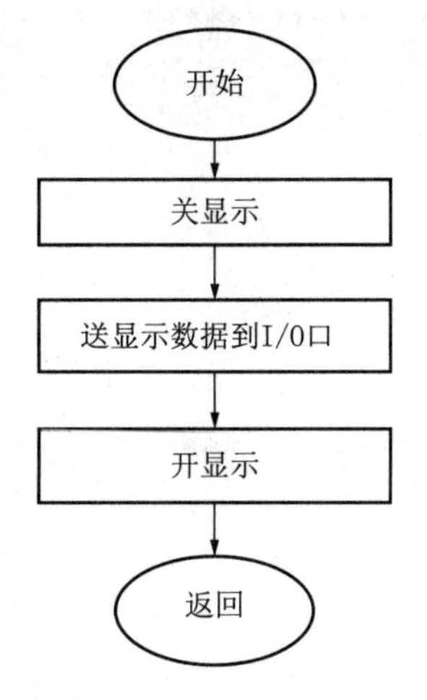

图5-2-6　主程序流程图

(3) 程序及说明。

```
#include <at89x52.h>
#include <absacc.h>
#define uint unsigned int
```

```
#define uchar unsigned char
#define PA   XBYTE[0x1fff]          //A 端口数据寄存器
#define PB   XBYTE[0x3fff]          // B 端口数据寄存器
#define PC   XBYTE[0x5fff]          //C 端口数据寄存器
#define com  XBYTE[0x7fff]          // 控制字寄存器
#define dm   P2_0                   //段选端
#define px   P2_1                   //片选端
#define cp   P2_2                   //时钟触发端
uchar code seg_data[] = {0xc0,0xf9,0xa4,0xb0,0x99,0x92,0x82,0xf8,0x80,
                         0x90,0xff};
                         //0,1,2,3,4,5,6,7,8,9,熄灭
uchar code seg_scan[] = {0x7f,0xbf,0xdf,0xef,0xf7,0xfb,0xfd,0xfe};
                         //数码管扫描字
uchar code key_code[] = {0xee,0xde,0xbe,0x7e,        //4 ×4 按键固定键码
                         0xed,0xdd,0xbd,0x7d,
                         0xeb,0xdb,0xbb,0x7b,
                         0xe7,0xd7,0xb7,0x77};
uchar tr_data[] = {10,10,10,10,10,10,10,10};
              //显示缓存区
uchar kc,kv;                        //按键键码,键值

/*********************************************************

函数名称:延时子程序
函数功能:1ms 延时
入口参数:z
出口参数:无

*********************************************************/

void delay(uint z)
{uchar i;
while(z --)
for(i =0;i <120;i ++)               //1ms 延时
;
}

/*********************************************************

函数名称:数码管显示子函数
```

```
函数功能:一位数码管的显示
入口参数:i
出口参数:无

**********************************************************/
//显示模块中的数码管显示的数据口接 8255 的 PA 口,由单片机直接控制
void seg_disp(uchar i)
{com =0x80;                          //A 端口设置为输出
PA =0xff;                            //送熄灭符
px =0;                               //片选端打开
dm =0;                               //段选端打开
cp =0;                               //送触发信号,上升沿
cp =1;
px =1;                               //片选端关闭
dm =1;                               //段选端关闭
PA =seg_scan[i];                     //送数码管段码
px =0;
cp =0;
cp =1;
px =1;
PA =seg_data[tr_data[i]]; //送数码管扫描字
dm =0;
cp =0;
cp =1;
dm =1;
delay(1);
}

/**********************************************************

函数名称:4 ×4 按键子函数
函数功能:通过 8255 PC 端进行 4 ×4 按键扫描
PC 的高四位接 4 ×4 按键阵的列,第四位接 4 ×4 按键阵的行
入口参数:无
出口参数:无

**********************************************************/

void key()
{uchar i;                            //键码转换为键值的变量
com =0x80;                           //将 PC 设置为输出
```

```
PC =0x0f;                                    //送行扫描字
com =0x81;                                   //将 PC 端设置为输入
if((PC&0x0f)! =0x0f)
  {delay(10);
  kc =(PC&0x0f);
  com =0x80;
  PC =0xf0;
  com =0x88;
kc =kc |((PC&0xf0));
for(i =0;i <16;i ++)
  {if(keycode[i] ==kc)
  { kv =i;
  break;
  }
}
  tr_data[0] =kv/10;
  tr_data[1] =kv% 10;
  while((PC&0xf0)! =0xf0);
  delay(10);
  }
}

/***********************************************************

函数名称:数码管显示子函数
函数功能:一位数码管的显示
入口参数:i
出口参数:无

***********************************************************/

void zx(uint m)
    {uchar i;
    while(m --)
    { key();
    for(i =0;i <8;i ++)
    seg_disp(i);
    }
}
```

```
/*****************************************************
函数名称:数码管显示子函数
函数功能:一位数码管的显示
入口参数:i
出口参数:无
*****************************************************/
void main()
   {while(1)
   {zx(1);

   }
}
```

归纳总结

由于单片机 I/O 口个数有限，要出现像本任务或者其他任务中出现 I/O 口分配不了的现象，除了第一个任务中将 I/O 口复用之外，还可以使用 8255 这样的端口扩展设备将 I/O 口进行扩展。在扩展口的使用中主要将控制字和扩展口的地址区分好，并且对 PA、PB、PC 三组 I/O 口特性的命令字设置好。

拓展提高

想一想，如果在这个系统中加上点阵式 LCD 来显示系统状态，该如何实现。

任务 3　机械手、数码管及12864液晶屏复用控制

任务描述

在许多自动化系统中，往往要使用机械手进行物料的抓取，在项目四中介绍的自动分料

机控制系统就是这样的系统。但是在智能物料分拣控制系统中除了执行机构还需要人机互动机构。在本任务中主要实现对执行机构的显示部分。显示部分为两种显示——数码管和点阵式 LCD，分别用于显示物料抓取过程中物料的个数和物料抓取过程的状态。

本任务设定的功能：

1. 初始状态

开启总电源，系统处在初始状态：

（1）机械手位于 1 号工位正上方且上升到位，手爪处于放松状态。

（2）显示。

①显示 1 和八位数码管显示格式如图 5－3－1 所示。

DS7	DS6	DS5	DS4	DS3	DS2	DS1	DS0

图 5－3－1　八位数码管显示格式

DS7、DS6 显示共需搬运物料个数为系统默认值 05，DS5、DS2 不显示，DS4、DS3 显示已搬运个数 00，DS1、DS0 显示秒信息从 00 开始计时。

②显示 2 的显示内容如图 5－3－2 所示。

欢迎使用

图 5－3－2　显示 2 初始状态

注：本系统的液晶显示要求汉字为 16×16 点阵，数字、字母等为 8×16 点阵。

2. 搬运状态

在初始状态下 10s 后可进入搬运状态，此时显示 2 显示内容如图 5－3－3 所示。

图 5－3－3　搬运状态显示 2 界面

①气动手爪位于工位 1 上方位置，且处于放松状态。

②若检测到工位 1 有物料（小球），则气动手爪把物料由 1 工位搬运到工位 3 上。

③若检测到工位 1 上没有小球，机械手在工位 1 上方等待，直至检测到抓完所有需要抓取的个数。

机械手进行搬运，每搬运完一个物料（小球）时，显示 1 中个数显示自动加 1，当完成所有物料搬运时个数显示应为“05”，系统停止搬运，回到初始状态。

任务分析

某智能物料搬运控制装置主要由物料搬运和显示组成。本控制装置由亚龙单片机实训模块来模拟实现，其中：

（1）物料搬运部分由智能物料搬运装置模块来实现，如图5－3－4所示。

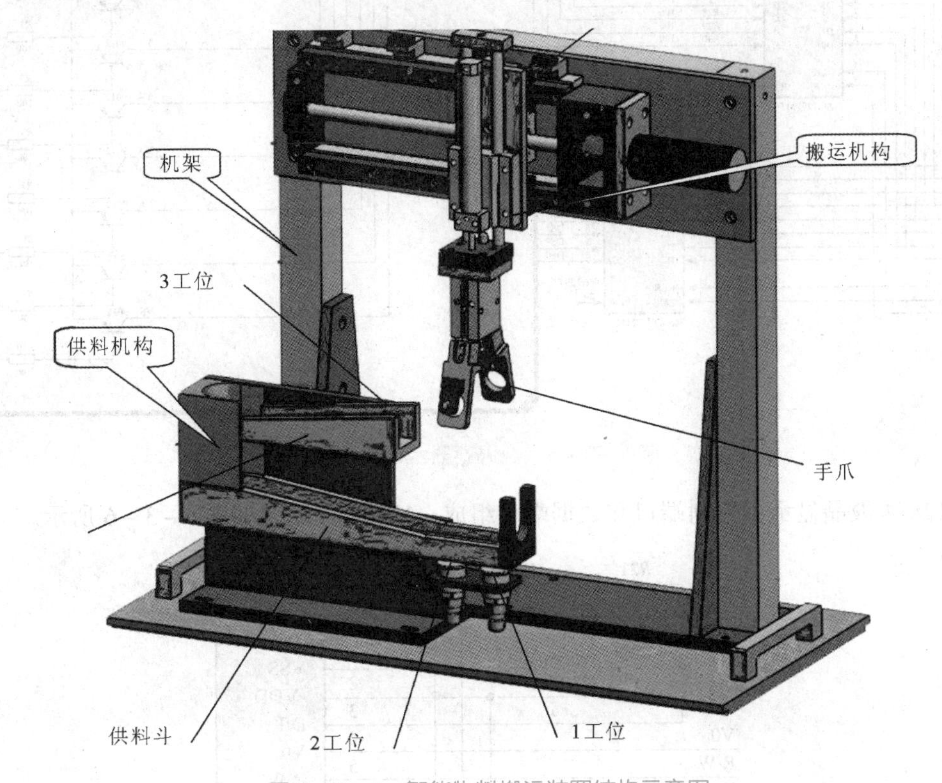

图5－3－4　智能物料搬运装置结构示意图

（2）显示部分由显示1和显示2组成。显示1由八位数码管组成，用来实现不同显示功能；显示2是12864点阵液晶显示。

本任务主要是对物料初始状态及搬运过程的自动控制和显示。在系统初始过程及物料搬运过程中数码管显示和12864显示分时复用配合并且进行数据保护。

知识准备

1. 本项目采用的数码管为共阳极数码管，数码管由74ACT377实现数码管数据端和位选端的复选。数码管接线图如图5－3－5所示。

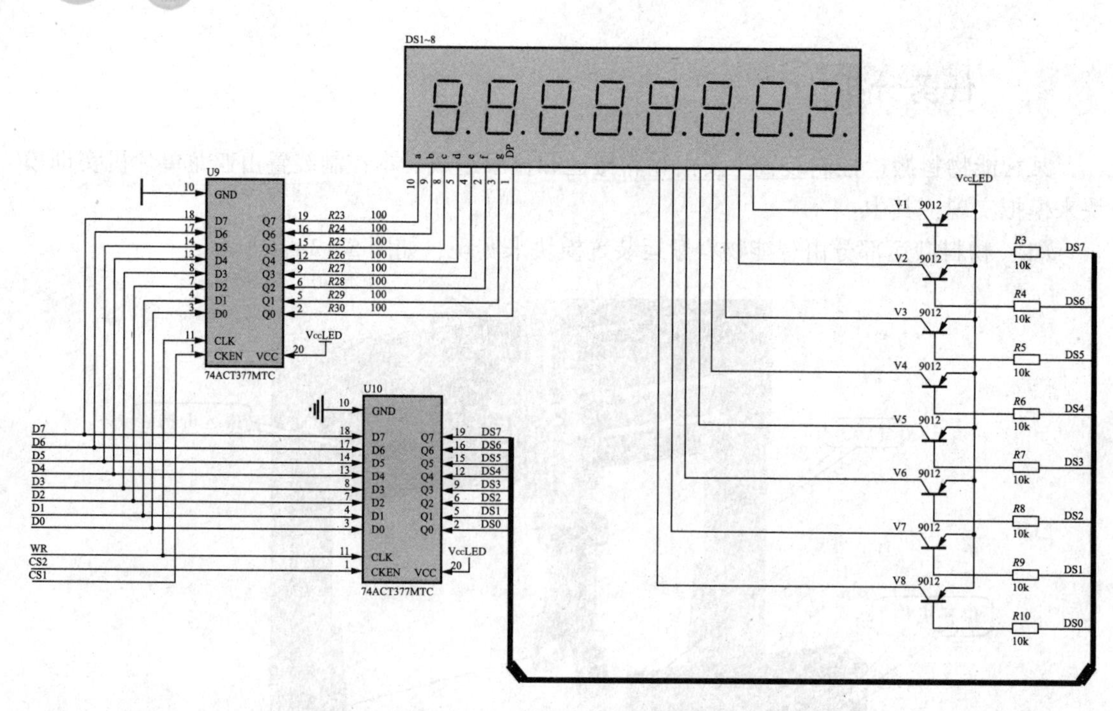

图 5-3-5　数码管显示模块接线

2. 12864 液晶显示由控制端口和数据端口组成，12864 接线图如图 5-3-6 所示。

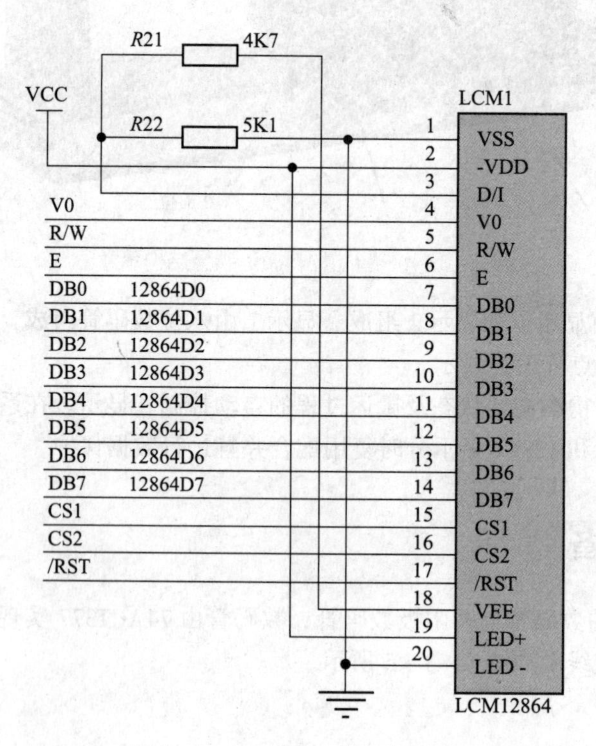

图 5-3-6　12864 模块电路图

3. 智能物料搬运实训装置由传感器输入接口和动作输出接口组成。由于机械手供电为

24V 与单片机的 5V 不是一个供电，在机械手与单片机接口之间必须要加上电源转换器件——光电耦合器和继电器。机械手端子图如图 5－3－7 所示，光电耦合电路如图 5－3－8 所示，继电器控制电路如图 5－3－9 所示。

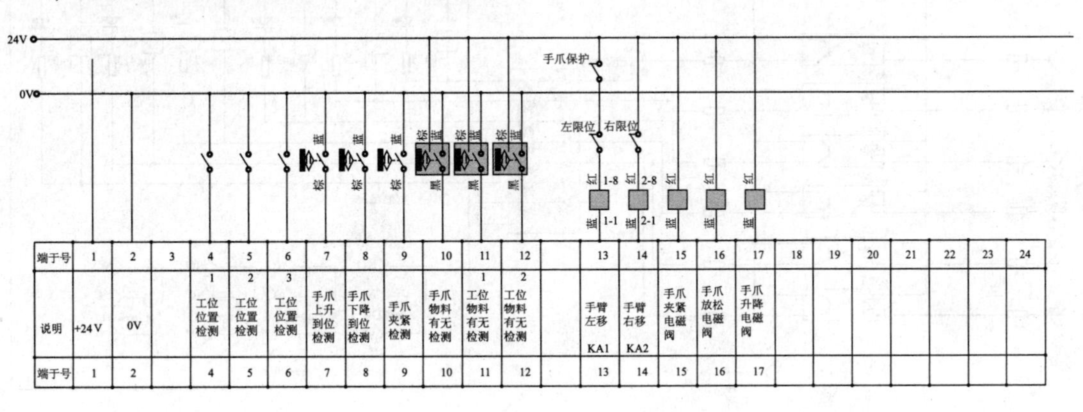

图 5－3－7　机械手端子示意图

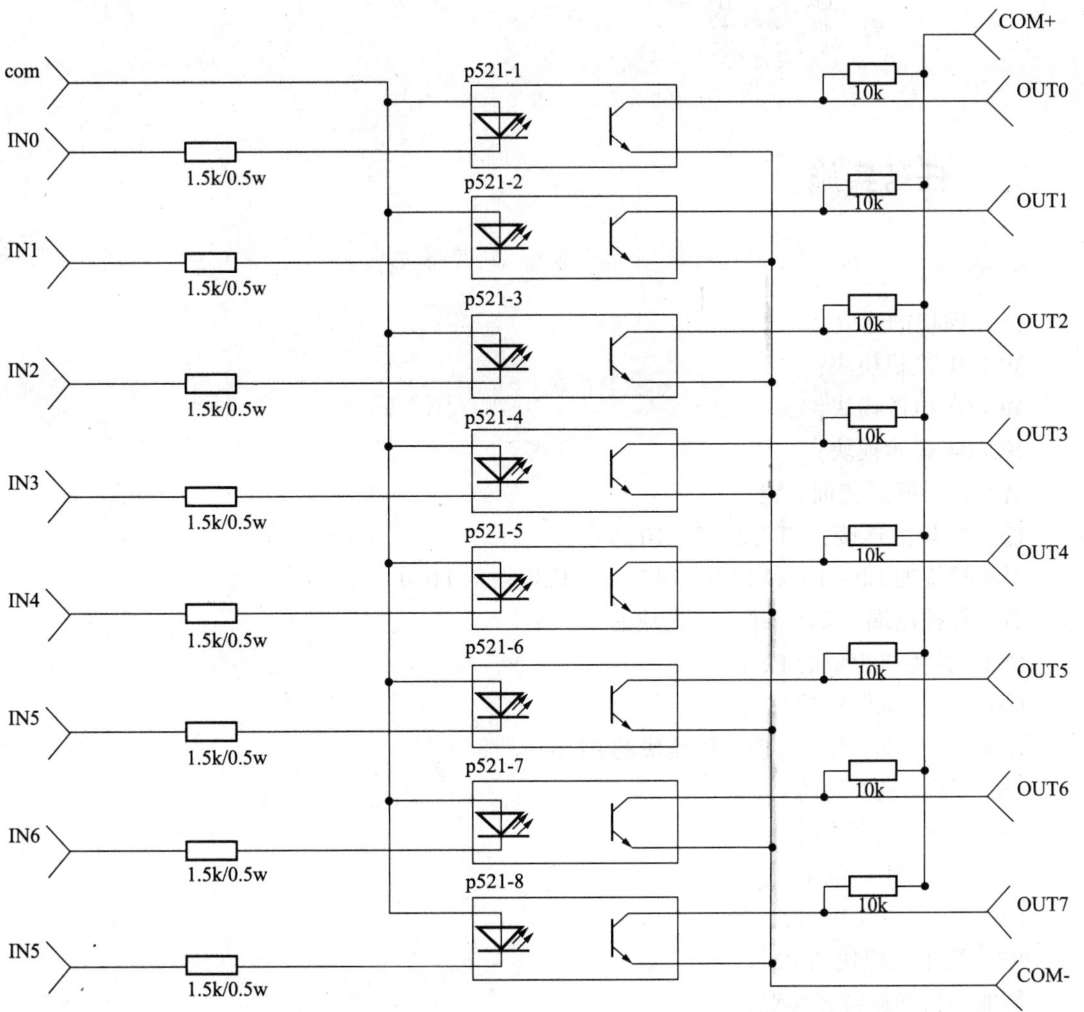

图 5－3－8　光电耦合电路

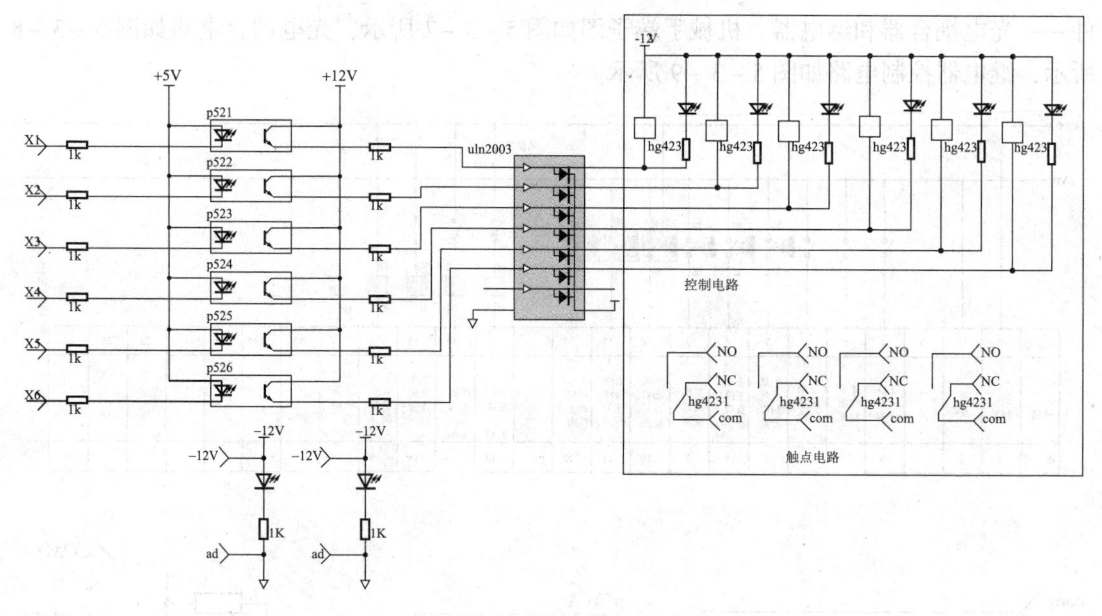

图5-3-9　继电器模块电路

任务实施

1. 硬件设计

（1）模块的选取。

MCU01 主机模块；

MCU02 电源模块；

MCU04 显示模块；

智能物料搬运实训装置。

（2）模块的连接，如图5-3-10所示。

显示模块的D0～D7和DB0～DB7接主机模块的P0.0～P0.7；

数码管控制端：WR　接主机模块的P2.7；

CS2　接主机模块的P2.6；

CS1　接主机模块的P2.5；

12864控制端：RST　接主机模块的P1.6；

CS2　接主机模块的P1.7；

CS1　接主机模块的P2.0；

E　接主机模块的P2.1；

RW　接主机模块的P2.2；

RS　接主机模块的P2.3；

智能物料搬运装置接线：

传感器接口通过光电耦合器进行电压变换输入到单片机的端口，分别是：

端子 4 通过光耦接主机模块的 P3.0；

端子 5 通过光耦接主机模块的 P3.1；

端子 6 通过光耦接主机模块的 P3.2；

端子 7 通过光耦接主机模块的 P3.3；

端子 8 通过光耦接主机模块的 P3.4；

端子 9 通过光耦接主机模块的 P3.5；

端子 10 通过光耦接主机模块的 P3.6；

端子 11 通过光耦接主机模块的 P3.7；

端子 12 通过光耦接主机模块的 P1.5；

继电器模块各个 COM 端接 24V 的地，单片机接上继电器模块的控制端，让对应的 NO 端接机械手的动作端口，单片机端口与智能物料搬运装置动作端子对应分别是：

端子 13 由主机模块的 P1.0 通过继电器控制；

端子 14 由主机模块的 P1.1 通过继电器控制；

端子 15 由主机模块的 P1.2 通过继电器控制；

端子 16 由主机模块的 P1.3 通过继电器控制；

端子 17 由主机模块的 P1.4 通过继电器控制；

电源模块提供各个模块所需的电源。

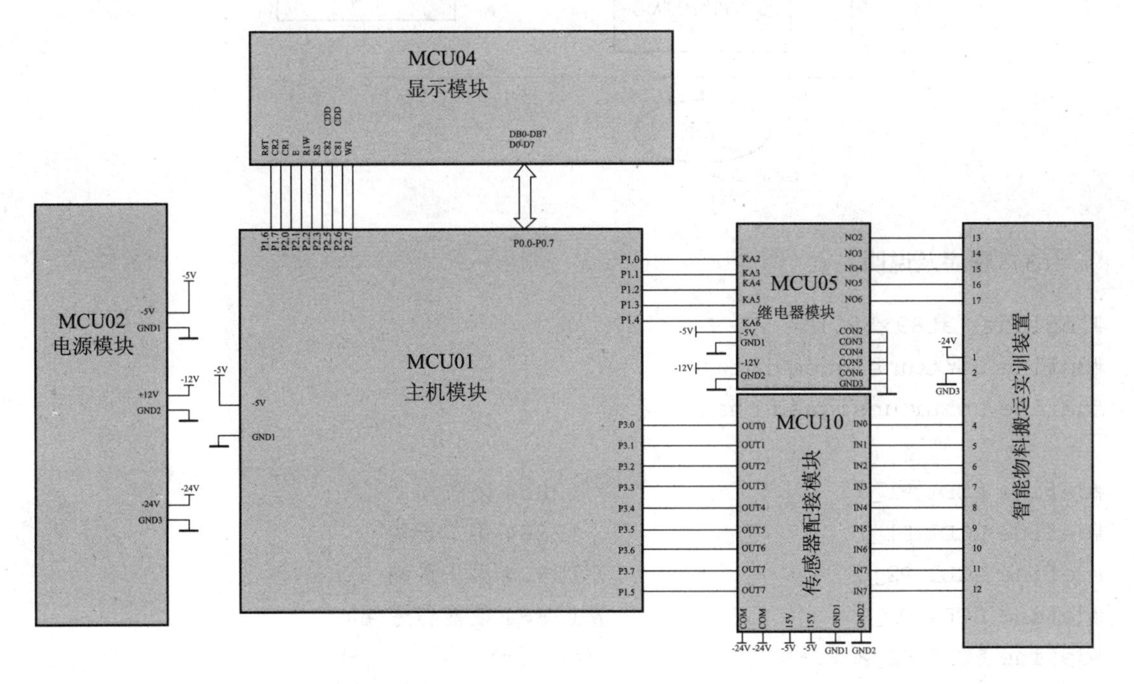

图 5-3-10　系统模块连接图

2. 软件设计

(1) 智能物料搬运装置中各传感器检测到有效信号时，单片机检测为低电平；反之，单片机检测为高电平。机械手有左移、右移、上升、下降、夹紧、放松六个动作，除了上升之外其余五个动作都是单片机对应端口送低电平，机械手有动作。由于上升下降采用的是双

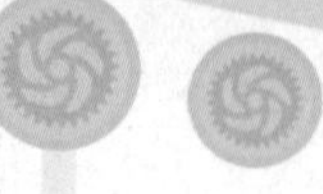

电磁阀，通过一个端口来进行控制，当端口给高电平时，满足上升条件，机械手上升；当端口给低电平时，满足下降条件，机械手下降。由于单片机的处理速度很快，而机械手动作是一个机械过程，执行需要一定的时间，所有单片机每给一个动作指令都需要延时一段时间。

（2）主工作流程图，如图 5－3－11 所示。

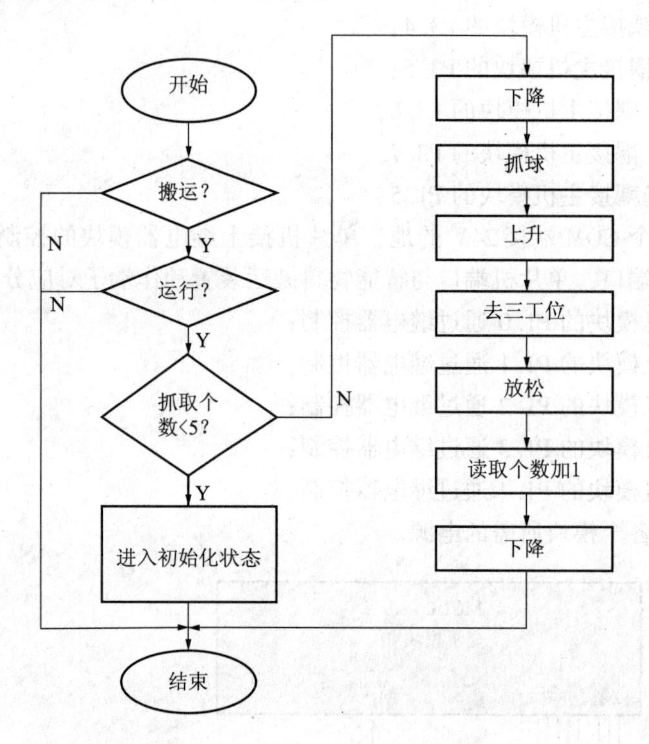

图 5－3－11　机械手工作流程图

（3）程序及说明。

```
#include“at89x52.h”
#define uint unsigned int
#define uchar unsigned char

#define LCD1 P1_6                    //12864 复位端
#define LCD2 P1_7                    //12864 第二屏端
#define LCD3 P2_0                    //12864 第一屏端
#define LCD4 P2_1                    //12864 使能信号端
#define LCD5 P2_2                    //读/写选择端
#define LCD6 P2_3                    //数据/命令选择端

#define CS1 P2_5                     //断选端
#define CS2 P2_6                     //片选端
#define WR P2_7                      //触发信号
```

```
#define IN0 P3_0                    //机械手工位1检测
#define IN1 P3_1                    //机械手工位2检测
#define IN2 P3_2                    //机械手工位3检测
#define IN3 P3_3                    //机械手上升到位检测
#define IN4 P3_4                    //机械手下降到位检测
#define IN5 P3_5                    //机械手夹紧到位检测
#define IN6 P3_6                    //机械手手爪检测
#define IN7 P3_7                    //机械手工位1物料检测
#define IN8 P1_5                    //机械手工位2物料检测
#define OUT0 P1_0                   //机械手右移端口
#define OUT1 P1_1                   //机械手左移端口
#define OUT2 P1_2                   //机械手夹紧端口
#define OUT3 P1_3                   //机械手放松端口
#define OUT4 P1_4                   //机械手上升/下降端口
uint cnt;                           //中断计时变量
uchar c[8];                         //显示缓存区
uchar kk,                           //数码管扫描变量
gs,                                 //当前抓球个数
mz,                                 //秒值
bh,                                 //保护变量
zt,                                 //显示状态
mz10;                               //计时10秒钟变量
bit fgqp,                           //清屏标志位
fgyx,                               //运行标志位
fgjs;                               //计时标志位
uchar code hz2[][64]={
/*  文字: 欢  */
/*  宋体12; 此字体下对应的点阵为:宽×高=16×16  */
0x14,0x24,0x44,0x84,0x64,0x1C,0x20,0x18,0x0F,0xE8,0x08,0x08,0x28,
0x18,0x08,0x00,
0x20,0x10,0x4C,0x43,0x43,0x2C,0x20,0x10,0x0C,0x03,0x06,0x18,0x30,
0x60,0x20,0x00,

/*  文字: 迎  */
/*  宋体12; 此字体下对应的点阵为:宽×高=16×16  */
0x40,0x41,0xCE,0x04,0x00,0xFC,0x04,0x02,0x02,0xFC,0x04,0x04,0x04,
0xFC,0x00,0x00,
0x40,0x20,0x1F,0x20,0x40,0x47,0x42,0x41,0x40,0x5F,0x40,0x42,0x44,
0x43,0x40,0x00,
```

```
/*  文字: 使  */
/*  宋体12; 此字体下对应的点阵为:宽×高=16×16  */
0x40,0x20,0xF0,0x1C,0x07,0xF2,0x94,0x94,0x94,0xFF,0x94,0x94,0x94,
0xF4,0x04,0x00,
0x00,0x00,0x7F,0x00,0x40,0x41,0x22,0x14,0x0C,0x13,0x10,0x30,0x20,
0x61,0x20,0x00,

/*  文字: 用  */
/*  宋体12; 此字体下对应的点阵为:宽×高=16×16  */
0x00,0x00,0x00,0xFE,0x22,0x22,0x22,0x22,0xFE,0x22,0x22,0x22,0x22,
0xFE,0x00,0x00,
0x80,0x40,0x30,0x0F,0x02,0x02,0x02,0x02,0xFF,0x02,0x02,0x42,0x82,
0x7F,0x00,0x00,

};
uchar code hz1[][32]={
/*--  文字: 搬  --*/
/*--  宋体12; 此字体下对应的点阵为:宽×高=16×16  --*/
0x08,0x88,0xFF,0x48,0xA8,0xFC,0x96,0xA5,0xFC,0xC0,0xBE,0x82,0x82,
0xBE,0xA0,0x00,
0x41,0x80,0x7F,0x40,0x30,0x0F,0x42,0x84,0x7F,0x40,0x21,0x16,0x18,
0x66,0x21,0x00,

/*--  文字: 运  --*/
/*--  宋体12; 此字体下对应的点阵为:宽×高=16×16  --*/
0x40,0x41,0xCE,0x04,0x00,0x20,0x22,0xA2,0x62,0x22,0xA2,0x22,0x22,
0x22,0x20,0x00,
0x40,0x20,0x1F,0x20,0x28,0x4C,0x4A,0x49,0x48,0x4C,0x44,0x45,0x5E,
0x4C,0x40,0x00,

};

uchar code a1[]={
0xc0,0xf9,0xa4,0xb0,0x99,0x92,0x82,0xf8,0x80,0x90,0xff,
//0,1,2,3,4,5,6,7,8,9,熄灭
};

/*****************************************************
```

```
函数名称:延时子程序
函数功能:1ms 延时
入口参数:t
出口参数:无
********************************************************/
void delayms(uint t)
{
   uchar i;
   while(t --)
   for(i =0;i <120;i ++);//1ms 延时
}

/********************************************************

函数名称:数码管参数赋值子程序
函数功能:数码管显示参数赋值
入口参数:无
出口参数:无

********************************************************/

void tran_led()
{
   uchar i;
   for(i =0;i <8;i ++)
   c[i] =10;
   c[0] =0;
   c[1] =5;
   c[3] =gs /10;
   c[4] =gs% 10;
   c[6] =mz /10;
   c[7] =mz% 10;
}
/********************************************************
函数名称:数码管显示子程序
函数功能:一位数码管的显示
入口参数:无
出口参数:无
********************************************************/
```

```
//显示模块中的数码管显示的数据口接单片机的 P0 口,由单片机直接控制
void disp_led()
{
    P0 =0xff;//送熄灭符
    CS1 =0;//断选端打开
    CS2 =0;//片选端打开
    WR =0;//送触发信号,上升沿
    WR =1;
    CS2 =1;//片选端关闭
    CS1 =1;//断选端关闭
    P0 =a1[c[kk]];
    CS1 =0;
    WR =0;
    WR =1;
    CS1 =1;
    P0 = ~(0x80 > >kk);
    CS2 =0;
    WR =0;
    WR =1;
    CS2 =1;
    kk ++;
    kk& =0x07;
}

/*********************************************************
函数名称:12864 初始化子程序
函数功能:12864 初始化
入口参数:无
出口参数:无
*********************************************************/

void init()
{
    LCD1 =0;                              //12864 液晶复位
    delayms(50);
    LCD1 =1;
}

/*********************************************************
```

```
函数名称:12864 驱动子程序
函数功能:12864 数据/控制端输入输出
入口参数:dat,dat1
出口参数:无
*******************************************************/

void ri(bit dat,uchar dat1)
{
    LCD5 =0;                    //让液晶处于写状态
    LCD6 =dat;                  //写命令字和写显示字的选择控制
    P0 =dat1;
    LCD4 =1;                    //允许写数据
    LCD4 =0;
}

/*******************************************************
函数名称:12864 开屏子函数
函数功能:12864 开屏
入口参数:无
出口参数:无
*******************************************************/

void disp_on()
{
    ri(0,0x0e);
    ri(0,0x3f);
    LCD2 =LCD3 =1;
}

/*******************************************************
函数名称:12864 清屏子函数
函数功能:12864 清屏
入口参数:无
出口参数:无
*******************************************************/

void clear()
{
    uchar i,j;
```

```
    disp_on();
    for(i =0;i <8;i ++)
    {
        ri(0,0xb8 +i);              //送页命令字
        ri(0,0x40);                 //送列命令字
        ri(0,0xc0);                 //送起始线命令字
        for(j =0;j <64;j ++)        //送清屏数据
        ri(1,0x00);
}
    }

/***********************************************************
函数名称:12864 显示子函数
函数功能:控制 12864 在屏中位置的显示
入口参数:x,y,x1,y1,row_x,row_y, * chn
出口参数:无
***********************************************************/

void tran_lcd(uchar x,y,x1,y1,row_x,row_y,uchar * chn)
{
    uchar i,j,k,l;
    uint a;
    for(l =0;l <row_x;l ++)
    for(k =0;k <row_y;k ++)
    for(j =0;j <x1;j ++)
    {
        ri(0,0xb8 +x +j +l * x1);
        ri(0,0x40 +y +k * y1);
        ri(0,0xc0);
        a =l * row_y * x1 * y1 +k * x1 * y1 +j * y1;  //控制显示数据下标
        for(i =0;i <y1;i ++)
        {
          ri(1,chn[a +i]);
        }
    }
}

/*******************************************************
函数名称:12864 调用显示子函数
```

```
函数功能:调用显示
入口参数:无
出口参数:无
*****************************************************/

void disp_lcd()
{
    uchar i;
    if(fgqp)                                    //起始清屏
    {
      fgqp = 0;
      disp_on();
      clear();
    }
    switch(zt)                                  //LCD 显示内容切换
    {
      case 0:                                   //第一屏显示"欢迎使用"
            LCD3 = 1;LCD2 = 0;
            for(i = 0;i < 2;i ++)
            {
              tran_lcd(4,32 - 32 * i,2,16,1,2,hz2[i]);
              LCD2 = 1;
              LCD3 = 0;
            }
            break;
      case 1:                                   //第二屏显示"搬运"
              LCD3 = 1;LCD2 = 0;
              for(i = 0;i < 2;i ++)
              {
                tran_lcd(4,48 - 48 * i,2,16,1,1,hz1[i]);
                LCD2 = 1;
                LCD3 = 0;
              }
              break;
    }
}

/*****************************************************
函数名称:显示调用延时子程序
```

```
函数功能:显示调用延时
入口参数:t
出口参数:无
***********************************************************/

void delay(uint t)
{
   while(t --)
   {
     disp_on();
     disp_lcd();
   }
}

/***********************************************************
函数名称:机械手停止子程序
函数功能:机械手停止动作
入口参数:无
出口参数:无
***********************************************************/
void stop()
{
    OUT0 = OUT1 =1;
}

/***********************************************************
函数名称:机械手右移子程序
函数功能:机械手右移动作
入口参数:无
出口参数:无
***********************************************************/

void right()
{
    OUT0 =1;
    OUT1 =0;
}

/***********************************************************
```

```
函数名称:机械手左移子程序
函数功能:机械手左移动作
入口参数:无
出口参数:无
*********************************************************/

void left()
{
    OUT0 =0;
    OUT1 =1;
}

/*********************************************************
函数名称:机械手放松子程序
函数功能:机械手放送动作
入口参数:无
出口参数:无
*********************************************************/

void release()
{
    OUT3 =0;
    OUT2 =1;
            delay(1);
}

/*********************************************************
函数名称:机械手抓紧子程序
函数功能:机械手抓紧动作
入口参数:无
出口参数:无
*********************************************************/

void close()
{
    OUT3 =1;
    OUT2 =0;                                //夹紧
            delay(1);                       //延时
            while(1)
```

```
        {if(IN5 ==0)                    /* 判断是否夹紧到位,如果成立则跳出
循环;否则再夹紧一次 * /
         {break;
         }
         else
         {OUT2 =0;
         delay(1);

         break;
         }
       }
}

/*********************************************************
函数名称:机械手右移到一工位子程序
函数功能:机械手右移到一工位
入口参数:无
出口参数:无
*********************************************************/

void go1()
{
   if(IN0)      //判断机械手是否到1 工位
                //如果在1 工位则不往下执行
                //如果不在1 工位,则往下执行到1 工位去
   {
     while(IN0)
     {
        right();                         //未到1 工位机械手向右移动
        delay(1);
     }
     stop();                             //到达1 工位,机械手停止移动
   }
}

/*********************************************************
函数名称:机械手左移到3 工位子程序
函数功能:机械手左移到3 工位
入口参数:无
```

```
出口参数:无
***********************************************************/
void go3()
{
    if(IN2)                    /* 判断机械手是否到 3 工位,如果在 3
                               工位则不往下执行,如果不在 3 工位,则
                               往下执行到 3 工位去 */
    {
        while(IN2)
        {
          left();              //未到 3 工位机械手向左移动
          delay(1);
        }
        stop();                //到达 3 工位,机械手停止移动
    }
}
/***********************************************************
函数名称:机械手上升子程序
函数功能:机械手上升
入口参数:无
出口参数:无
***********************************************************/

void up()
{
    while(IN3)                 /* 判断机械手是否到上升到位,如果上
                               升到位则不往下执行,如果没有上升到
                               位,则往下执行到上升 */

     {
     {
       OUT4 =1;
       delay(1);
     }
}
}
/***********************************************************
函数名称:机械手下降子程序
函数功能:机械手下降
入口参数:无
```

```
出口参数:无
*********************************************************/

void down()
{
    while(IN4)                          /* 判断机械手是否到下降到位,如果下
                                        降到位则不往下执行,如果没有下降到
                                        位,则往下执行到下降 */
    {
      OUT4 = 0;
      delay(1);
    }
}

/*********************************************************
函数名称:机械手初始化子程序
函数功能:机械手上升到位后右移到1工位放松
入口参数:无
出口参数:无
*********************************************************/

void csh()
{
    up()                                //上升
    go1();                              //到1工位
    release();                          //放松
}

/*********************************************************
函数名称:机械手工作子程序
函数功能:机械手工作过程
入口参数:无
出口参数:无
*********************************************************/

void work()
{
    if(zt ==1)
    {
```

```
    if(fgyx)
    {
      if(gs! =5)                          //判断抓取个数是否小于5,
                                          //条件成立则执行搬运;否则进入初始化
                                          状态
    {
      if(IN7 ==0)
      {
        down();                           //下降
        while(IN5)
        {
          while(IN6)
          {
            release();                    //放松
            delay(80);
            close();                      //夹紧
            delay(80);
          }
          fgqp =1;
        }
        up();                             //上升
        go3();                            //去工位3
        fgqp =1;
        release();                        //放松
        gs ++;                            //抓取个数加一
        go1();                            //去工位1
      }
    }
    else
    {
      zt =0;
      fgjs =1;
      fgqp =1;
      gs =0;
    }
  }
 }
}
```

```
void main()
{
   EA =1;                                      //初始化
   ET0 =1;
   TMOD =0x01;                                 //定时2ms
   TH0 =0xf8;
   TL0 =0xcc;
   TR0 =1;
   init();
   disp_on();                                  //开液晶屏
   clear();                                    //清屏
   csh();
   clear();
   fgjs =1;
   while(1)
   {
      delay(1);
      work();
   }
}

/*********************************************************
函数名称:中断子程序
函数功能:定时
入口参数:无
出口参数:无
*********************************************************/

void time0() interrupt 1
{
   TH0 =0xf8;                                  //重新装载初值
   TL0 =0xcc;
   bh = P0;
   tran_led();                                 //一位数码管显示
   disp_led();
   cnt ++;                                     //计数
   if(cnt ==500)
   {
      if(fgjs)
```

```
    {
      mz10 ++;                              //10s 后进入搬运状态
      if(mz10 ==10)
      {
        mz10 =0;
        fgyx =1;
        fgjs =0;
        zt =1;
        fgqp =1;
      }
    }
    cnt =0;
    mz ++;
    if(mz >59)
    mz =0;
  }
  P0 =bh;
  }
```

归纳总结

本次任务主要将机械手动作和模块上的两种显示联合起来，在数码管和 12864 两种显示分时复用的时候要注意时间配合和数据保护。数码管放在了定时器中断服务子程序里进行调用，而 LCD 则在主程序中被调用了。在执行主程序的过程中，当需要进入中断服务子程序时，数据传送有可能被打断，由于是复用 I/O 口，所以需要将复用端口的数据保护起来。

拓展提高

在本任务中，机械手的动作是自动的，没有受到外界的指令控制，在本任务的拓展提高中可以加入按键控制机械手的动作用于控制机械手初始状态和搬运状态的切换以及待搬运个数的设置。

任务4 化工自动投料反应釜控制系统实训

任务描述

合成反应釜是应用于石油、化工、医药、食品等行业的主要设备，用来完成各种满足化学反应工艺要求的压力容器（图5－4－1）。本任务就是要模拟这样一个系统的工作过程。

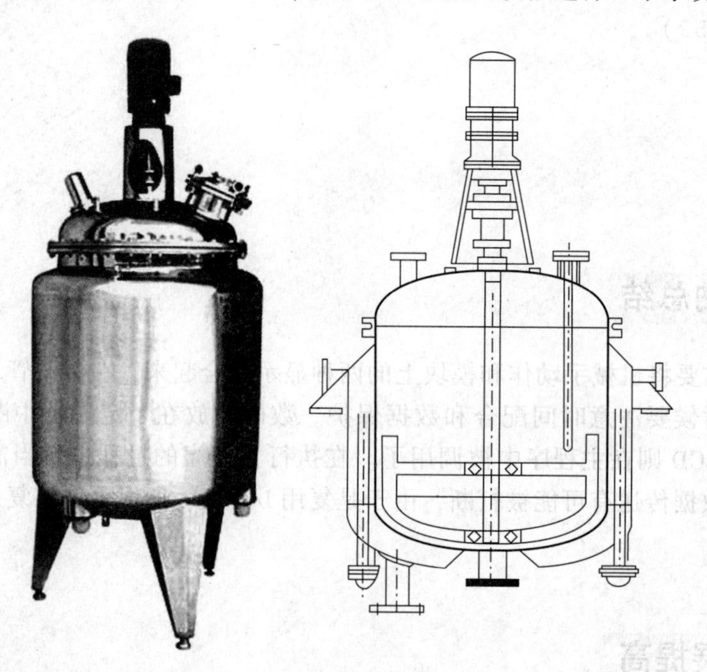

图5－4－1　化工合成反应釜

合成反应釜的结构如图5－4－2所示。其工作过程是这样的：①由气动电磁阀得电打开投料口的密封盖。②设定投料次数、反应温度上限值、搅拌运行时间等工艺参数。③启动控制系统，由自动搬运机械手按设定次数到备料工位抓料投放到反应釜里。④投料口密封盖关闭，加热棒与搅拌桨同时启动，搅拌运行开始倒计时。⑤倒计时时间到，加热棒继续工作、搅拌桨停止。⑥出料。出料完毕后，加热棒停止工作，恢复至初始状态。

1. 控制说明

1）机械手

自动搬运机械手选用实训台自动搬运系统，小球代替原料，斜坡上端代替反应釜投

料口。首先检测左右两个料位（右边为 1 号料位、左边为 2 号料位）是否有球：如果只有一个料位有球，则无论小球在哪个料位，机械手都能正确地找到并能完成抓球与投料动作；如两个料位同时有球，则优先抓 1 号料位球；如两个料位都没球，则机械手回至 1 号料位等待。

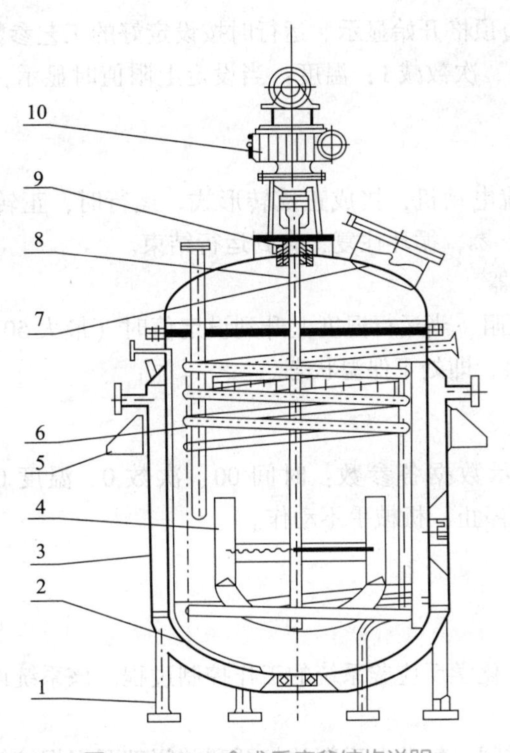

图 5－4－2　合成反应釜结构说明

1—电热棒插管；2—罐体；3—夹套；4—搅拌器；5—支座；6—盘管；7—入口；8—搅拌轴；9—轴封；10—传动装置

2）按键及设定

选用 4×4 键盘，功能如图 5－4－3 所示。

(1)“料盖”：按下则料口密封盖打开，再按则关闭。用 LED0 的亮与灭分别指示密封盖的打开与关闭。当机械手或搅拌电动机、加热棒运行期间“料盖”不能打开。

(2)“设定”与“+”：用来对投料次数、温度上限、运行时间作设定。每按下“设定”键一次，则让数码管从左至右依次进入闪烁状态，此时闪烁的位等待设定，如再按“+”键，每按一次则该位数字加 1，超过 9 恢复为 0。只有温度指示的高位最大显示到 5（即超过 5 恢复为 0）。

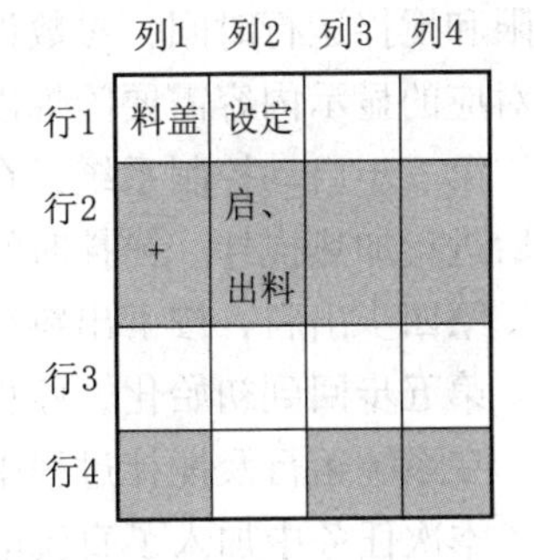

图 5－4－3　键盘功能示意图

(3)“启/出料”：按一次整机启动；再按一次代表出料。当料盖处于打开状态，机械手未完成投料时则不能启动；搅拌电动机运行期间则不可出料。

3）显示数码管

8 位数码管从左至右依次如图 5－4－4。

投料次数	—	—	温度（高位）	温度（低位）	—	时间（高位）	时间（低位）

图5-4-4

数码管每行都从左边顶格开始显示。运行时按设定好的工艺参数显示：时间倒计时每秒减1；机械手每投一次料，次数减1；温度：当设定上限值时显示，运行时随加热棒工作状态实时显示。

4）搅拌电动机

选用实训台上的直流电动机，接成正反转形式。运行时，正转（顺时针方向）2s、停1s再反转（逆时针方向）2s，循环往复，直到运行结束。

5）温度加热及传感器

选用LM35及加热电阻，当运行温度上升到设定值时（最大50℃），加热自动停止；低于设定值时自动启动加热，即处于保温状态。

2. 系统初始状态要求

当系统上电时，显示数据各参数：时间00、次数0、温度00；投料口密封盖关闭（LED0灭）；搅拌电动机停止；机械手不动作。

任务分析

本任务实现的是一个化学反应釜系统的工作控制过程。该系统设计时要根据5个工作过程来实施。

第一步打开气动电磁阀，气动电磁阀的打开和关闭都要根据按键实现并通过LED0显示指示。在这里要注意气动电磁阀什么时候打开，什么时候关闭，并且注意在加热搅拌过程中气动电磁阀是不允许打开的。

第二步设定各个参数，本任务中共有3个参数需要设定，分别是投料次数、反应釜温度上限和搅拌运行时间，参数设定由按键组合实现。值得注意的是每选择一个参数设定，数码管对应的显示内容需要闪烁以指示。

第三步启动控制系统，在这一步中主要是机械手按照设定的投料顺序进行投料。投料完成后进行加热搅拌。搅拌时间到了，停止搅拌，加热继续。

第四步出料，按下出料键后，加热棒停止工作。

第五步回到初始化，停止工作后系统回到初始化状态。

在系统运行及搅拌过程中，不能进行按键设置和按键选择。

本次任务中加入了直流电动机控制模块，由于正反转需两个继电器控制，所以机械手控制端中的夹紧、放松采用同一个继电器控制，使得继电器模块可以空出两个来进行直流电动机正反转控制。

任务实施

直流电动机正反转控制

1. 直流电动机图形符号（如图5-4-5所示）

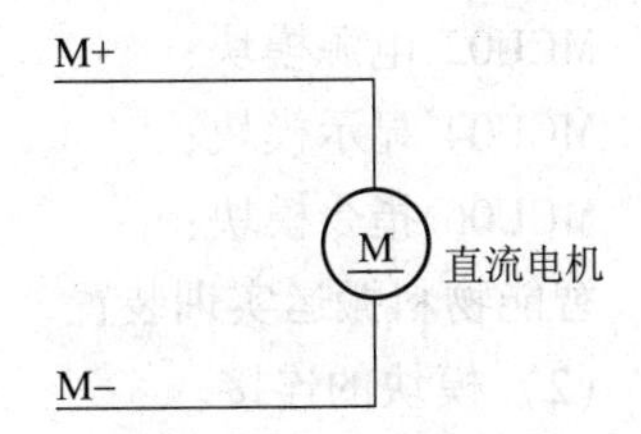

图5-4-5 直流电动机图形符号

2. 直流电动机正反转控制

电动机正转：+极接24V，-极接地；

电动机反转：+极接地，-极接24V。

采用两个继电器对直流电动机进行正反转控制，接线图如图5-4-6所示。

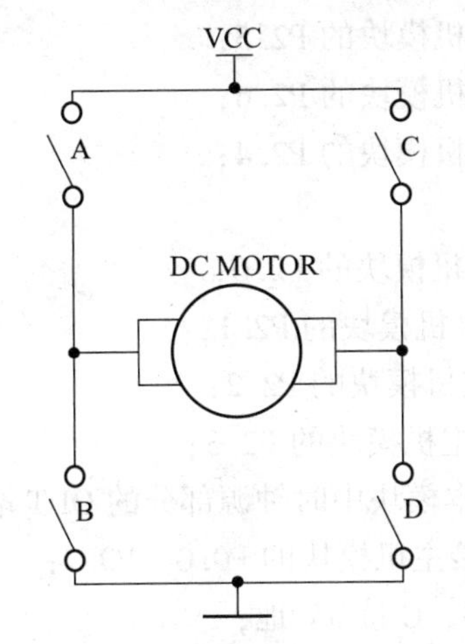

图5-4-6 直流电动机正反转控制接线

注：A、C为常开端，B、D为常闭端

程序控制：

```
正转:
motor1 =0;                    //电动机正转
motor2 =1;

反转:
motor1 =1;                    //电动机反转
motor2 =0;

停转:
motor1 =1;                    //电动机停止
motor2 =1;
```

3. 硬件设计

（1）模块的选取。

MCU01 主机模块；

MCU02 电源模块；

MCU04 显示模块；

MCU06 指令模块；

智能物料搬运实训装置。

（2）模块的连接。

显示模块的 D0 ~ D7 和 DB0 ~ DB7 接主机模块的 P0.0 ~ P0.7；

数码管控制端：WR　接主机模块的 P2.7；

CS2　接主机模块的 P2.5；

CS1　接主机模块的 P2.6；

LED0 接主机模块的 P2.4；

ADC/DAC 模块中ADC：

CS　接主机模块的 P2.0；

WR　接主机模块的 P2.1；

RD　接主机模块的 P2.2；

EOC　接主机模块的 P2.3；

CLK　接本模块中时钟源部分的 OUT 端；

D0 ~ D7 接主机模块的 P0.0 ~ P0.7；

A、B、C 接 5V 地；

温度传感器模块中LM35：

OUT 接 ADC/DAC 模块中 ADC 模块的 IN0；

CON 接主机模块的 P1.7；

智能物料搬运装置接线：

传感器接口通过光电耦合器进行电压变换输入到单片机的端口，分别是：

端子 4 通过光耦接主机模块的 P3.0；

端子 5 通过光耦接主机模块的 P3.1；

端子 6 通过光耦接主机模块的 P3.2；

端子 7 通过光耦接主机模块的 P3.3；

端子 8 通过光耦接主机模块的 P3.4；

端子 9 通过光耦接主机模块的 P3.5；

端子 10 通过光耦接主机模块的 P3.6；

端子 11 通过光耦接主机模块的 P3.7；

端子 12 通过光耦接主机模块的 P1.6；

继电器模块各个 COM 端接 24V 的地，单片机接上继电器模块的控制端，让对应的 NO 端接机械手的动作端口，单片机端口与智能物料搬运装置动作端子对应分别是：

端子 13 由主机模块的 P1.2 通过继电器控制；

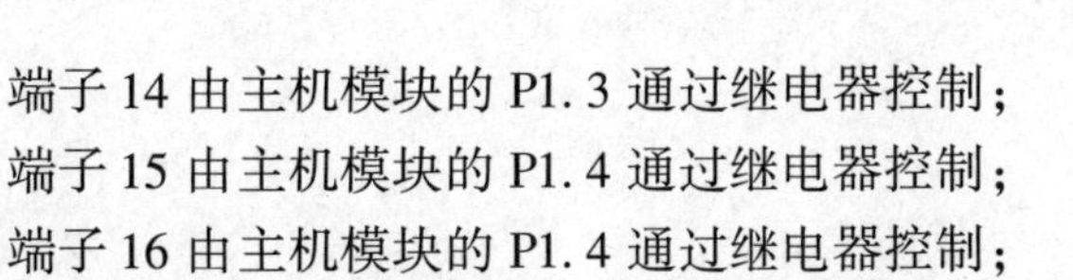

端子 14 由主机模块的 P1.3 通过继电器控制；

端子 15 由主机模块的 P1.4 通过继电器控制；

端子 16 由主机模块的 P1.4 通过继电器控制；

端子 17 由主机模块的 P1.5 通过继电器控制；

交、直流电动机控制模块中的直流电动机部分：

M + 由主机模块的 P1.0 通过继电器控制；

M – 由主机模块的 P1.1 通过继电器控制；

电源模块提供各个模块所需的电源。

4. 软件设计

（1）主程序流程，如图 5 – 4 – 7 所示。

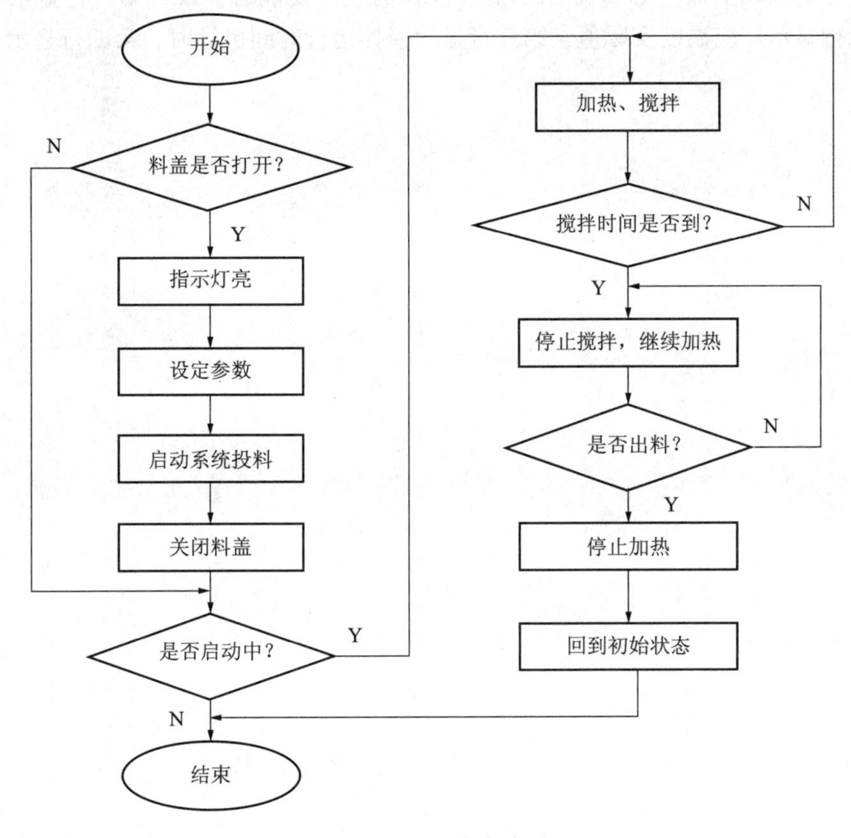

图 5 – 4 – 7　工作主流程图

（2）程序示例。

归纳总结

本任务为本项目的一个综合任务，主要集合了显示模块、指令模块、继电器模块、传感器模块、交直流电动机控制模块、智能物料搬运实训装置、温度模块和ADC/DAC模块。作为一个综合任务，首先各个模块之间的复用和数据的保护仍然是要重点考虑的问题；其次在控制过程中各个模块变量的配合也是完成系统控制的一个重要环节。

拓展提高

在本任务的基础上加上LCD显示功能，LCD的主要功能有：LCD第一行显示实际投料次数，第二行显示反应温度实际值，第三行显示搅拌运行时间倒计时，第四行显示当前工作状态。

项目6 实训工位供电故障自诊断及故障点数据采集制作

【预期目标】

1. 了解单片机串行口的知识，掌握串行口的工作方式和波特率选择。
2. 掌握单片机与单片机的通信，并会进行编程及调试。
3. 完成实训工位供电故障自诊断及故障点数据采集实训。

现代化厂矿企业的生产线、设备的实时控制或工艺参数的巡回检测与管理，目前都大量地采用单片机嵌入到系统中来实现。这里需要大家了解的一个事实是：在企业自动化生产过程中，一个产品的加工与生产，是由多个工段按生产工艺要求组合成的。而每个工段又分很多道工序，每道工序又由若干个加工、控制、检测等生产节点构成，所以在一个复杂的实时控制系统中，往往要用多个单片机分别控制不同的工艺段来设计。为了让这些相对独立控制的单片机在完整的生产工段中协调、可靠地运行，同时也为了让生产人员高效地掌握与管理整个工段，就有必要让这些独立控制的单片机之间能进行信息交换，也就是人们所说的数据通信。

通过本项目的学习与实践，希望读者能深入了解单片机与单片机之间进行信息通信的基本过程与通信协议，掌握利用单片机通信口和一般通信器件来设计控制系统的专业技能。

【思政导入】

本项目通过讲解串口通讯等相关知识点，告知学生主机与从机的波特率必须设置一致，否则通讯会出错。在整个项目任务中，可以结合人与人之间的沟通联系起来，只有在双方的交流在同一频道上，才能有效沟通。在教学过程中，根据有些学生对程序编写和设计部分存在难处，出现消极学习的情绪，通过介绍单片机领域的领军人物事迹和分享成功的设计思路，强调“工匠精神”和“科学精神”，发扬不畏困难的“钻研精神"。另外适时提醒学生按时准时参加学习，注意用电安全，保持公共卫生，独立完成程序设计等方面，引导学生要具备“纪律意识”和“责任意识”。

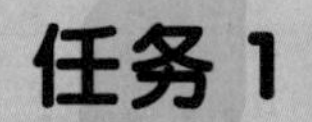

任务1　51单片机串行口学习

任务描述

1. 掌握串行口的控制与状态寄存器 SCON、特殊功能寄存器 PCON。
2. 掌握串行口的工作方式及其设置以及波特率（baud rate）的选择。

任务分析

通过本任务的学习与实践，能够了解单片机串行口的基本知识，掌握串行口的工作方式及其设置以及波特率的选择。

用串行口工作方式实现数码管的显示，当按下按键一数码管显示 2010，当按下按键二数码管显示 1213。

知识准备

1. 串行通信概述

1）数据的通信方式

数据通信方式有并行通信与串行通信两种，示意图见图 6－1－1。

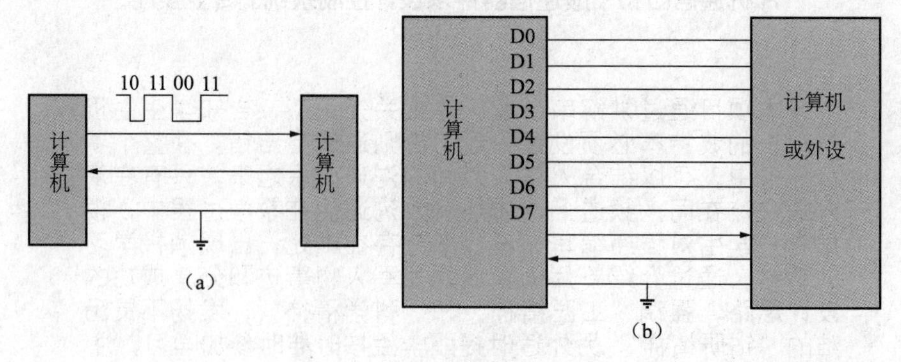

图 6－1－1　串行通信与并行通信示意图

(a) 串行通信示意图；(b) 并行通信示意图

(1) 并行通信指数据的各个位能同时进行传送的一种通信方式。其优点是数据传送速

度快、效率高；缺点是数据有多少位就要多少根数据线相互接口，尤其在远程通信时成本很高。所以并行通信一般应用在高速、短距离（一般几米之内）的场合。

（2）串行通信是指使用一条数据线，将数据一位一位地依次传输，每位数据占据一个固定的时间长度。因此只需要少数几根线就可以在系统间进行信息交换。其优点是成本低、特别适合远距离通信。目前，采用串行通信方式进行信息交换是各类电子产品乃至工业控制的主流。比如常用的 USB、RS232、RS485 等接口都属于串行通信标准接口。

2）串行通信分同步通信与异步通信

（1）同步通信指传送信息的每个字符都要用起始位和停止位作为字符开始和结束的标志，也就是在传送报文的最前面附加特定的同步字符，使发收双方建立同步，此后便在同步时钟的控制下逐位发送与接收。同步通信要求由时钟来实现发送端与接收端之间的同步，故硬件较复杂。正是由于实现同步通信的硬件和软件成本较高，所以同步通信未得到广泛应用。

（2）异步通信指传送信息时用一个起始位表示字符的开始，用停止位表示字符的结束。这种包含一个起始位（表示开始）与一个停止位（表示结束）的全部内容的一个字符叫一帧。其每帧的格式如下：在一帧格式中，先是一个起始位 0，然后是 8 个数据位，规定低位在前，高位在后，接下来是奇偶校验位（可以省略），最后是停止位 1。用这种格式表示字符，则字符可以一个接一个地传送，参见图 6－1－2。51 系列单片机就是采用的这种通信方式。

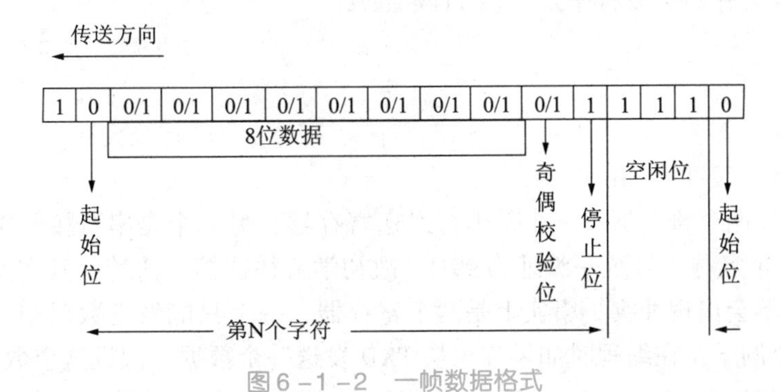

图 6－1－2　一帧数据格式

在异步通信中，CPU 与外设之间必须要满足两项规定，即字符格式和波特率的要求。字符格式的规定是双方能够对同一种 0 和 1 的串理解成同一种意义。原则上字符格式可以由通信的双方自由制定，但从通用、方便的角度出发，一般还是使用一些标准为好，如发送的字符采用对应的 ASCII 码。至于波特率的要求与标准将在 51 单片机串口工作方式这部分详细阐述。

3）串行通信的方向

串行通信的方向分为单工传送与双工传送。双工传送又分为半双工传送与全双工传送。

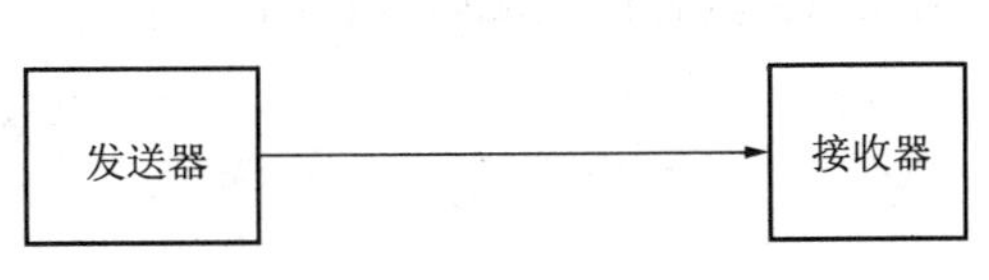

图 6－1－3　单工传送

（1）在串行通信中，把通信接口只能发送或接收的单向传送方法叫单工传送（如图 6－1－3）。比如发射台、收音机或电视机等设备。

（2）把数据在甲乙两机之间的双向传递，称之为双工传送。在双工传送方式中又分为半双工传送和全双工传送。半双工传送（如图 6－1－4）是两机之间不能同时进行发送和接

收，任一时刻，只能发送或者只能接收信息。比如步话机或对讲机的相互通信就是半双工传送。

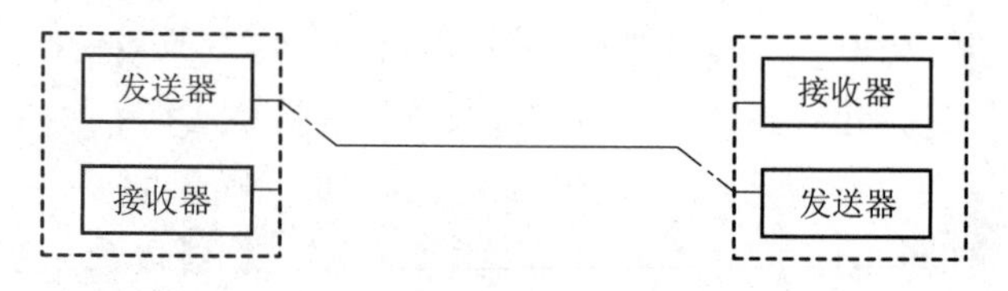

图6－1－4　半双工传送

所谓全双工传送（如图6－1－5）是指两机之间能够同时发送或接收信息。比如手机通信、宽带上网等。

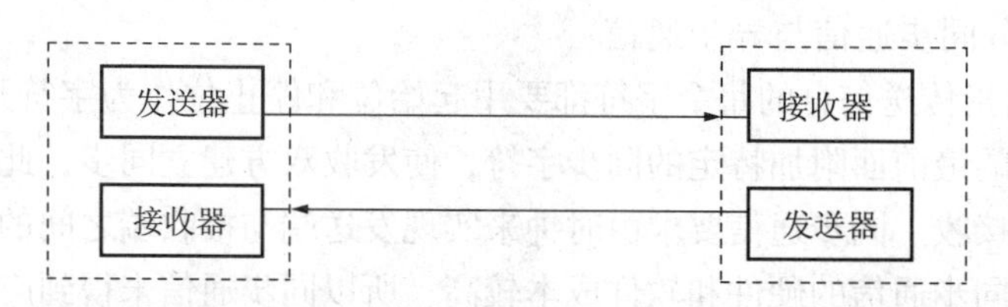

图6－1－5　双工传送

2. 串行接口的组成

1）串行接口的结构

串行接口主要由发送数据缓冲器、发送控制器、输出控制门、接收数据缓冲器、接收控制器、输入移位寄存器、波特率发生器T1等组成。

串行口中还有两个特殊功能寄存器SCON、PCON，特殊功能寄存器SCON用来存放串行口的控制和状态信息。定时/计数器1（T1）与定时/计数器2（T2）都可构成串行口的波特率发生器，其波特率是否增倍可由特殊功能寄存器PCON的最高位控制。

2）发送/接收缓冲器SBUF

SBUF对应着两个寄存器，一个是串行发送寄存器，另一个是串行接收寄存器，但它们都用SBUF这一个名称，且统一编址为99H，故初学者往往搞不清楚。其实发送或接收虽然都用SBUF，但不会出现冲突，事实上是两个寄存器，一个只能发送数据用，另一个只能接收数据用。举个例子，在编程时如果你想从TXD发送一个数据，假设这个数据存放在buffer中，指令写成“SBUF = buffer;”。反之，如果通过RXD接收一个数据，假设接收的数据准备存放到buffer中，指令写成“buffer = SBUF;”，所以是不一样的。

3）串行口的特殊功能寄存器

（1）串行口控制寄存器SCON。

串行口控制寄存器SCON用于定义串行口的工作方式及实施接收和发送控制，该寄存器地址为98H，其各位定义如表6－1－1：

表6－1－1　串行口控制寄存器SCON位定义

	D7	D6	D5	D4	D3	D2	D1	D0
SCON	SM0	SM1	SM2	REN	TB8	RB8	TI	RI
98H	9FH	9EH	9DH	9CH	9BH	9AH	99H	98H

各位的含义如下：

SM0、SM1：串行口工作方式选择位，其定义如表6－1－2。

表6－1－2　串行口作方式选择位定义

方式位		工作方式	功能	波特率
SM0	SM1			
0	0	方式0	同步移位寄存器方式	Fosc/12
0	1	方式1	8（10）位 UART 方式	须设置
1	0	方式2	9（11）位 UART 方式	Fosc/32（64）
1	1	方式3	9（11）位 UART 方式	须设置
注：上表中的 Fosc 指单片机晶振的频率。				

SM2：多机通信控制位

在方式0时，SM2一定要等于0。在方式1中，当SM2＝1则只有接收到有效停止位时，RI才置1。在方式2或方式3中，当SM2＝1且接收到的第9位数据RB8＝0时，RI才置1。

REN：接收允许控制位

由软件置位以允许接收，又由软件清零来禁止接收。

TB8：是要发送数据的第9位

在方式2或方式3中，要发送的第9位数据，根据需要由软件置1或清零。例如，可约定作为奇偶校验位，或在多机通信中作为区别地址帧或数据帧的标志位。

RB8：接收到的数据的第9位

在方式0中不使用RB8。在方式1中，若SM2＝0，RB8为接收到的停止位。在方式2或方式3中，RB8为接收到的第9位数据。

TI：发送中断标志

在方式0中，第8位发送结束时，由硬件置位。在其他方式的发送停止位前，由硬件置位。TI置位既表示一帧信息发送结束，同时也是申请中断，可根据需要，用软件查询的方法获得数据已发送完毕的信息，或用中断的方式来发送下一个数据。TI必须用软件清零。

RI：接收中断标志位

在方式0，当接收完第8位数据后，由硬件置位。在其他方式中，在接收到停止位的中间时刻由硬件置位（例外情况见于SM2的说明）。RI置位表示一帧数据接收完毕，可用查询的方法获知或者用中断的方法获知。RI也必须用软件清零。

（2）电源控制寄存器PCON。

串行口设置中借用了PCON（直接地址为87H）的最高位SMOD，该特殊功能寄存器本身不可位寻址，各位定义及基本功能如表6－1－3所示。

表6－1－3　电源控制寄存器PCON位定义

SMOD	—	—	—	GF1	GF0	PD	IDL

SMOD：波特率加倍位

当使用T1作波特率发生器，且工作在方式1或2时，如果SMOD＝1，则传送的波特率增加一倍；SMOD＝0，则不加倍。

GF1、GF0：普通标志位

用户可以根据需要选择使用。

PD：掉电工作模式

当PD为1时，单片机进入掉电工作方式。在掉电方式下，CPU停止工作，片内振荡器停止工作。由于时钟被“冻结”，一切功能都停止。片内RAM的内容和专用寄存器中的内容一直保持到掉电方式结束为止。退出掉电方式的唯一途径是硬件复位，复位时会重新定义专用寄存器中的值，但不改变片内RAM的内容。即在掉电方式下，只有片内RAM的内容被保持，专用寄存器的内容则不保持。

IDL：空闲工作模式

IDL为1时，单片机进入空闲模式。在空闲模式下，CPU处于睡眠状态，但片内的其他部件仍然工作，而且片内RAM的内容和所有专用寄存器的内容在空闲方式期间都被保留起来。

终止空闲方式有两条途经，一个方法是激活任何一个被允许的中断，IDL将被硬件清除，结束空闲工作方式，中断得到响应后，进入中断服务子程序，紧跟在RETI之后，下一条要执行的指令将是使单片机进入空闲方式那条指令后面的一条指令；另一个方法是通过硬件复位。要注意的是，当空闲方式是靠硬件复位来结束时，CPU通常都是从激活空闲方式那条指令的下一条指令开始继续执行。但要完成内部复位操作，硬件复位信号要保持两个机器周期（24个振荡器周期）有效。

3. 串行口工作方式

从前面的SCON学习中可知，AT89S51单片机的全双工串行口可设置为4种工作方式，现详细叙述如下：

（1）方式0。

方式0为移位寄存器输入/输出方式。可外接移位寄存器以扩展I/O口，也可以外接同步输入/输出设备。8位串行数据是从RXD输入或输出，TXD用来输出同步脉冲。

当输出时，串行数据从RXD引脚输出，TXD引脚输出移位脉冲。CPU将数据写入发送寄存器时，立即启动发送，将8位数据以fos/12的固定波特率从RXD输出，低位在前，高位在后。发送完一帧数据后，发送中断标志TI由硬件置位。

当输入时，串行口以方式0接收，先置位允许接收控制位REN。此时，RXD为串行数据输入端，TXD仍为同步脉冲移位输出端。当RI=0和REN=1同时满足时，开始接收。当接收到第8位数据时，将数据移入接收寄存器，并由硬件置位RI。

（2）方式1。

方式1为波特率可变的10位异步通信接口方式。发送或接收一帧信息，包括1个起始位0，8个数据位和1个停止位1。

当输出时，CPU执行一条指令将数据写入发送缓冲SBUF，就启动发送。串行数据从TXD引脚输出，发送完一帧数据后，由硬件置位TI。

当输入时，在REN=1时，串行口采样RXD引脚，当采样到1至0的跳变时，确认是开始位0，就开始接收一帧数据。只有当RI=0且停止位为1或者SM2=0时，停止位才进入RB8，8位数据才能进入接收寄存器，并由硬件置位中断标志RI，否则信息就丢失了。所以在方式1接收时，应先用软件清零RI和SM2标志。

（3）方式2。

方式2为固定波特率的11位UART方式。它比方式1增加了一位可程控的为1或0的第9位数据。

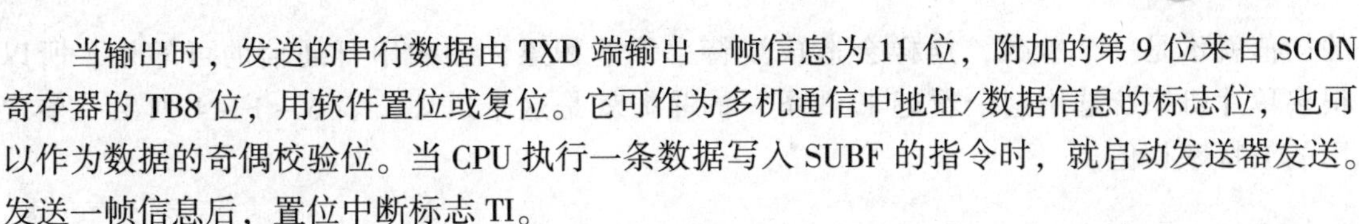

当输出时，发送的串行数据由TXD端输出一帧信息为11位，附加的第9位来自SCON寄存器的TB8位，用软件置位或复位。它可作为多机通信中地址/数据信息的标志位，也可以作为数据的奇偶校验位。当CPU执行一条数据写入SUBF的指令时，就启动发送器发送。发送一帧信息后，置位中断标志TI。

当输入时，在REN=1时，串行口采样RXD引脚，当采样到1至0的跳变时，确认是开始位0，就开始接收一帧数据。在接收到附加的第9位数据后，当RI=0或者SM2=0时，第9位数据才进入RB8，8位数据才能进入接收寄存器，并由硬件置位中断标志RI；否则信息丢失，且不置位RI。再过一位时间后，不管上述条件是否满足，接收电路进行复位，并重新检测RXD上从1到0的跳变。

(4) 方式3。

方式3也为波特率可变的11位UART方式。除波特率外，其余与方式2相同。

4. 波特率的概念与选择

所谓波特率，就是每秒钟传送的二进制的位数，单位是bps（bits per second）。它是衡量串行数据传输速度快慢的一项重要指标。

在串行通信中，收发双方的数据传送率（波特率）要有一定的约定。在51单片机串行口的四种工作方式中，方式0和2的波特率是固定的，为主振频率的1/12、1/32或1/64。而方式1和3的波特率是可变的，由定时器T1的溢出率控制。在方式1或方式3下，可由下式表示：

$$波特率=(2^{SMOD}/32)\times T1溢出率=(2^{SMOD}/32)\times[Fosc/12(256-x)]$$

T1溢出率=T1计数率/产生溢出所需的周期数。

式中T1计数率取决于它工作在定时器状态还是计数器状态。当工作于定时器状态时，T1计数率为fosc/12；当工作于计数器状态时，T1计数率为外部输入频率，此频率应小于fosc/24。产生溢出所需周期与定时器T1的工作方式、T1的预置值有关。

定时器T1工作于方式0：溢出所需周期数 $=8192-x$

定时器T1工作于方式1：溢出所需周期数 $=65536-x$

定时器T1工作于方式2：溢出所需周期数 $=256-x$

因为方式2为自动重装入初值的8位定时/计数器模式，所以用它来做波特率发生器最恰当。

下面举一个例子来说明根据已知波特率来计算定时器T1工作在方式2时定时初值的计算。

例题：已知用AT89S51单片机作串行通信，要求工作在串口方式1下，波特率选取4 800bps且不加倍，系统晶振选的是11.059 2MHz，求TH1与TL1装入的初值是多少？

解：设要求的值为 x，利用前面的公式可以得到：

$波特率=(2^{SMOD}/32)\times[Fosc/12(256-x)]$

即：$4\,800=(2^0/32)\times[11.0592/12(256-x)]$

求得 $x=250$　转换成16进制是OXFA

在刚才的例子中，我们的晶振选用了一个非常怪的频率，就是11.059 2MHz。为什么要选这个频率？可能有的读者已经从刚才的例子中有点明白了。事实是，串口通信选用的波特率是有标准的，比如110、300、600、1 200、2 400、4 800、9 600、19.2kbps等，注意这些数值与11.059 2MHz是整数倍的关系。如果选用12MHz或6MHz的晶振，计算出的T1

的初值就不是一个整数，这样会造成波特率误差积累，影响串行通信的可靠性。所以很多单片机系统选用这个看起来“怪”的晶振就是这个道理。表 6－1－4 列出一些常用的波特率初值。

表6－1－4　常用波特率初值

波特率/bps	晶振/MHz	T1 初值	
		SMOD＝0	SMOD＝1
300	11.0592	0xA0	0x40
600	11.059 2	0xD0	0xA0
1 200	11.059 2	0xE8	0xD0
1 800	11.059 2	0xF0	0xE0
2 400	11.059 2	0xF4	0xE8
3 600	11.059 2	0xF8	0xF0
4 800	11.059 2	0xFA	0xF4
7 200	11.059 2	0xFC	0xF8
9 600	11.059 2	0xFD	0xFA
14 400	11.059 2	0xFE	0xFC
19 200	11.059 2	—	0xFD
28 800	11.059 2	0xFF	0xFE

任务实施

1. 串行口电路原理图（图 6－1－6）

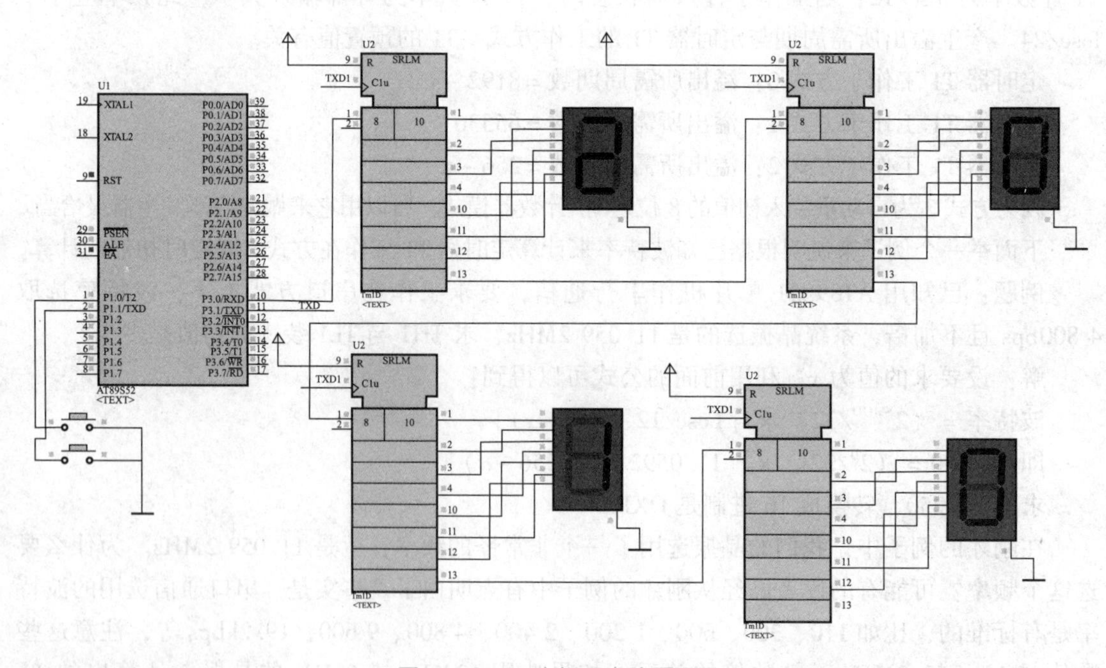

图6－1－6　串行口电路原理图

2. 参考程序

```
#include <reg52.h>
#define uchar unsigned char
sbit p10 = P1^0;
sbit p11 = P1^1;
uchar data discode1[4] = {0xfc,0x60,0xfc,0xda};
uchar data discode2[4] = {0xf2,0x60,0xda,0x60};
void delay()
{
    uchar i,j;
    for(i =0;i <0xff;i ++)
    for(j =0;j <0xff;j ++);
  }
void display()
{
    uchar i;
    if(p10 ==0)
    {
      for(i =0;i <4;i ++)
      {
        SBUF =discode1[i];
        while(TI ==0);
        TI =0;
        delay();
      }
        p10 =1;
    }
    if(p11 ==0)
    {
      for(i =0;i <4;i ++)
      {
          SBUF =discode2[i];
          while(TI ==0);
          TI =0;
          delay();
        }
        p11 =1;
      }
```

```
}
void main()
{
    SCON = 0x00;
    p10 =1;
    p11 =1;
    while(1)
    {
      display();
    }
}
```

归纳总结

本次任务要求熟悉并掌握串行口的工作方式及其设置以及波特率的选择，对后面项目的实施非常重要。串行通信是数据一位一位顺序发送或接收，虽然串行通信比并行通信慢，但采用串行通信不管发送或接收位数有多少，最多只需要两根导线，一根用于发送，另一根用于接收。

拓展提高

利用串行口的工作方式0，将单片机的串口通过74LS164芯片转换成并口并驱动数码管循环依次显示0~9。在Proteus软件中设计出相应的电路，并进行仿真。

任务2　单片机与单片机通信实现

任务描述

编程并调试两个单片机之间的通信。

任务分析

51 系列单片机有一对全双工的串行口，由 P3.0、P3.1 分别复用为串行接收端与串行发送端，且能同时进行数据发送和接收。这样不仅能实现单片机与单片机之间的通信，而且可以通过电平转换电路实现与工控机或 PC 机的通信。

本次任务的目标就是利用 51 单片机的串行口，设计一个两片 AT89S52 之间能实现双向通信的控制系统。其中一片我们称 A 机，另一片称 B 机。A 机通过一只按钮可以向 B 机发送字符控制信息，每按一次则 B 机接收到该控制字符后，让 B 机上的 8 只发光二极管按一定的规律点亮；B 机同样也通过一只按钮可以向 A 机发送字符控制信息，每按一次则 B 机接收到该控制字符后，让 A 机上的数码管轮流显示 0 ~ 9 数字，从而实现双向通信。当然，读者可以自己选择不同的控制对象实现不同的功能。

知识准备

1. 串行通信的数据传送和数据转换

串行数据通信要解决两个关键技术问题，一个是数据传送，另一个是数据转换。所谓数据传送就是指数据以什么形式进行传送。所谓数据转换就是指单片机在接收数据时，如何把接收到的串行数据转化为并行数据；单片机在发送数据时，如何把并行数据转换为串行数据进行发送。

1）数据传送

单片机的串行通信使用的是异步串行通信，所谓异步就是指发送端和接收端使用的不是同一个时钟。异步串行通信通常以字符（或者字节）为单位组成字符帧传送。字符帧由发送端一帧一帧地传送，接收端通过传输线一帧一帧地接收。

（1）字符帧的帧格式。

字符帧由四部分组成，分别是起始位、数据位、奇偶校验位、停止位（如图 6 – 2 – 1 所示）。

①起始位：位于字符帧的开头，只占一位，始终位逻辑低电平，表示发送端开始发送一帧数据。

②数据位：紧跟起始位后，可取 5、6、7、8 位，低位在前，高位在后。

③奇偶校验位：占一位，用于对字符传送作正确性检查，因此奇偶校验位是可选择的，共有三种可能，即奇校验、偶校验和无校验，由用户根据需要选定。

④停止位：末尾，为逻辑“1”高电平，可取 1、1.5、2 位，表示一帧字符传送完毕。

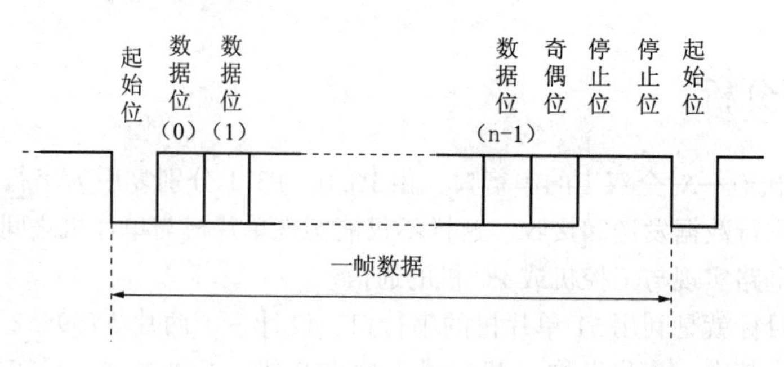

图 6-2-1　字符帧格式

异步串行通信的字符帧可以是连续的，也可以是断续的。连续的异步串行通信，是在一个字符格式的停止位之后立即发送下一个字符的起始位，开始一个新的字符的传送，即帧与帧之间是连续的。而断续的异步串行通信，则是在一帧结束之后不一定接着传送下一个字符，不传送时维持数据线的高电平状态，使数据线处于空闲。其后，新的字符传送可在任何时候开始，并不要求整倍数的位时间。

（2）传送的速率。

串行通信的速率用波特率来表示，所谓波特率就是指一秒钟传送数据位的个数。每秒钟传送一个数据位就是 1 波特。即：1 波特 = 1bps（位/秒）

在串行通信中，数据位的发送和接收分别由发送时钟脉冲和接收时钟脉冲进行定时控制。时钟频率高，则波特率高，通信速度就快；反之，时钟频率低，波特率就低，通信速度就慢。

2）数据转换

MCS-51 单片机只能处理 8 位的并行数据，所以在进行串行数据的发送时，要把并行数据转换为串行数据。而在接收数据时，只有把接收的串行数据转换成并行数据，单片机才能进行处理。

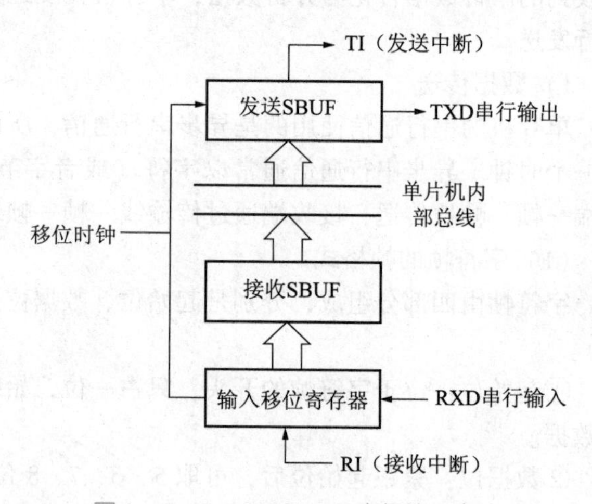

图 6-2-2　MCS-51 串行接口电路

能实现这种转换的设备，称为通用异步接收发送器（Universal Asynchronous Receiver /Transmitter）。这种设备已集成到单片机内部，称为串行接口电路。串行接口电路为用户提供了两个串行口缓冲寄存器（SBUF），一个称为发送缓存器，它的用途是接收片内总线送来的数据，即发送缓冲器只能写不能读，发送缓冲器中的数据通过 TXD 引脚向外传送；另一个称为接收缓冲器，它的用途是向片内总线发送数据，即接收缓冲器只能读不能写。接收缓冲器通过 RXD 引脚接收数据。因为这两个缓冲器一个只能写，一个只能读，所以共用一个地址 99H。串行接口电路如图 6-2-2 所示。

2. 串行通信的错误校验

1）奇偶校验

在发送数据时，尾随数据位的 1 位为奇偶校验位（1 或 0）。奇校验时，数据中“1”的

个数与校验位“1”的个数之和应为奇数；偶校验时，数据中“1”的个数与校验位“1”的个数之和应为偶数。接收字符时，对“1”的个数进行校验，若发现不一致，则说明传输数据过程中出现了差错。

2）代码和校验

代码和校验是发送方将所发数据块求和（或各字节异或），产生一个字节的校验字符（校验和）附加到数据块末尾。接收方接收数据同时对数据块（除校验字节外）求和（或各字节异或），将所得的结果与发送方的“校验和”进行比较，相符则无差错，否则即认为传送过程中出现了差错。

3）循环冗余校验

这种校验是通过某种数学运算实现有效信息与校验位之间的循环校验，常用于对磁盘信息的传输、存储区的完整性校验等。这种校验方法纠错能力强，广泛应用于同步通信中。

任务实施

1. 本次任务通信双方的几个规定

1）通信双方的硬件连接

作为应用系统首先要研究通信双方如何连接。一种办法是把两片8051的串行口直接相连，一片8051的TXD与另一片的RXD相连，RXD与另一片的TXD相连，地与地连通。由于8051串行口的输出是TTL电平，两片相连所允许的距离极短。

2）通信双方的软件约定

通信双方除了在硬件上进行连接外，在软件还必须作如下约定：

作为发送方，必须知道什么时候发送信息，发什么，对方是否收到，收到的内容有没有错误，要不要重发，怎样通知对方结束。

作为接收方，必须知道对方是否发送了信息，发的是什么，收到的信息是否有错误，如果有错误怎样通知对方重发，怎样判断结束等。

这些规定必须在编程之前确定下来。为实现双机通信，我们规定如下：

假定A机为发送机，B机为接收机。当A机发送时，先送一个“AA”信号，B机收到后回答一个“BB”信号，表示同意接收。

当A机接收到“BB”后，开始发送数据，每发送一次求一次“校验和”，假定数据块长16个字节，起始地址为30H，一个数据块发送完后再发出“检查和”。

B机接收数据并转存到数据区，起始地址也为30H，同时每接收一次也计算一次“校验和”，当一个数据块收齐后，再接收A机发来的“校验和”，并将它与B机的“检查和”进行比较。若两者相等，说明接收正确，B机回答一个00；若两者不相等，说明接收不正确，B机回答一个FF，请求重发。A机收到00的答复后，结束发送。若收到的答复非0，则重新将数据发送一次。

双方均以1 200波特的速率传送。假设晶振频率为6MHz，计算定时器1的计数初值：

$$x = 256 - \frac{6 \times 10^6 \times 1}{384 \times 1\ 200} = 256 - 13 = 243 = 0F2H$$

为使波特率不倍增，设定 PCON 寄存器的 SMOD = 0，则 PCON = 00H。

2. 两片单片机通信原理图

除了组成控制必需的最小化系统，A 机的硬件接口方案是：单位共阳数码管的段码位通过限流电阻后，分别接 P0 口的 P1.0 ~ P1.6（如果用，按钮接 P3.7）。B 机的硬件接口方案是：8 只发光二极管负极分别接 P1 口的 P1.0 ~ P1.7；按钮接 P3.7。

A 机的 P3.0 即串行口接收端 RXD 与 P3.1 即串行口发送端 TXD 分别接 B 机的 P3.1（TXD）与 P3.0（RXD），见图 6 - 2 - 3。

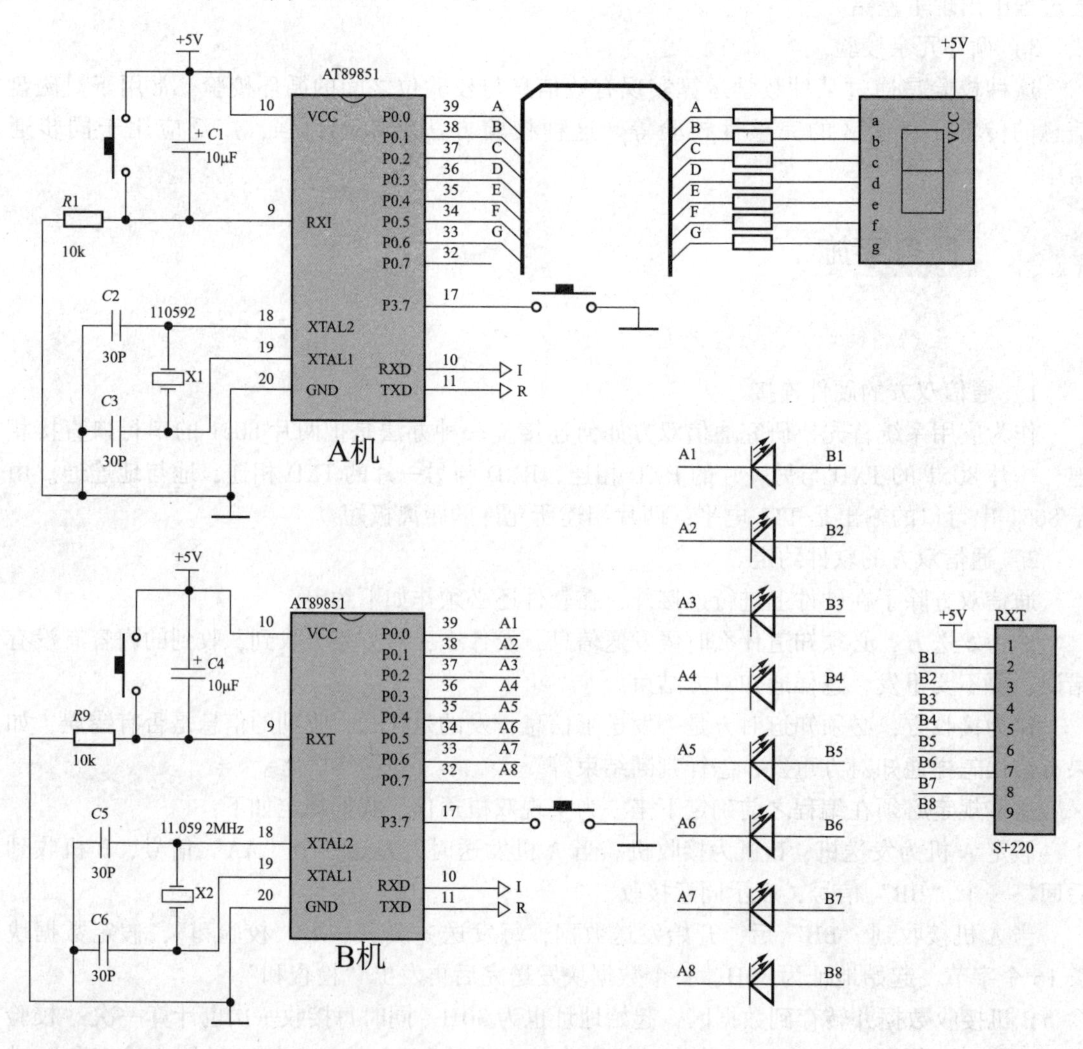

图 6 - 2 - 3　两片单片机通信原理图

3. 根据原理图编写程序

程序如下

```
//————————A 机程序————————
//说明:A 机通过 TXD 向 B 机发送命令,控制 B 机 LED,A 机也可以接收 B 机发送的命令,
```

```
//        接收下来后让数码管显示。
//——————————————————————————
#include<reg51.h>
#define uchar unsigned char
#define uint unsigned int
#define SMG  P0              // 数码管段码位接 P0 口
sbit K1 = P3^7;              //按钮接至 P3.7 口
uchar Anjian_num = 0;        //按键操作计数码

//共阳数码管段码
uchar code DM[] = {0xc0,0xf9,0xa4,0xb0,0x99,0x92,0x82,0xf8,0x80,0x90};

//————————————延时子程序————————————
void YS(uint ms)
{
uchar i;
while(ms--) for(i=0;i<120;i++);
}
//————————向串口发送字符子程序————————————
void Send_char(uchar c)
{
SBUF = c;
while(TI == 0);
TI = 0;
}
//——————————主程序——————————————
void main()
{
P1 = 0xff;
P0 = 0xff;
SCON = 0x50;                 //串口模式 1,允许接收
TMOD = 0x20;                 //T1 工作在方式 2
PCON = 0x00;                 //波特率不倍增
TH1 = 0xfd;                  //波特率 9 600 的 T1 初值
TL1 = 0xfd;
TI = RI = 0;
TR1 = 1;                     //打开 T1
EA = 1;                      //总中断允许
ES = 1;                      //串行口中断允许
```

```
while(1)
{
YS(100);
if(K1 ==0)                  // 当 K1 按下时
{
YS(10);                     //消抖动
if(K1 ==0)
  {
Anjian_num =(Anjian_num +1)% 10; //按键计数值加 1,但到 10 时恢复为 0
while(K1 ==0);
  }
switch(Anjian_num)          //根据操作代码发送'A ~ I'或停止发送
{
case 0: Send_char('X');
break;
case 1: Send_char('A');
break;
case 2: Send_char('B');
break;
case 3: Send_char('C');
break;
case 4: Send_char('D');
break;
case 5: Send_char('E');
break;
case 6: Send_char('F');
break;
case 7: Send_char('G');
break;
case 8: Send_char('H');
break;
case 9: Send_char('I');
break;
}
}
}
}
//A 机串口接收中断函数
void receive() interrupt 4
```

```
{
if(RI)                         //允许接收位有效
  {
RI =0;                         //接收允许位先复位
//如接收的数字在0 ~9之间,则显示在数码管上
if(SBUF >=0&&SBUF <=9) P0 =DM[SBUF];
else P0 =0xff;     //否则全灭
  }
}

//——————————————B机程序——————————————
//说明:B机接收到A机发送的信号后,根据相应信号控制LED完成不同亮灭动作。
//      B机发送数字字符,A机收到后把'0 ~9'数字在数码管上显示出来。
//——————————————————————————————————— -
#include <reg51.h >
#define uchar unsigned char
#define uint unsigned int
#define LED  P1                //8只LED接P1口
sbit K2 = P3^7;
uchar Number = -1;             //发送的数字置初值 -1,加1后即变0

//——————————————延时子程序——————————————
void YS(uint ms)
{
uchar i;
while(ms --) for(i =0;i <120;i ++);
}

//——————————————主程序——————————————
void main()
{
P1 =0xff;
SCON =0x50;                    //串口模式1,允许接收
TMOD =0x20;                    //T1工作于方式2
TH1 =0xfd;                     //波特率9600的T1初值
TL1 =0xfd;
PCON =0x00;                    //波特率不倍增
RI =TI =0;
TR1 =1;                        //打开T1
```

```
IE =0x90;                        //总中断打开、允许串行口中断
while(1)
{
YS(100);
if(K2 ==0)                       // 当 K1 按下时
{
while(K2 ==0);                   //等待释放
Number = ++Number% 11;           //产生 0 ~10 范围内的数字,其中 10 表示关闭
SBUF =Number;
while(TI ==0);
TI =0;
  }
  }
}
void receive() interrupt 4
{
if(RI)                           //如收到字符
  {
RI =0;
switch(SBUF)                     //收到不同的字符 LED 组合显示
  {
case 'X': LED =0xff; break;              //收到 X,LED 全灭
case 'A': LED =0x55; break;              //双位亮
case 'B': LED =0xaa; break;              //单位亮
case 'C': LED =0xf0; break;              //低 4 位亮
case 'D': LED =0x0f; break;              //高 4 位亮
case 'E': LED =0xcc; break;
case 'F': LED =0x33; break;
case 'G': LED =0x66; break;
case 'H': LED =0x99; break;
case 'I': LED =0x00; break;              //全亮
  }
  }
}
```

4. 编译与仿真

将上述源程序在 Keil C 中编译并生成 hex 文件，在 Proteus 中作原理图仿真。A 机程序与 B 机程序分开编译，在 Proteus 中模拟烧录时也应分别烧录。

需要注意的是在 Keil C 中晶振要输入的是 11. 059 2MHz，如图 6 -2 -4 所示。编译结果

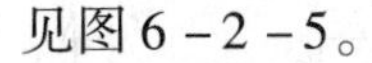

见图6－2－5。

Proteus仿真结果见图6－2－6。读者要注意的是，Proteus对单片机的仿真，在画原理图时可以省略最小化系统部分。但在实际做套件时，是不能省略的。

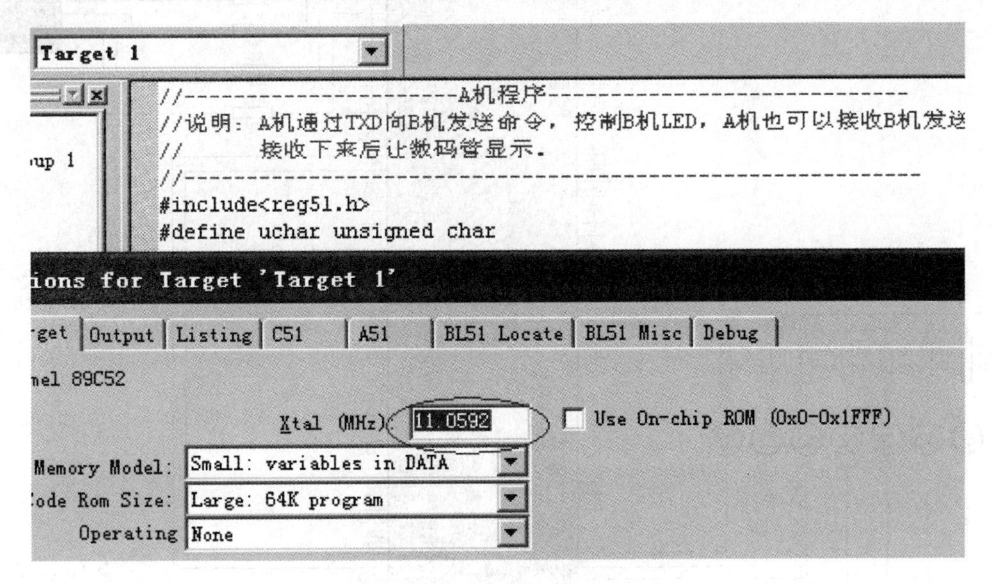

图6－2－4　晶振选11.059 2MHz

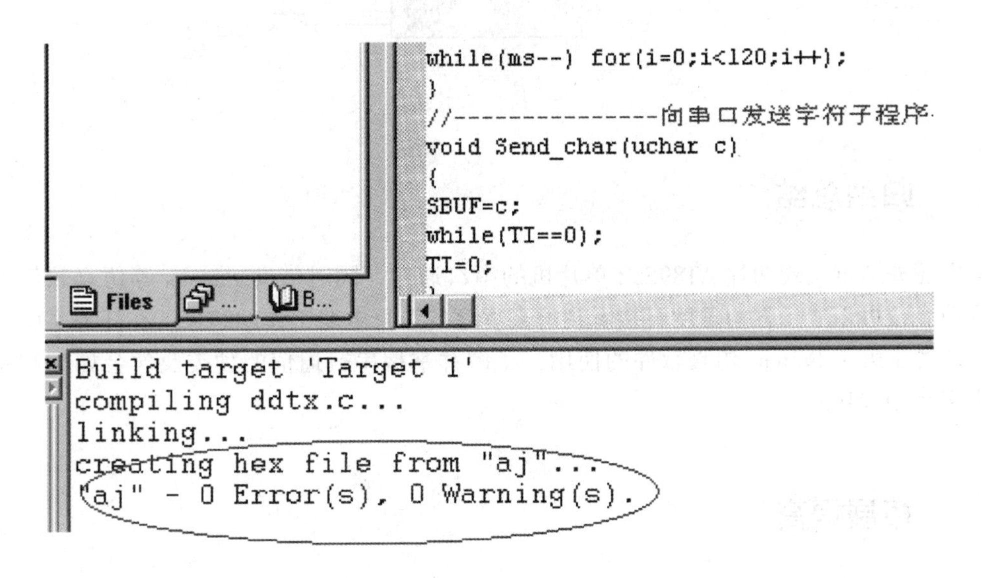

图6－2－5　编译并生成hex

5. 样机制作

样机制作可以根据条件采用万能板焊接或在做好的PCB上焊接，也可以利用现成的单片机实训装置来实现。

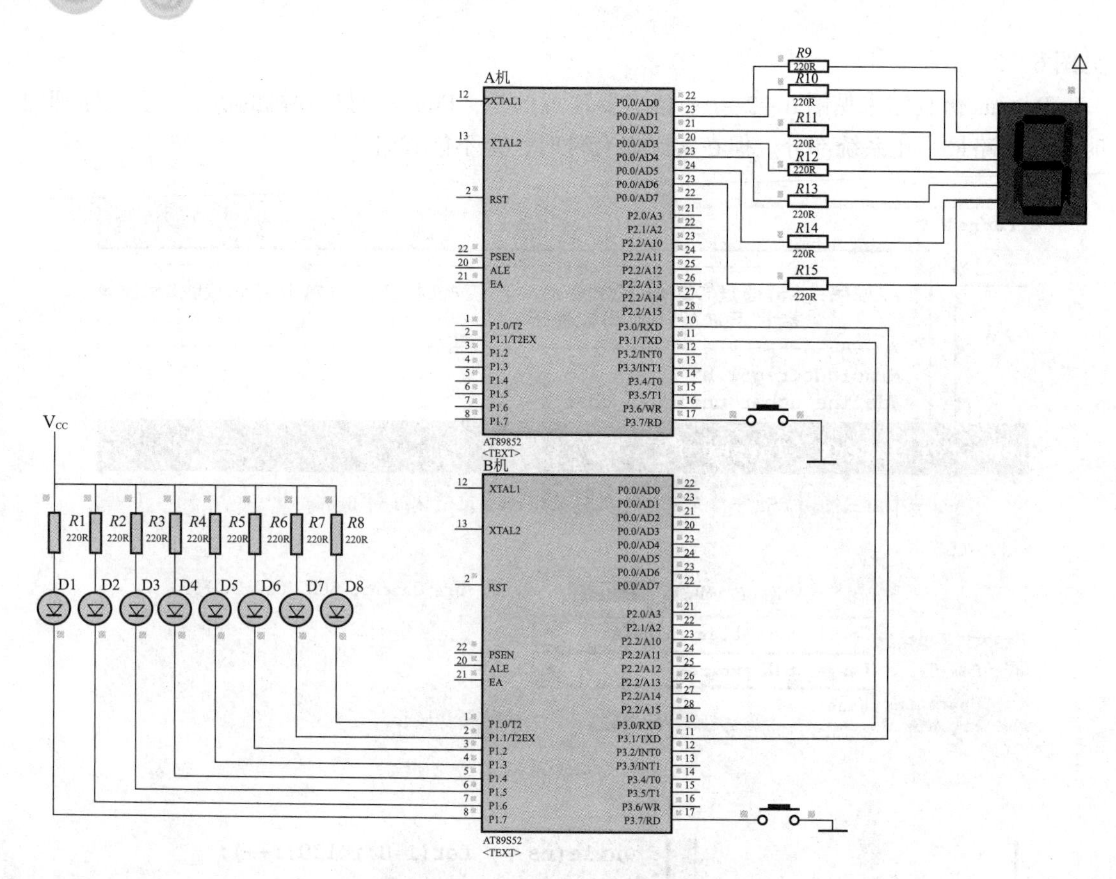

图6－2－6　两片单片机通信的仿真

归纳总结

本次任务通过实现两片 AT89S52 单片机的串口通信，同时借助 Proteus 等仿真软件强大的仿真功能，可以从工程的角度直接看到仿真程序的运行电路工作的结果。在任务实施过程中，使读者了解了 Proteus 仿真软件的使用，了解并掌握串行通信的种类及学会如何利用单片机来实现相关功能。

拓展提高

编程并调试两个以上单片机之间的通信。

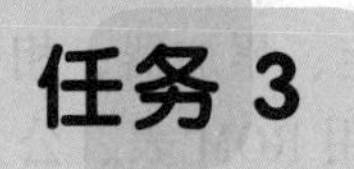

任务3 实训工位供电故障自诊断及故障点数据采集实训

任务描述

在实训室供用电过程中，负载、开关或插座内部的短路故障会让相关空气开关跳闸，甚至造成实训场所大面积停电，在故障未排除之前还送不上电，给正常的实训教学造成很大的影响。另外，对于回路的短路故障在排除时比较麻烦，尤其是在一般实训场所的开关、插座都是一条支路并联较多的情况下，往往要一路拆开检查，费时费事。

本次任务立足于解决这一问题，其主要方法是：在供电线路的分支口（分路空气开关出线端）或终端（插座、开关端）装自恢复保险电阻（PPTC），并在其两端取样信号，经隔离、整形处理成标准 TTL 信号后送单片机判断处理，对整个用电系统巡回检测，如发生短路故障，则将故障点位置编号通过 LED 数码管显示出来，且其他无故障点正常供电。故障点排除后，自动恢复正常。

任务分析

此次任务的主要目的在于综合运用项目 6 中各个知识点，提高熟练编程的能力。主要运用到以下知识点：

1. AT89S52 单片机及 C51 语言或 51 汇编语言程序设计方法。
2. 在 Keil C 及 Proteus 环境下进行软件仿真调试。
3. 在 YL－236 单片机控制实训台上进行硬件仿真调试。
4. 与本设计相关的电气安全标准的学习与使用。

知识准备

在正常情况下，线路上流经 PPTC（自恢复保险）的电流所产生的热量很小，不会改变 PPTC 中聚合树脂的晶状结构，从而保持通路。然而，当电流急剧增加时（短路），PPTC 的温度也会在很短时间内迅速上升，阻抗迅速提高，使通过的电流在 0.1ms 内变小，如同开路，达到保护电路的目的；待故障排除后，导体链键又重新建立，并自动恢复成低阻抗导体。当保护点的设备或开关、插座等工作正常时，PPTC 阻抗极小，其两端电压几乎为零。故 R1、R2 的采样电压亦为零，起隔离作用的光耦 U1 不导通；当保护点发生对地短路时，两回路中的一条电流迅速增大，PPTC 呈高阻态，分压电阻采样的电压经 D1、C1 整流滤波后得到导通光耦的

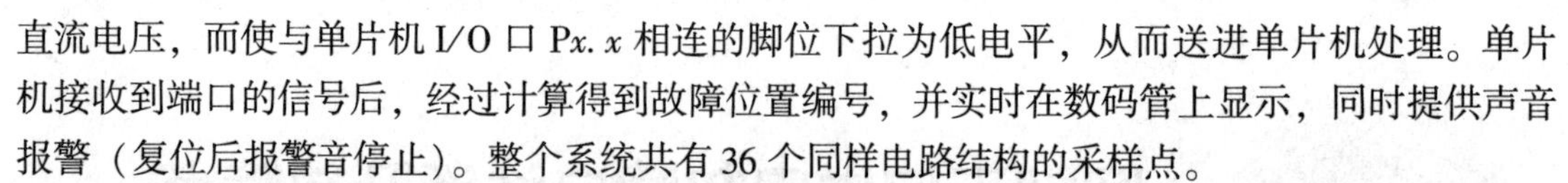

直流电压，而使与单片机 I/O 口 Px. x 相连的脚位下拉为低电平，从而送进单片机处理。单片机接收到端口的信号后，经过计算得到故障位置编号，并实时在数码管上显示，同时提供声音报警（复位后报警音停止）。整个系统共有 36 个同样电路结构的采样点。

程序设计含下列子程序：子程序一：初始化。包含 I/O 口初值设定、累加器、相关寄存器等清零、中断初始化设置等；子程序二：扫描显示。包含显示值调用 ROM 表、公共端由 P3. 0 与 P3. 1 轮流导通三极管扫描显示等；子程序三：矩阵查询。由 P1、P2 口对采样低电平信号的获取与识别，并根据不同口信号找出对应的键值；子程序四：矩阵查询点换算成加热管位号。由 P1. 0 ~ P1. 5、P2. 0 ~ P2. 5 共 36 个交叉点信号转换成加热管安装位置编号、位置编号换算成显示段码送寄存器保存；子程序五：报警信号输出。报警信号采用 2s 为一周期从 P3. 2 输出低电平；子程序六：延时子程序。包含数码管扫描延时、矩阵查询扫描延时、故障点显示延时、报警信号延时。

任务实施

1. 电路原理图（如图 6－3－1、图 6－3－2）

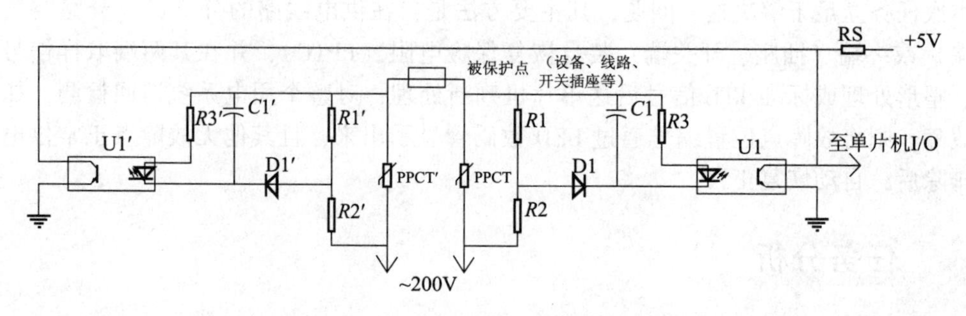

图 6－3－1 信号采样原理图

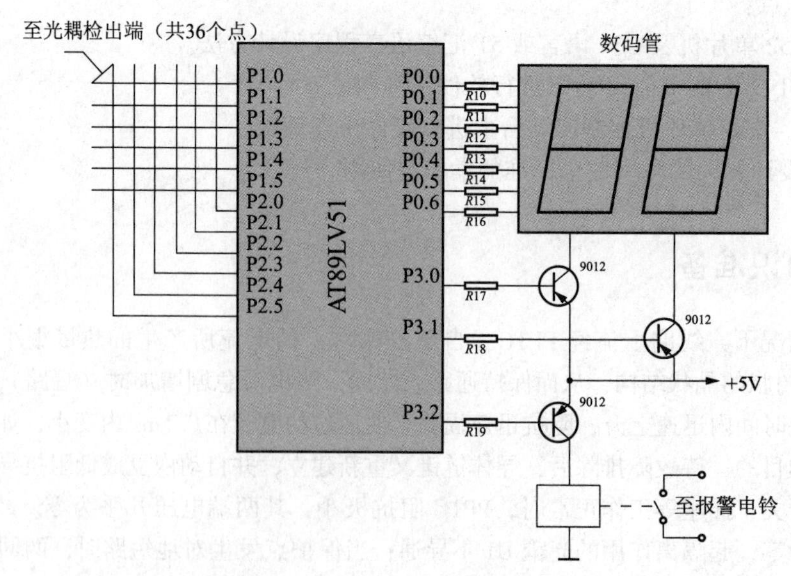

图 6－3－2 单片机处理原理图

2. 程序流程图（如图6－3－3）

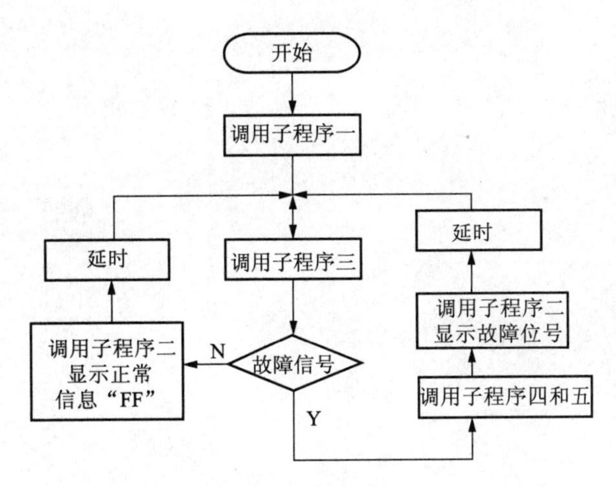

图6－3－3　程序流程图

3. 参考程序

归纳总结

本次任务实为项目6中各个知识点的综合应用，通过完成本次任务对单片机的硬件和软件有一个较为全面的了解，为后续的学习提供良好的基础。

拓展提高

设计扩展接口，检测更多的用电点。

自我评估

项目7

电力负荷无线实时监控系统控制

【预期目标】

1. 掌握单片机与上位计算机的通信，并会进行编程及调试。
2. 了解无线传输技术及KYL－600无线传输模块的相关知识，并学会KYL－600无线传输模块的使用。
3. 了解数据采集系统的相关知识，并会进行编程及调试。通过本项目的学习与实践，要求学生深入了解单片机与上位机之间进行信息通信的基本过程与通信协议及无线传输技术的相关知识，掌握利用单片机通信口和一般通信器件来设计控制系统的方法。

【思政导入】

本项目通过介绍单片机与上位计算机通信及其他一般通信器件来设计控制系统的学习。在整个项目任务中，首先通过回顾首颗量子卫星“墨子号”发射过程的短视频，让同学了解目前我国量子通信技术领先国际相关技术水平5年，并将在未来10到15年持续保持领先。同时结合我国科学技术发展历程中，从无到有、直面差距，自力更生，从制造大国到制造强国，激发学生强烈科学创新意识和一丝不苟的钻研精神，进一步提振同学们的民族自信心和自豪感，培养同学们爱国情怀，为“中国智造”做出自己的贡献。

任务1　单片机与上位计算机通信实现

任务描述

实现单片机与上位计算机之间的通信编程并进行调试。

任务分析

在计算机控制系统中，不可避免地要采用多机进行通信。本任务利用51实验板等单片机系统与PC机RS-232串口相连，实现双向数据通信，实现PC机发送一个字符给单片机，单片机接收到后即在个位、十位数码管上进行显示，同时将其回发给PC机。要求：单片机收到PC机发来的信号后采用串口中断方式处理，而单片机回发给PC机时采用查询方式。

采用软件仿真的方式完成，用串口调试助手和keil C或串口调试助手和Proteus分别仿真。需要用到以下软件：Keil，VSPD XP5（virtual serial ports driver XP5 虚拟串口软件），串口调试助手，Proteus。

知识准备

1. RS-232 串行接口基本知识

RS-232接口（又称EIA RS-232-C）是目前最常用的一种串行通信接口。它是在1970年由美国电子工业协会（EIA）联合贝尔系统、调制解调器厂家及计算机终端生产厂家共同制定的用于串行通信的标准。它的全名是“数据终端设备（DTE）和数据通信设备（DCE）之间串行二进制数据交换接口技术标准”。在计算机与计算机或计算机与终端之间的数据传送，很多工业仪器都将它作为标准通信端口使用。

RS-232接口一般有两种：一种是25针（或25孔）座，称为DB-25；一种是9针（或9孔）座，称为DB-9。见图7-1-1。

图7-1-1　RS-232标准接口

在单片机与上位机串行通信中经常采用的是 DB－9。这是一种9针（或9孔）标准座，图7－1－2所示为这种接口的原理图。

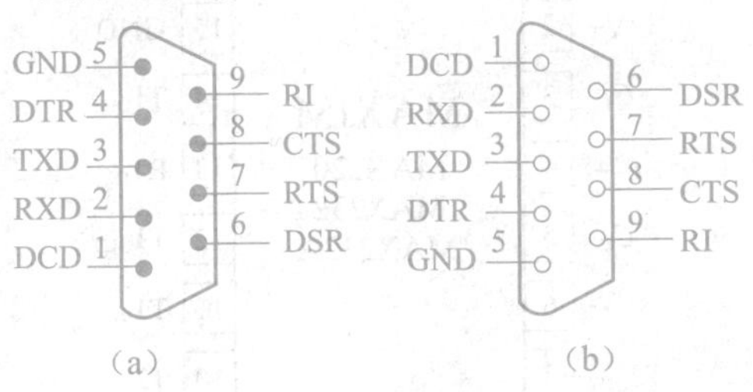

图7－1－2　DB－9脚位图
（a）插针型；（b）插座型

每个插针或插座的使用意义如表7－1－1所示。

表7－1－1　DB－9脚位定义

DB－9脚位	信号名称	传输方向	含义
1	DCD	输入	数据载波检测
2	RXD	输入	数据接收端
3	TXD	输出	数据输出端
4	DTR	输出	数据终端（计算机）准备就绪
5	GND	—	信号地
6	DSR	输入	数据设备准备就绪
7	RTS	输出	发送请求（计算机要求发送数据）
8	CTS	输入	清除发送（调制解调器准备接收数据）
9	RI	输入	响铃指示

虽然 DB－9 的9个脚位都定义了不同的功能，但我们在做单片机与上位机相互通信的项目时，只要用其中的三根线就够了：DB－9 的2脚、3脚与5脚，在工程上这就叫所谓的“三线制”通信连接。

尤其要注意的是，RS－232 对逻辑电平的定义标准与51单片机的 TTL 逻辑电平完全不一样。TTL 电平如果用正逻辑的话，高电平大于2V，标准高电平是＋5V；低电平小于0.7V，标准低电平是0V。但 RS－232 标准规定：在 TXD 和 RXD 上，逻辑1（MARK）＝－3～－15V，逻辑0（SPACE）＝＋3～＋15V，是用正负电压来表示逻辑状态的。所以我们的个人电脑表达的逻辑信号是与单片机不同的。这就引出一个问题：单片机与个人电脑在进行信息交换时，它们之间不同的逻辑电平关系是如何匹配的呢？那就继续往下学习吧！

2. TTL 电平与 RS－232 电平的转换

TTL 电平与 RS－232 电平转换在早期是用 MC1488 或 75188 等芯片实现 TTL 电平转 RS－232电平；用 MC1489 或 75189 等芯片实现 RS－232 电平转 TTL 电平。现在用得最多的转换芯片是 MAX232、HIN232 或 MAX202 等，这些芯片的最大优点在于实现了 TTL 电平与 RS－232 电平之间的相互转换。所以本节重点介绍 MAX232，见图7－1－3。这是一片16脚的集成电路，根据使用场合可以选用双列直插的或表面安装的不同封装形式。

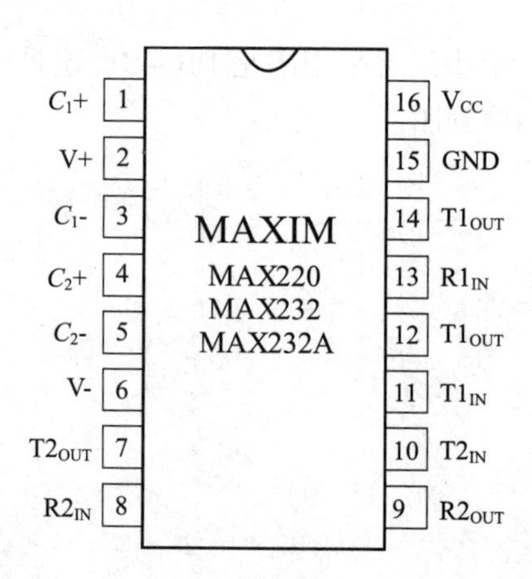

图 7 –1 –3　MAX232 脚位图

MAX232 的内部结构及典型外围连接见图 7 –1 –4，图中上半部分连的外部电容 C_1、C_2、C_3、C_4 及 $V+$（+10V）、$V-$（-10V）是电源变换部分，Vcc 加了退耦电容 C_5（可选 0.1μF）以消除电源噪声。C_1、C_2、C_3、C_4 典型值取 1.0μF/25V 的电解电容。大量实践证明，这 4 个电容也可以用 0.1μF 的无极性瓷片电容代替。安装时尽量靠近芯片从而提高电路抗干扰能力。

图 7 –1 –4 的下半部分是信号的发送与接收部分。芯片的 10 脚、11 脚即 T_{2in}、T_{1in} 可以直接与单片机的串行口发送端 TXD 相连；芯片的 9 脚、12 脚即 R_{2out}、R_{1out} 可以直接与单片机的串行口接收端 RXD 相连；芯片的 7 脚、14 脚即 T_{2out}、T_{1out} 可以直接与个人计算机 RS –232 口的第二脚 RXD 端相连；芯片的 8 脚、13 脚即 R_{2out}、R_{1out} 可以直接与个人计算机 RS –232 口的第三脚 TXD 端相连。

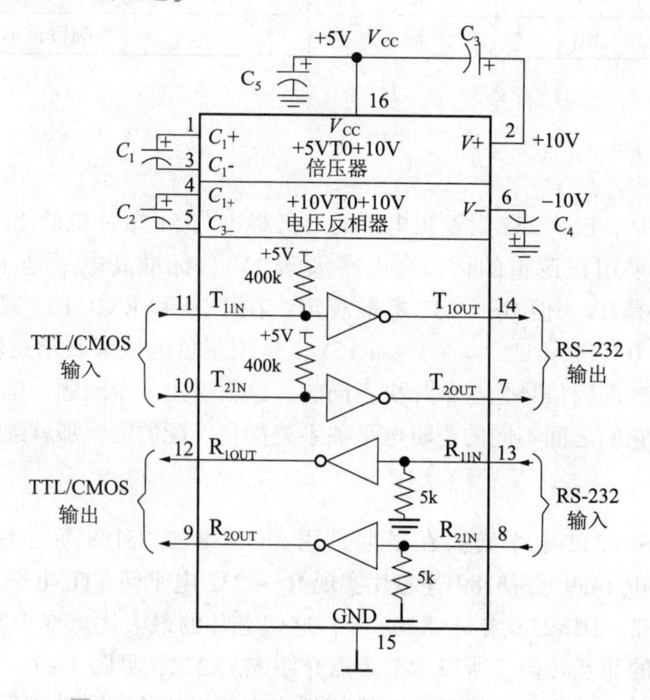

图 7 –1 –4　MAX232 内部结构及外围电路连接图

3. 串口调试工具的使用

通过上面的学习已经知道，单片机与上位机之间的通信主要考虑的是逻辑电平的匹配问题，而这个问题已经通过 MAX232 芯片转换至 RS－232 解决。那么，当上位机接收到单片机的信息时，是如何接收与处理的呢？除了针对解决特定的问题需要一些专业的处理软件外，普通情况下是借助串口调试软件来操作的。目前，串口调试软件有很多，比如：章鱼串口调试工具、ComOne 串口调试软件、Commix 工业控制串口调试工具、串口调试助手等，这些小工具软件在使用方法上都大同小异，而一般学校在教学中或技能比赛中常用的是串口调试助手，所以下面简单地说明一下这个串口工具软件的使用。

串口调试助手是一款绿色软件，没有那些乱七八糟的插件，软件大小在 270k 左右，且是中文界面，使用非常方便。目前，串口调试助手也有几种不同的版本，比如 V2.1、V2.2、V2.7、V3.0 等，使用都差不多。以 V2.1 为例，当打开串口调试软件时，其界面如图 7－1－5 所示。

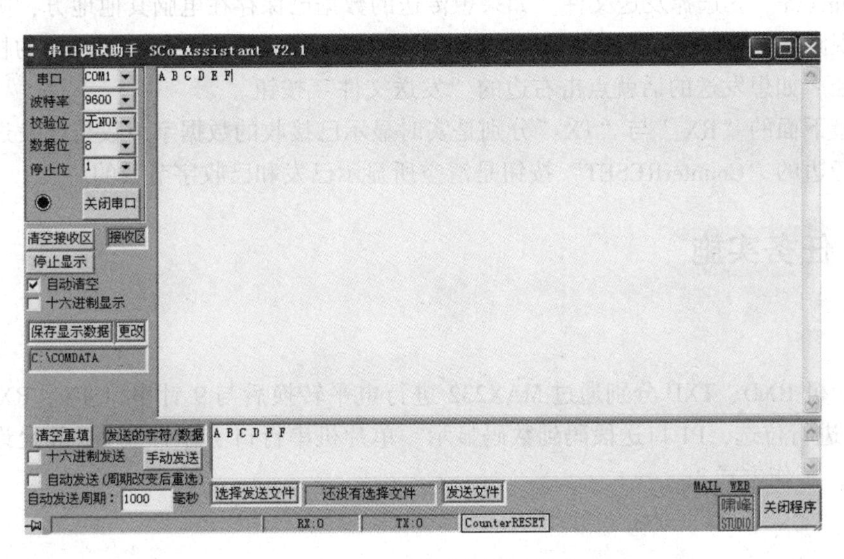

图 7－1－5　串口调试助手界面

左上角有 5 个下拉菜单框：①串口选择。选择适合的 COM 口，如选择对了，那 5 个下拉菜单下面的指示灯将变成红色。这也说明串口调试助手已与该物理口建立了联系。当然，它旁边的“关闭串口”按钮随时可以开关该端口。②波特率选择。打开该下拉菜单，发现可以选择通信标准波特率。波特率的选择当然要求与程序中所定的波特率一致。③校验位。根据数据通信需要，可以选择“无校验、奇校验、偶校验”。④数据位。同样根据设计的数据通信时对数据串的要求，选择 8 位、7 位或 6 位数据位。⑤停止位。可以根据每一数据串传输完毕时，需要选择 1 位停止位或 2 位停止位。以上下拉菜单除“串口选择”外，其余都与设计串口通信时所编写的通信程序有关。也就是说，完全可以对照相关的程序来设置。

图 7－1－5 左上中间部分是关于数据接收的相关设置或命令。其中包括：①清空接收区按钮。按下该按钮后，数据接收区（图 7－1－5 中空间最大的那块区域）显示的串口接收到的信息将被清空。②停止显示按钮。按下该按钮后，数据接收区将暂停显示接下来从串口

传输过来的数据信息；再按下一次，则继续向下显示，除非没有数据传输过来了。③自动清空。勾选该功能，则接收的数据信息能自动清空。④十六进制显示。勾选该功能，则接收框中显示的数据将以十六进制形式显示。⑤保存显示数据。当接收到数据后，按下该功能按钮，则将把接收到的数据保存在默认文件夹内。当然，如果想变更保存路径，就按一下旁边的“更改”按钮，将出现保存路径的对话框，可以随便选择将保存数据的文件夹。

图7－1－5左下部分是关于数据发送的相关设置或命令。下面的长条空白部分则是上位机发送数据的显示框，当从个人电脑的键盘或其他途径输入准备发送的信息时，备发数据将在这个区域显示。当然，如果想清空已发送过的或修改准备发送的数据，则按一下左下的“清空重填”按钮。①十六进制发送。勾选该功能，表示你将发送的信息是十六进制的数据。②手动发送。每按一次该按钮，将发送一次数据。③自动发送。如勾选该功能，则将数据定时自动发送出去。④自动发送周期。可以在旁边的栏内填自动发送数据的间隔周期，比如填1 000ms等。⑤选择发送文件。如果想传送的数据已保存在电脑其他地方，则点击该按钮，将出现路径对话框，可以找到将发送数据的地方，一旦选中则该按钮左边的栏内将显示文件的路径。如想发送的话就点击右边的“发送文件”按钮。

界面最下面的“RX:”与“TX:”分别是实时显示已接收的数据字节数与已发送的数据字节数。它旁边的“CounterRESET”按钮是清空所显示已发和已收字节数的。

任务实施

1. 实施途径

将单片机RXD、TXD分别通过MAX232进行电平转换后与9针串口TX、RX相接。单片机P0口进行位选，P1口送段码到数码显示。单片机串行口工作方式2，并允许接收。定时器选T1，工作方式2。

2. 通信协议

PC机（程序）通过串口向单片机一次发送一个数字，由10位二进制码组成，一位起始位（0），八位ASCII码，一位终止位。

单片机通过串口接收数据之后，将此数字显示出，再向PC发送一个约定的ASCII码，程序被此事件触发，当程序收到这个约定的字符码串之后，即认为单片机已成功接受并显示。

单片机的串口工作模式为方式2。波特率为9 600bps。

3. 电路原理图（见图7－1－6）

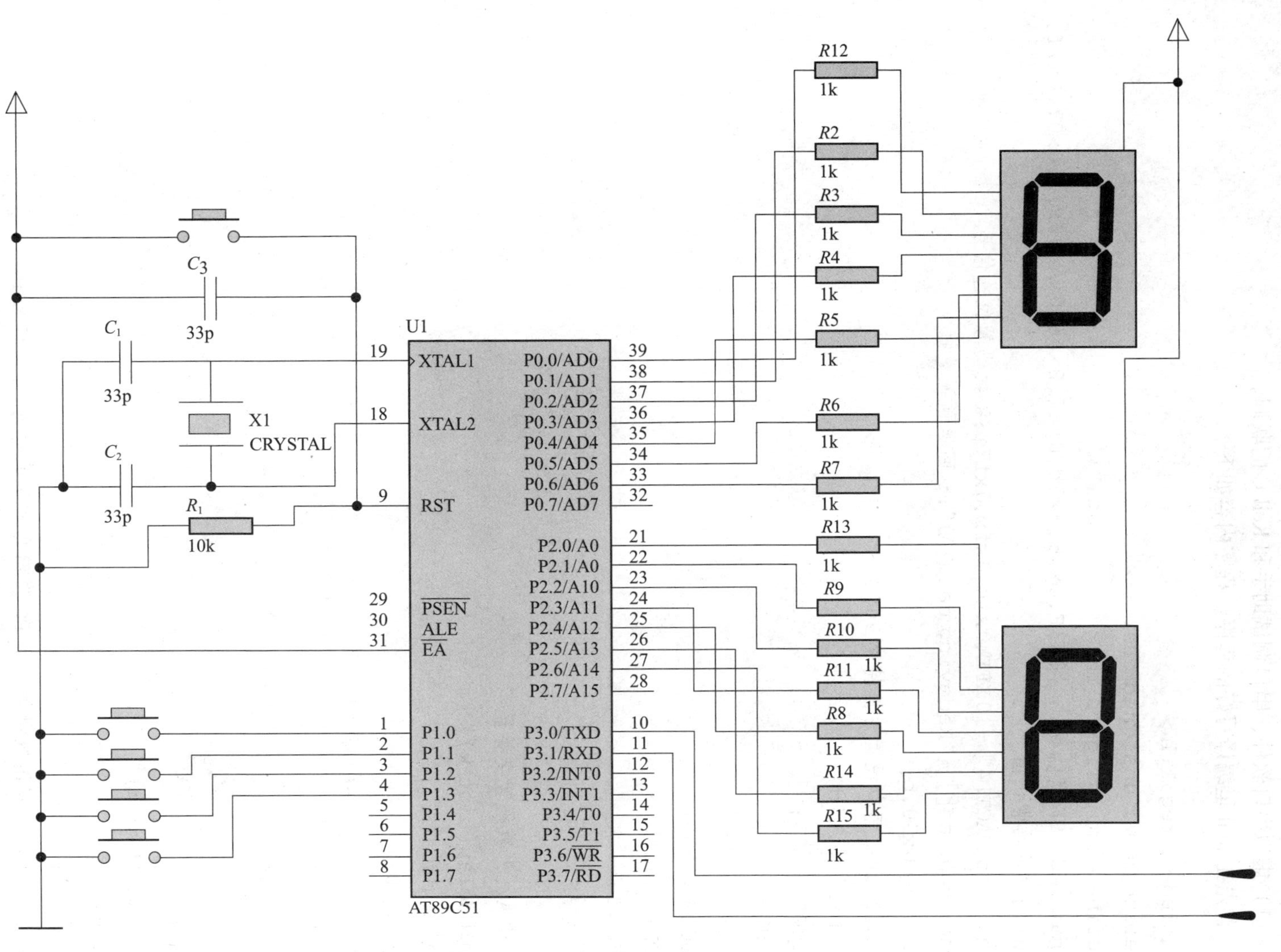
U1
AT89C51
XTAL1
XTAL2
RST
PSEN
ALE
EA
P0.0/AD0
P0.1/AD1
P0.2/AD2
P0.3/AD3
P0.4/AD4
P0.5/AD5
P0.6/AD6
P0.7/AD7
P2.0/A0
P2.1/A0
P2.2/A10
P2.3/A11
P2.4/A12
P2.5/A13
P2.6/A14
P2.7/A15
P3.0/TXD
P3.1/RXD
P3.2/INT0
P3.3/INT1
P3.4/T0
P3.5/T1
P3.6/WR
P3.7/RD
P1.0
P1.1
P1.2
P1.3
P1.4
P1.5
P1.6
P1.7
X1
CRYSTAL
C_1
33p
C_2
33p
C_3
33p
R_1
10k
R12
R2
R3
R4
R5
R6
R7
R13
R9
R10
R11
R8
R14
R15
1k

图7-1-6　电路原理图

4. 程序的编译和调试

（1）虚拟串口软件、串口调试助手和Keil C的联调。

首先在Keil里编译写好的程序，程序内容如下。

```
#include <reg51.h>
#define uchar unsigned char
#define uint unsigned int
uchar code SEG7[10] = {0X3F,0x06,0x5b,0x4f,0x66,0x6d,0x7d,0x07,0x7f,
0x6f};//数码管位值
uchar code ACT[4] = {0XFE,0xfd,0xfb,0xf7};% 数码管位选信号
uchar code as[] = "Receving data: \0";% 回送预置数据
uchar a =0x30,b;
//initiate,串口设置为波特率9600
void init(void){
  TMOD =0X20;
  TH1 =0XFD;
  TL1 =0XFD;
  SCON =0X50;
  TR1 =1;
  ES =1;
  EA =1;
}
//DELAY,为数据管交替显示
void delay(uint k){
  uint data i,j;
for(i =0;i <k;i ++){
  for(j =0;j <121;j ++)
    {;}
}
}

//main
void main(void){
  uchar i;
  init();
  while(1){  //用数码管显示PC发给单片机的数据,并回送给PC
  P1 =SEG7[(a -0x30)/10];
  P2 =ACT[1];
  delay(500);
```

```
  P1 =SEG7[(a -0x30)% 10];
  P2 =ACT[0];
  delay(500);
  if(RI){
  RI =0;
i =0;
while(as[i]! ='\0'){
  SBUF =as[i];
  while(! TI){
  ;
  }
  TI =0;
  i ++;
}
  SBUF =b;
  while(! TI){
  ;
  }
  TI =0;
  EA =1;
 }
 }
}

//INTERRUPT 4,将收到的信息进行转存
void serial_serve(void) interrupt 4
{
 a =SBUF;
 b =a;
 EA =0;
}
```

然后打开 VSPD（注明：这个软件用来进行串口的虚拟实现。在其网站上可以下载，但使用期为两周），界面如图 7 -1 -7 所示。

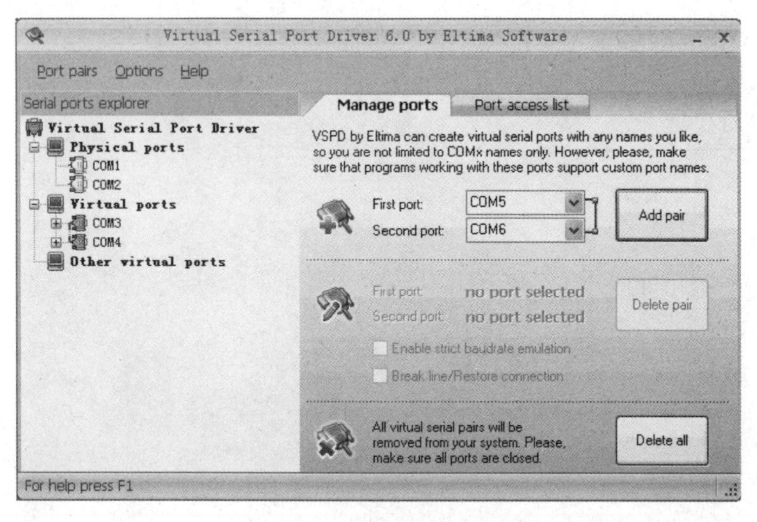

图7-1-7 VSPD软件界面

左边栏最上面的是电脑自带的物理串口。点右边的“Add pair”，可以添加成对的串口。如果添加的是COM3、COM4，用COM3发送数据，COM4就可以接收数据，反过来也可以。

接下来的一步很关键。把Keil和虚拟出来的串口绑定。现在要把COM3和Keil绑定：在Keil中进入DEBUG模式，在最下面的COMMAND命令行，输入

mode COM3 9600，0，8，1

分别设置COM3的波特率、奇偶校验位、数据位、停止位（以上参数设置注意要和所编程序中设置一致）。

assign COM3 <sin> sout

把单片机的串口和COM3绑定到一起。因为所用的单片机是AT89C52，它只有一个串口，所以用SIN、SOUT；如果单片机有几个串口，可以选择S0IN、S0OUT、S1IN、S1OUT。

打开串口调试助手，如图7-1-8所示。

图7-1-8 串口调试助手

可以看到虚拟出来的串口 COM3、COM4，选择 COM4，设置为波特率 9600，无校验位，8 位数据位，1 位停止位（和 COM3 程序里的设置一样）。

现在就可以开始调试串口发送接收程序。可以通过 Keil 发送数据，在串口调试助手中就可以显示出来；也可以通过串口调试助手发送数据，在 Keil 中接收。

实验实现 PC 机发送一个字符给单片机，单片机接收到后将其回发给 PC 机。在调试助手上（模拟 PC）发送数据，单片机收到后将收到的结果回送到调试助手上。

（2）在 Proteus 和串口调试助手实现的结果，如图 7－1－9 所示。

将编译好的 hex 程序加载到 Proteus 中，注意这里需要加上串口模块，用来进行串行通信参数的设置。

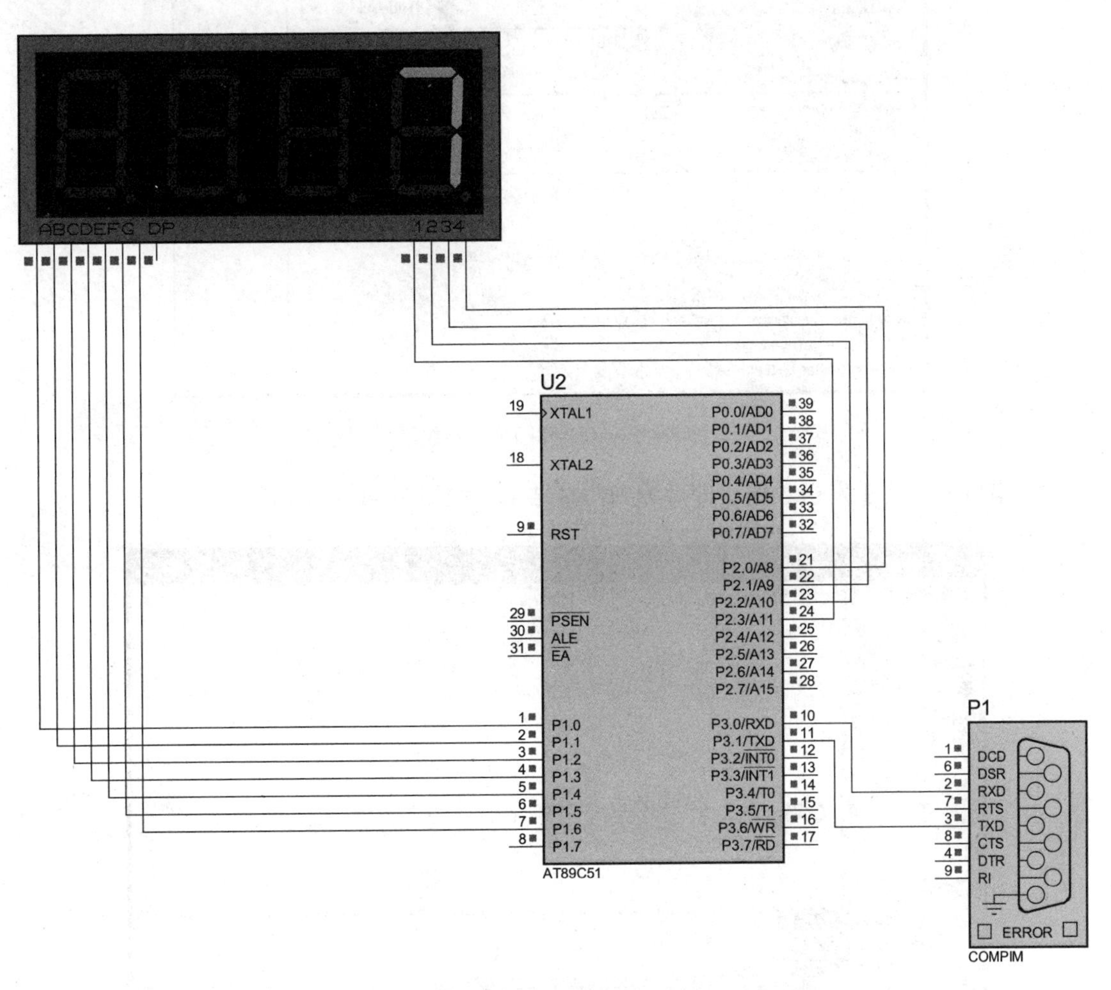

图 7－1－9　编译结果示意图

点击串口，可以对串口进行设置，如图 7－1－10 所示。

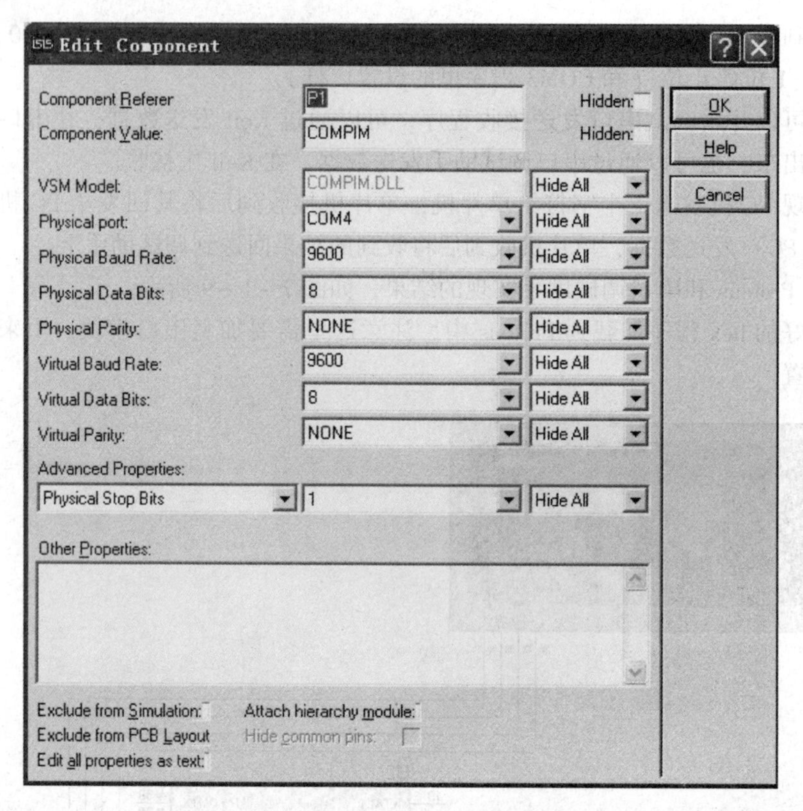

图 7－1－10　串口设置示意图

用串口调试助手发送数据，即可看到仿真结果，如图 7－1－11 所示。

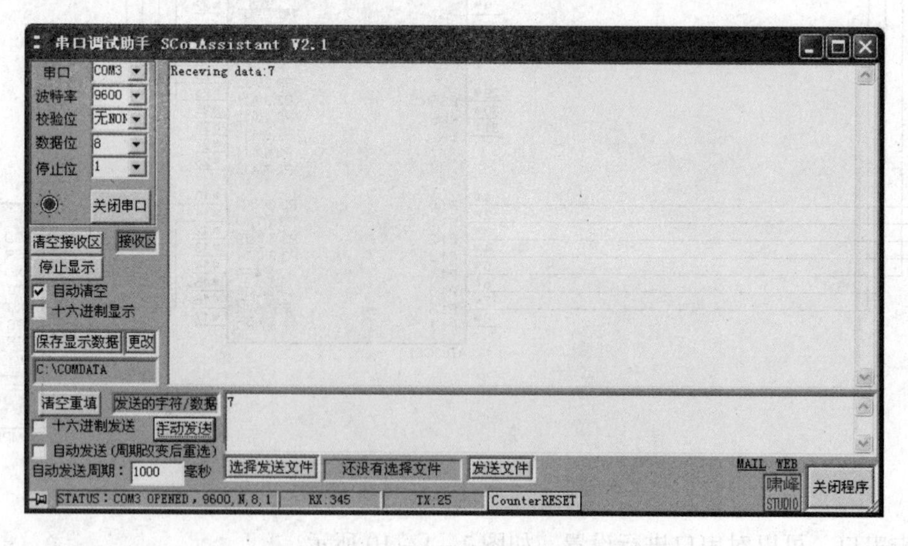

图 7－1－11　串口调试数据发送示意图

实验参考程序源文件在 exp2－comm 文件夹中。

归纳总结

本次任务采用 AT89S52 单片机作为下位机，PC 机为上位机，二者通过 RS－232 串行口接收或上传数据。通过 PC 机发出信号，然后经过电平转换模块接到 C51 单片机上，最后通过数码管显示，从而实现了串口通信。在任务实施过程中，进一步提高了读者单片机的硬件连接和程序编译的能力。

拓展提高

编程并调试上位计算机与两个单片机之间的通信。

任务 2　KYL－610无线传输模块应用

任务描述

1. 了解无线传输技术相关知识。
2. 掌握 KYL－610 无线传输模块相关知识，并学会 KYL－610 无线传输模块的使用。

任务分析

通过本任务的学习与实践，了解无线传输技术及 KYL－610 无线传输模块相关知识，掌握 KYL－610 无线传输模块的使用。

知识准备

1. 无线传输的方法

目前无线传输的方法比较多，技术也比较成熟，应用范围也比较广。从应用上看，常用的技术大致可以分为以下几种：

（1）蓝牙技术。蓝牙（Bluetooth）技术是一种短距离无线电技术，能够有效地简化嵌入式设备、笔记本电脑和移动电话等移动通信终端设备之间的通信，为无线通信拓宽了道路。其工作频段 2. 4GHz，主要用于计算机外设、家用电子产品等方面。

蓝牙除了具有无线性、开放性优点外，还有以下优点：①传输相对较快，最大传输速率可达1Mbps；②组网方便。任一个蓝牙设备在主从网络（Piconet）和分散网络（Scatternet）中，既可作主设备（Master），又可作从设备（Slaver），还可既是主设备（Master），又是从设备（Slaver）。方便用户组建网络。

蓝牙技术最大的缺点是传输距离较短，最大为10m，只适合于近距离的数据传输。而且，蓝牙技术植入成本高，通信对象相对较少。此外，蓝牙与Internet整合程度差，不容易升级。

（2）ZigBee技术。ZigBee的出现是由于在蓝牙技术的使用过程中，人们发现蓝牙技术尽管有许多优点，但仍存在许多缺陷，如技术显得太复杂、功耗大、传输距离近、售价高、组网规模太小等，而工业自动化对无线通信的需求越来越强烈。正因为如此，人们经过长期努力，2003年制定出了Zigbee协议，于2004年正式成为IEEE标准（即IEEE 802.15.4）。它的工作频段2.4GHz，是一种介于无线标记技术和蓝牙之间的技术解决方案。

ZigBee技术的主要优点有：①省电：两节五号电池支持长达6个月到2年左右的使用时间；②时延短：针对时延敏感的应用做了优化，通信时延和从休眠状态激活的时延都非常短，在15~30ms之间；③网络容量大：可支持65 000个节点；④可靠：采用了碰撞避免机制，同时为需要固定带宽的通信业务预留了专用时隙，避免了发送数据时的竞争和冲突；节点模块之间具有自动动态组网的功能，信息在整个Zigbee网络中通过自动路由的方式进行传输，从而保证了信息传输的可靠性；⑤安全保密：ZigBee提供了数据完整性检查和鉴权功能，加密算法采用通用的AES-128。

ZigBee的缺点是数据传输速率低，只有10k字节/s到250k字节/s，而且传输距离有限，具体依据实际发射功率的大小和各种不同的应用模式而定，有效覆盖范围为10~75m之间，基本上能够覆盖普通的家庭或办公室环境。ZigBee的目标市场主要有PC外设、消费类电子设备、家庭内智能控制、医护、工控等领域。

（3）移动通信技术。目前的移动通信技术主要有GSM/GPRS、CDMA以及目前国内尚未广泛应用的3G技术（如WCDMA、TD-SCDMA、CDMA2000）。从网络范围看，GSM网络是国内覆盖最广的移动网络，CDMA覆盖相对较少，3G网络还未开始实施。

移动通信技术的优点有：①网络容量大、信号覆盖范围相对广；目前国内的移动通信用户有数亿人，网络覆盖国内绝大部分地区；②通话清晰，信息灵敏；③产品和相关服务很多，如手机、短信终端平台，WAP网站等。

但是移动通信技术也有其缺点：①传输速度相对比较慢。GSM的传输速度为9.6kbps，在GSM基础上改进的GPRS的传输速度为56~114kbps，CDMA的传输速度为50~153.6kbps，3G的最大传输速度为2Mbps；②需要有通信基站的支持，在偏远山区和地下工程等环境下，容易产生信号死角；③基础建设费用昂贵。对于无信号覆盖的地方而言，架设基站费用较高，而且基站不能移动，不利于设备的重复利用，造成重复建设；④需要支付使用费。用户还需要向运营商缴纳费用，增加了使用的成本。

（4）WiFi技术。WiFi是无线保真（Wireless Fidelity）的缩写，WiFi技术包括已经批准的IEEE 802.11a、b和g规范以及802.11n规范。它是一种无线局域网接入技术，使用开放的2.4GHz直接序列扩频。IEEE 802.11b最大的数据传输速率为11Mbps，也可以根据信号强弱把传输速率调整为5.5Mbps、2Mbps和1Mbps带宽。802.11a及802.11g传输速率更可

达54Mbps，大大超过了同类型的无线网络技术。WiFi无线网络以无线路由器为核心，配合ADSL Modem或者Cable Modem实现宽带网接入，然后利用无线网卡连接客户端，实现本地资源与Internet资源的快速无线共享。

其主要优点有：①传输速度快，最高带宽为11Mbps；②可靠性高，在信号较弱或有干扰的情况下，能够自动调整带宽为5.5Mbps、2Mbps和1Mbps，从而有效地保障了网络的稳定性和可靠性；③通信距离长，一般在室内环境下可达100m左右，室外可达300m左右，最近，由Tenda公司推出的一款新型路由器TWL5400R据悉能够把目前Wi－Fi通信距离扩大到30km左右；④组网成本低。架设WiFi网络的基本配备就是无线网卡及一台AP。厂商只要在需要的地方设置“热点”（Hot Spot），并通过高速线路将因特网接入上述场所，即可完成组网工作。用户使用时，只要将支持WiFi的设备，拿到“热点”的有效覆盖范围内，即可高速接入因特网。也就是说，厂商不用耗费资金来进行网络布线接入，从而节省了大量的成本；⑤健康安全。WiFi规定的发射功率不可超过100mW，实际发射功率约60～70毫瓦，而手机的发射功率约200mW至1W间，手持式对讲机高达5W，而且无线网络使用方式并非像手机直接接触人体，应该是更安全的；⑥升级方便。WiFi的下一代标准WiMAX与WiFi全面兼容，而且现有设备仍能得到支持。WiMAX具有更远的传输距离（50km）、更宽的频段选择（2～66GHz）以及更高的接入速度（70Mb/s）等等，预计会在未来几年间成为无线网络的一个主流标准；⑦方便与现有PC、Internet整合。现在最流行的笔记本电脑技术——迅驰技术就是基于该标准的，目前提到的无线局域网（WLAN）主要也是基于WiFi技术构建的。因此能够很方便的与Internet网络结合。

下面比较一下上述各种技术，如表7－2－1所示。

表7－2－1　各种技术参数比较

技术名称	蓝牙	ZigBee	移动通信技术	WiFi
工作频段/GHz	2.4	2.4	0.8/0.9/1.8/1.9等	2.4
传输距离/m	10	10～75	视网络而定	100～300，采用好的设备可以达到30km
传输速度/bps	1M	10～250k	50k～2M	11M
成本	高	低	最高	低
时延	短	较短	长	较短
保密性	好	好	好	较好
技术复杂程度	较复杂	容易	容易	容易
与PC、Internet整合程度	较差	差	好	最好
升级便利程度	难	难	难	易，方便升级到WiMAX

以上我们讨论了目前比较主流的技术，还有些技术，应用比较窄，就没有进行讨论。比如红外传输技术，由于它只能沿着直线方向进行传输，限制了它的使用。

本任务中我们采用的是KYL－610无线传输模块，其从组态与通信协议看是属于ZigBee技术。

2. KYL－610 无线传输模块介绍

外型尺寸：40mm×24mm×6mm（不包括天线接头），见图 7－2－1。

图 7－2－1　KYL－610 无线传输模块

（1）主要特点。

①载波频率：433MHz。也可定制其他频段，如 300～350MHz，390～460MHz 及 780～925MHz。

②多种可选的通信接口：RS－232、TTL 或 RS－485 接口。

③据格式：8N1/8E1/8O1（也可提供其他格式，如 9 位数据位）。

④数传输速率：1200、2400、4800、9600、19200、38400、100kbps、250bps。

⑤16 个通信信道，也可根据客户要求扩展。

⑥透明的数据传输：提供透明的数据接口，能适应任何标准的用户协议。

⑦收发一体，半双工工作模式。

⑧采用单片射频集成电路及单片 MCU，外围电路少，功耗低，可靠性高。

⑨低成本、低功耗。

⑩工作温度：－35℃～＋75℃（工业级）。

⑪天线阻抗：50Ω（标配为 SMA，可定制）。

（2）应用领域。

①水、电、气等无线抄表系统及工业遥控、遥测及楼宇自动化、安防、机房设备无线监控、门禁系统。

②无线呼叫系统、无线排队机、医疗器。

③无线 POS、PDA。

④无线数据传输，自动化数据采集系统。

⑤无线 LED 显示屏、抢答器、智能交通等。

（3）详细规格。

供电电源：DC 3.1～5.5V；

输出功率：≤50mW；

发射电流：<40mA；

接收电流：<20mA（TTL 接口）；

接收灵敏度：－112dBm　（1200bps）；－108dBm　（9600bps）

传输距离：200m 以上（BER＝10～5@9600bps，标配 10cm 天线，空旷地，天线高度

1.5m)；400m 以上（BER = 10 ~ 5@1200bps，标配 10cm 天线，空旷地，天线高度 1.5m)。

3. KYL－610 的接口定义（见表 7－2－2）

表 7－2－2　KYL－610 接口定义

PIN	接口名称	功能描述	I/O	电平	备注
1	GND	电源地	—	—	
2	VCC	电源（DC）	—	3.1 ~ 5.5V	其他供电电压需定制
3	RS－232 TXD	数据发送	O（输出）	RS－232	3 种接口信号只能选其一
	TTL TXD	数据发送	O（输出）	TTL	
	RS－485 A	485 接口 A 端	I/O	—	
4	RS－232 RXD	数据接收	I（输入）	RS－232	3 种接口信号只能选其一
	TTL RXD	数据接收	I（输入）	TTL	
	RS－485 B	485 接口 B 端	I/O	—	
5	DGND	信号地	—	—	
6	NC	—	—	—	

4. 软件设置

信道与频率的对应关系如表 7－2－3。

表 7－2－3　信息与频率的对应关系

信道号	信道频率/MHz	信道号	信道频率/MHz	信道号	信道频率/MHz	信道号	信道频率/MHz
1	425.250	2	426.250	3	427.250	4	428.250
5	429.250	6	430.250	7	431.250	8	432.250
9	433.250	10	434.250	11	435.250	12	436.250
13	437.250	14	438.250	15	439.250	16	440.250

5. 模块使用方法

（1）电源。KYL－610 无线电数传模块使用直流电源，工作电压从 3.1 ~ 5.5V。请注意模块发射可能会影响开关电源的稳定性。因此尽量避免使用开关电源，或者尽量拉开模块天线和电源的距离。为达到最好的通信效果，请尽量使用纹波系数较小的电源，电源的最大电流应该大于模块最大电流的 1.5 倍。

（2）模块与串行口的连接。模块通过接线端子的 3、4PIN 和终端进行异步数据通信，接口电平为 RS－232 或 TTL 之一（出厂时指定），通信速率为 1 200 ~ 11 5200bps，数据格式为 8N1/8E1/8O1，软件可设置。通信时请确保双方接口电平、速率及数据格式一致。接线端子的定义及连接参见图 7－2－2。

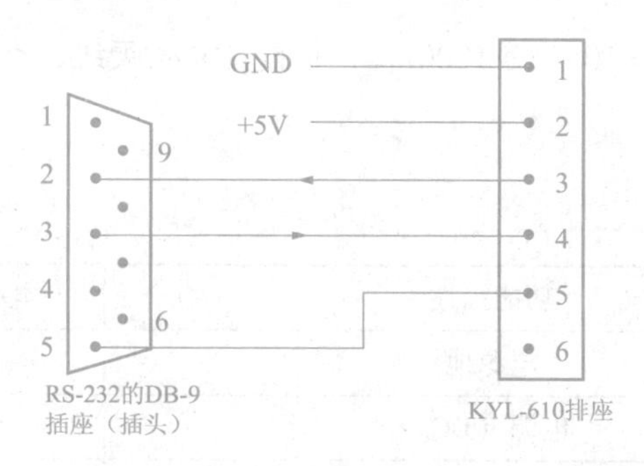

图7－2－2　KYL－610模块与RS－232接线图

（3）模块上的指示灯。每个模块上都各装有一只红色与绿色的贴片发光二极管。发射数据时红灯常亮，数据发射结束后红灯熄灭；收到数据时绿灯常亮，接收完成后绿灯熄灭。

（4）关于模块的数据传输。KYL－610系列产品提供透明的数据传输接口，可支持用户的各种应用和协议，实现点对单点、点对多点透明传输。KYL－610内部提供150字节的内存，因此每帧至少可传输150字节，同时采用FIFO（先进先出）的数据传输方式，可满足用户一次性传输大数据包（无限长）的要求。

6. 标准配置

（1）KYL－610无线传输模块一只。

（2）6pin扁平连接线一条。

（3）弹簧天线一支。

7. 可选配件

（1）RS－232接口编程连接线。（方便用户通过电脑的RS－232接口对模块参数进行设置）

（2）USB接口编程连接线。（方便用户通过电脑的USB接口对模块参数进行设置）

（3）数据传输测试设备。（方便用户在选型或实际使用中对模块进行测试）

（4）可选天线。（用户可根据自己的实际使用情况，选择适合自己的天线，使通信效果达到最佳）

任务实施

1. KYL－610无线数传调试软件的使用

当把一块KYL－610无线传输模块用TTL接口电平接到单片机的RXD与TXD，再用一块KYL－610无线传输模块用RS－232接口电平接至个人电脑的RS－232口时，原来的串口通信程序不需做任何修改，就做到了单片机与上位机之间的无线通信。

上位机采集到的数据这次就不用串口调试助手来处理了，而是采用KYL－610无线数传调试软件来处理。KYL－610无线数传调试软件与串口调试助手的使用比较相似，打开该软件后，就看到如图7－2－3的界面。

图7－2－3　KYL－610无线数传模块调试软件

首先，把KYL－610模块外接的RS－232插座与个人电脑的RS－232插头相连，连好后再给KYL－610模块通上＋5V电压。单击“电台”菜单选择“打开串口”或单击第2栏的第3个快捷图标，将出现串口选通与配置对话框（如图7－2－4所示），选择适合的端口号，如COM口选择正确则说明本软件已与RS－232物理口接通；选择错误则会弹出“打开通信口错误!”警告信息，点击“确认”后再重选。如要关闭串口则单击“电台”菜单选择“关闭串口”或单击快捷图标。同时，可以在该对话框内对串口传输数据的波特率、检验位、数据位、停止位进行设置，这点与串口调试助手一样。

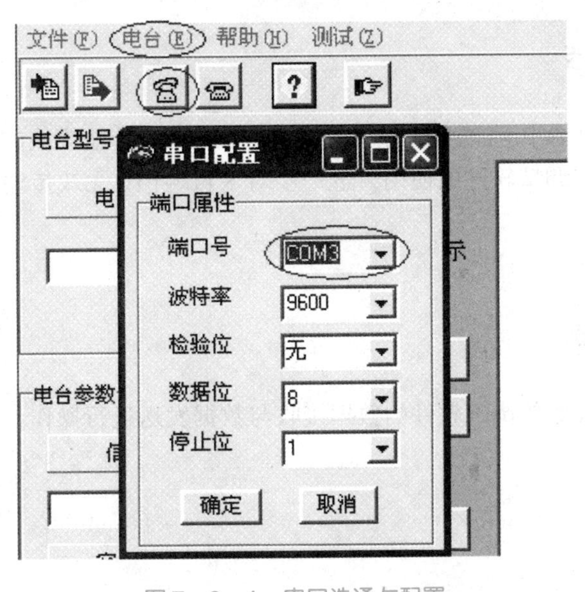

图7－2－4　串口选通与配置

单击“文件”菜单选择“读电台”或直接单击快捷图标，则自动搜索无线模块，如搜索到无线模块，则将在“电台型号”下面的空白框内显示模块的型号“KYL－610”，这说明无线传输模块与本调试软件对接成功。

下面就是设置电台参数了。信道号选“NO.1”，空中速率自动配置，串口模式与校验形式的选择与通信程序的设定一致即可。见图7－2－5。数据接收与数据发送的操作与串口调试助手一样，在此就不再赘述了。

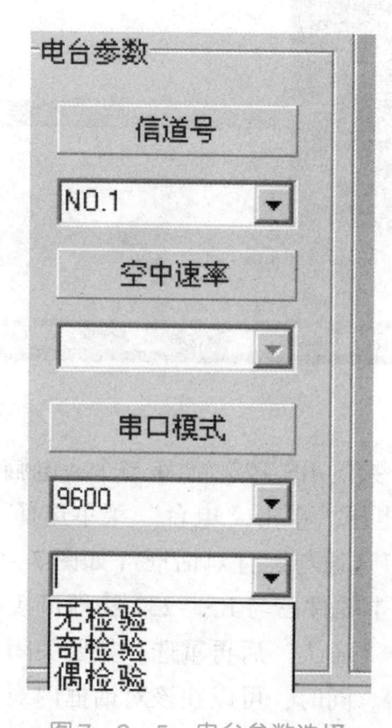

图7－2－5 电台参数选择

归纳总结

本次任务是了解无线传输技术的分类及KYL－600无线传输模块的主要技术参数，通过对KYL－610无线数传调试软件的使用，进一步对KYL－610无线传输模块的使用知识进行了巩固。

拓展提高

对KYL－610无线数传调试软件的数据接收与数据发送进行操作。

任务3　电力负荷无线实时监控系统构建实训

任务描述

电力负荷无线实时监控系统是一种集成了最新的计算机技术、网络技术、通信技术及自动测量技术和自动化控制技术于一体的网络化管理系统。通过远程实时监控系统，首先可以改变传统的人工管理模式，大大降低工作人员的劳动强度，避免数据传送不及时，数据可信度低等人为因素，完全能够实现实时监控，为以后的生产分析提供科学依据。

任务分析

本次任务就是建立一个能实现数据采集并通过无线模块传送给上位机的硬件模型，模拟电力负荷无线实时系统的控制。电力负荷无线实时系统数据传输框图见图7-3-1。

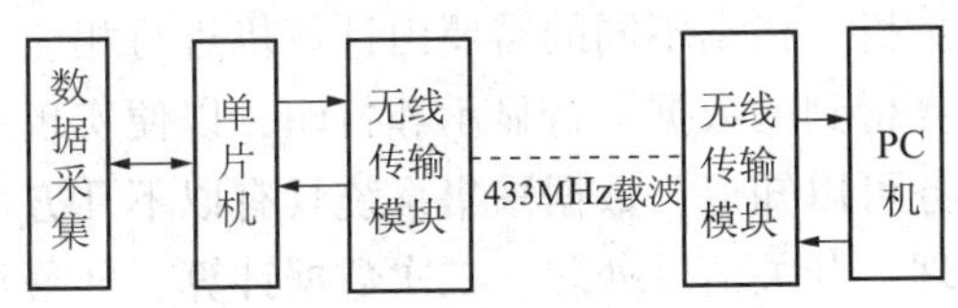

图7-3-1　电力负荷无线实时系统数据传输框图

数据采集部分我们用一只4.7kΩ可调电阻给ADC0809输入0~5V的模拟电压，来模拟电表的用电量，经A/D转换成数字信号送单片机；单片机接收到这个模拟的用电信息后，一方面通过数码管显示出用电量读数；代表电度表的窗口读数；另一方面这个用电量读数通过该单片机的串行通信口传送出去。然后，这个用电数被送至KYL-610无线传输模块，调制成433MHz的载波信号向空中发送出去。

对于数据的接收，同样也用KYL-610无线传输模块作为接收解码处理端，解调出的用电读数通过RS-232标准串行接口送上位机处理；上位机采用个人计算机，预装KYL-610无线通信串口调试程序，该应用程序使用简单，在网上很容易下载到。

知识准备

1. 数据采集系统

数据采集技术是微型计算机应用技术的重要分支。外部现实对象（广义的外部设备）

通过接口和计算机交换信息，在现实对象中信息表现为不同的形式并有明确的物理意义，输入到计算机内部后变成二进制数，统称为数据。数据经过计算机的加工处理再作用到现实对象，又变成具体的物理信号。其原理如框图7－3－2所示。

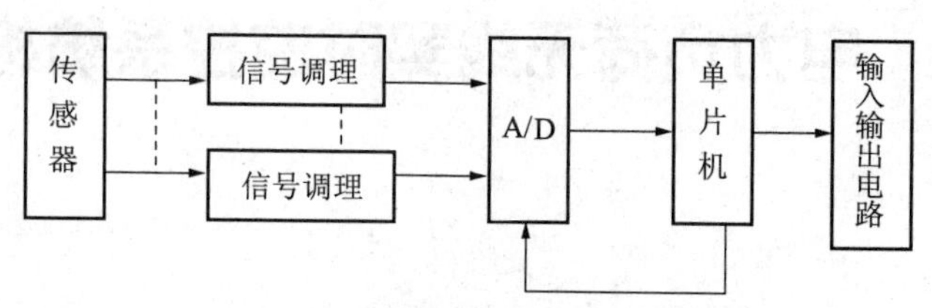

图7－3－2　数据采集系统原理框图

数据采集系统一般包括模拟信号的输入输出通道和数字信号的输入输出通道。数据采集系统的输入又称为数据0的收集；数据采集系统的输出又称为数据的分配。

1）数据采集系统的分类

数据采集系统的结构形式多种多样，用途和功能也各不相同，常见的分类方法有以下几种：根据数据采集系统的功能分为数据收集和数据分配；根据数据采集系统适应环境分为隔离型和非隔离型，集中式和分布式，高速、中速和低速型；根据数据采集系统的控制功能分为智能化数据采集系统，非智能化数据采集系统；根据模拟信号的性质分为电压信号和电流信号，高电平信号和低电平信号，单端输入（SE）和差动输入（DE），单极性和双极性；根据信号通道的结构方式分为单通道方式和多通道方式。

2）数据采集系统的基本功能

数据采集系统的任务，具体地说，就是采集传感器输出的模拟信号转换成计算机能识别的数字信号，然后送入计算机，根据不同的需要由计算机进行相应的计算和处理，得出所需的数据。与此同时，将计算得到的数据进行显示和打印，以便实现对某些物理量的监视。

由数据采集系统的任务可以知道，数据采集系统具有以下几方面的功能：数据采集、模拟信号处理、数字信号处理、开关信号处理、二次数据计算、屏幕显示、数据存储、打印输出、人机联系。

3）数据采集系统的结构形式

从硬件方面来看，目前数据采集系统的结构形式主要有两种：一种是微型计算机数据采集系统；另一种是集散型数据采集系统。

微型计算机数据采集系统是由传感器、模拟多路开关、程控放大器、采样/保持器、A/D转换器、计算机及外设等部分组成。集散型数据采集系统是计算机网络技术的产物，它由若干个“数据采集站”和一台上位机及通信线路组成。数据采集站一般是由单片机数据采集装置组成，位于生产设备附近，可独立完成数据采集和任务处理，还可将数据以数字信号的形式传送给上位机。

任务实施

1. 电路原理图（如图7－3－3所示）

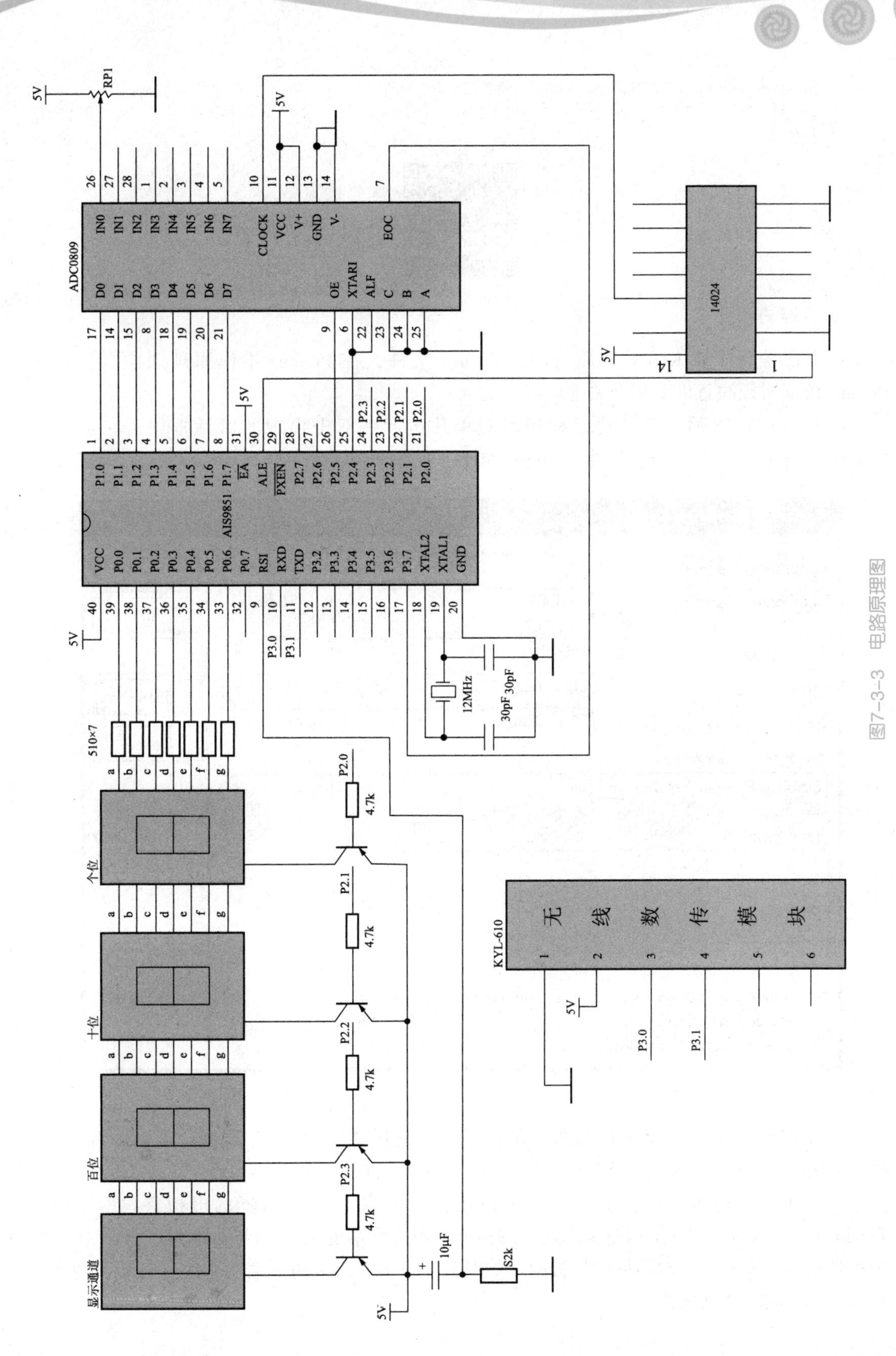
ADC0809
IN0
IN1
IN2
IN3
IN4
IN5
IN6
IN7
CLOCK
VCC
V+
GND
V-
EOC
D0
D1
D2
D3
D4
D5
D6
D7
OE
XTARI
ALF
C
B
A
RP1
5V
14024
AIS9851
P1.0
P1.1
P1.2
P1.3
P1.4
P1.5
P1.6
P1.7
EA
ALE
PXEN
P2.7
P2.6
P2.5
P2.4
P2.3
P2.2
P2.1
P2.0
VCC
P0.0
P0.1
P0.2
P0.3
P0.4
P0.5
P0.6
P0.7
RSI
RXD
TXD
P3.2
P3.3
P3.4
P3.5
P3.6
P3.7
XTAL2
XTAL1
GND
P3.0
P3.1
12MHz
30pF
30pF
510×7
个位
十位
百位
显示通道
4.7k
10μF
S2k
KYL-610
无线数传模块

图7-3-3　电路原理图

2. 根据原理图编写程序并在 Keil C 中编译。

程序如下

3. 编译与仿真

将上述源程序在 Keil C 中编译并生成 hex 文件，在 Proteus 中作原理图仿真。在作 Proteus 仿真时须注意以下几个关键点：

（1）电路画好后，模拟烧录程序时对单片机元件双击出现的对话框中，一定要将“Clock Frequency”的数值设置为 11.059 2MHz，见图 7-3-4。

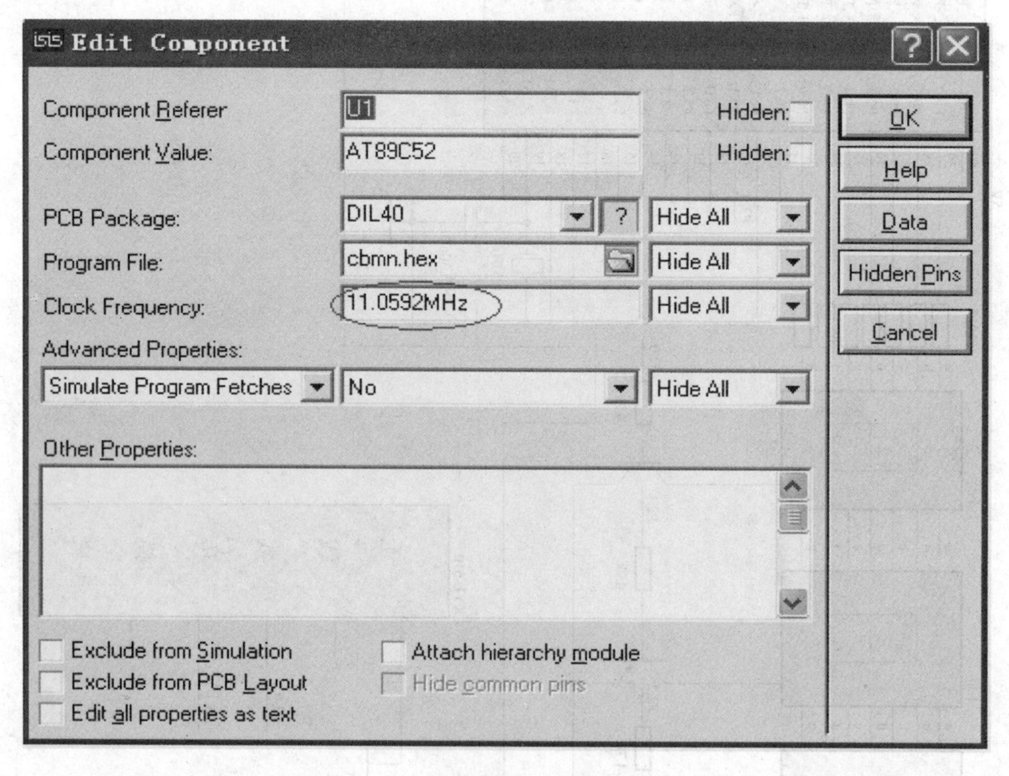

图 7-3-4　晶振要选 11.0592MHz

（2）ADC0809 的 CLOCK 端接外加的信号源，选择“DCLOCK”类型。连接好后双击，将“Frequncy（Hz）”栏输入 500K 作为 ADC0809 的时钟，见图 7-3-5。

（3）串行口输出的字符要传送给上位机，这里用 Proteus 内置的虚拟终端（Virtual Terminal）的 RXD 端与单片机的 TXD 引脚相连、虚拟终端的 RTS 端与 OTS 端相连。双击这个虚拟仪器，在出现的对话框中设置的一些参数要求与程序中的一致。具体可以参照图 7-3-6与图 7-3-7 来操作。

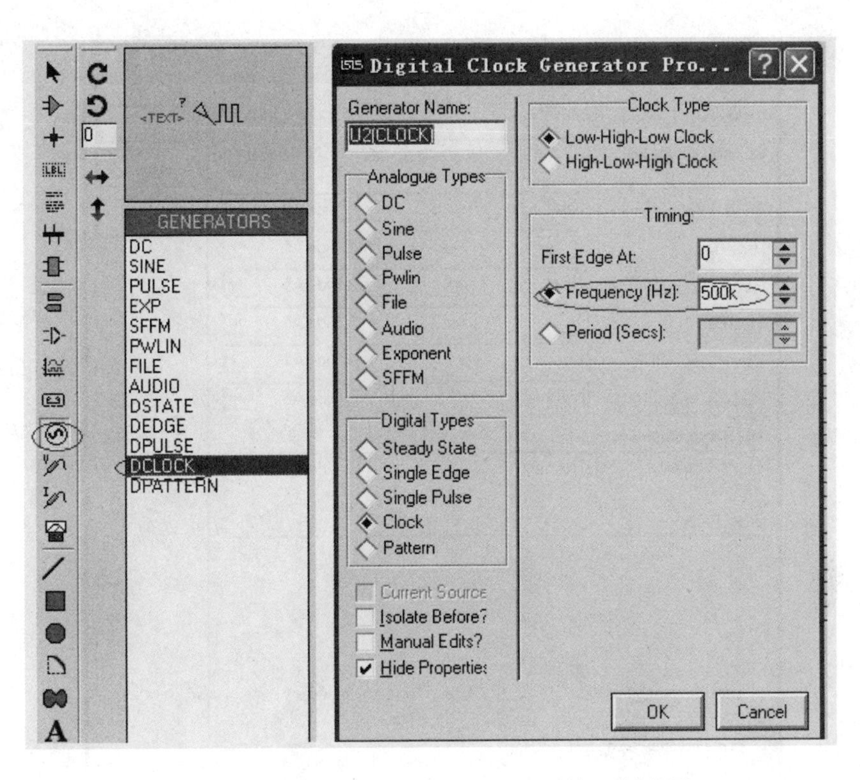

图7－3－5　ADC0809的CLOCK端外加时钟信号

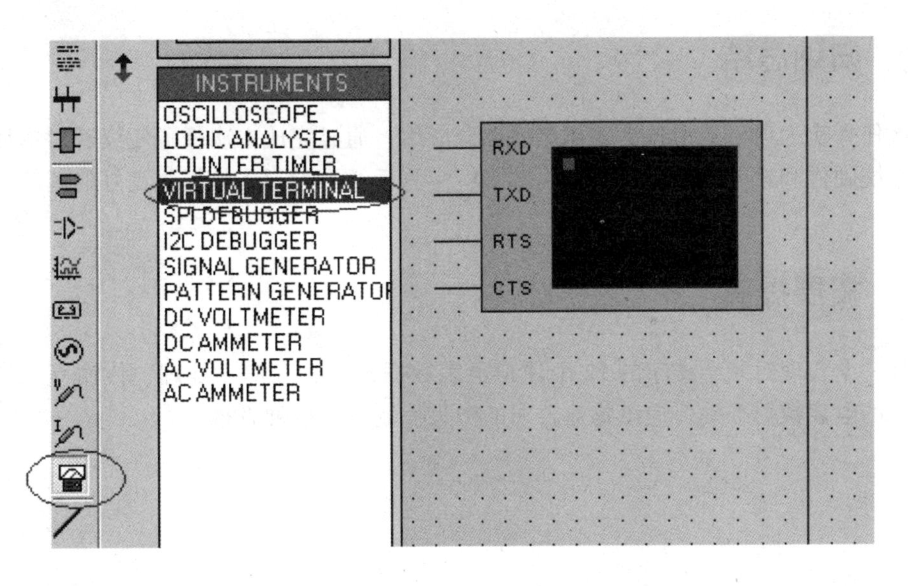

图7－3－6　Proteus内置的虚拟终端

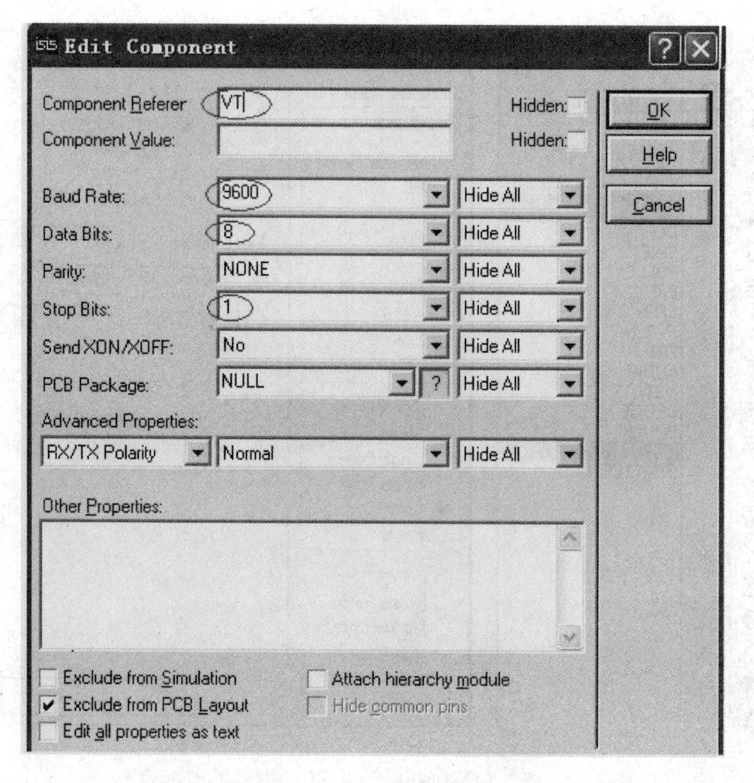

图7-3-7　虚拟终端的参数设置

最后的仿真运行结果见图7-3-8所示。

归纳总结

本次任务实为项目七中各个知识点的综合应用，通过完成本次任务使读者对单片机的数据采集系统硬件和软件有一个较为全面的了解，为后续的学习工作提供良好的基础。

拓展提高

设计一个实现对某个楼宇的12个住户电表数据采集、存储、处理、传输等工作，使每一位住户的电表数据准确传递给物业公司的中央控制室，以便查抄。

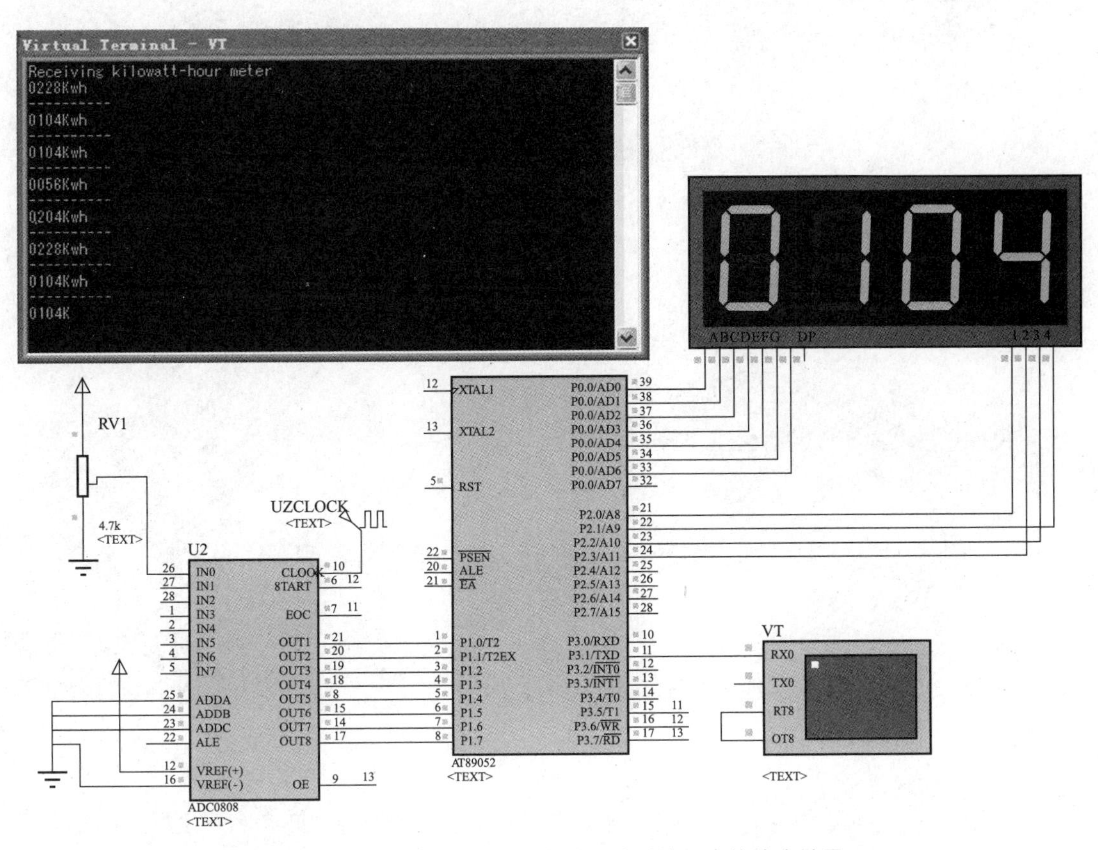

图7-3-8　电力负荷无线实时监控系统程序的仿真结果